电气自动化施工与技术应用

赖清明　雷　敏　朱卫红　著

吉林科学技术出版社

图书在版编目（CIP）数据

电气自动化施工与技术应用 / 赖清明 , 雷敏 , 朱卫
红著 . -- 长春 : 吉林科学技术出版社 , 2023.10
　　ISBN 978-7-5744-0887-6

　　Ⅰ . ①电… Ⅱ . ①赖… ②雷… ③朱… Ⅲ . ①电气工
程—自动化技术 Ⅳ . ① TM

　　中国国家版本馆 CIP 数据核字 (2023) 第 185071 号

电气自动化施工与技术应用

著　　　赖清明　雷　敏　朱卫红
出 版 人　宛　　霞
责任编辑　郝沛龙
封面设计　刘梦杏
制　　版　刘梦杏
幅面尺寸　185mm×260mm
开　　本　16
字　　数　400 千字
印　　张　20.25
印　　数　1–1500 册
版　　次　2023年10月第1版
印　　次　2024年2月第1次印刷

出　　版　吉林科学技术出版社
发　　行　吉林科学技术出版社
地　　址　长春市福祉大路5788号
邮　　编　130118
发行部电话/传真　0431-81629529 81629530 81629531
　　　　　　　　　　81629532 81629533 81629534
储运部电话　0431-86059116
编辑部电话　0431-81629518
印　　刷　三河市嵩川印刷有限公司

书　　号　ISBN 978-7-5744-0887-6
定　　价　78.00元

版权所有　翻印必究　举报电话：0431-81629508

前　言

　　电气自动化技术以自动控制理论为基础，以计算机为手段，解决了一系列高科技难题，为人类的文明和进步作出了重要贡献，诸如宇宙航行、导弹制导与防御、万米深海探测和火星表面探测；在工业生产过程中，诸如对压力、温度、湿度、流量、频率及原料、燃料成分比例控制等都离不开电气自动化技术。

　　随着信息技术的发展，电气自动化、智能化的运用越来越广泛，电气系统和设备的控制也越来越重要。电气系统需要按照专业化的系统控制要求，才能更好地促进其自动化系统的形成，为电气控制系统更好地应用于社会生活奠定基础。而随着电气自动化技术的不断发展，电气设备和系统控制过程中对专业化的要求也越来越高，电气自动化行业的相关从业人员必须通过更加专业化、系统化的学习和研究，来适应这种科技与社会的进步，更要以较高的标准要求自己，为整个电气自动化技术的发展作出自己应有的一份贡献。另外，电气自动化施工与技术在工业与民用建筑中得到越来越广泛的应用，已渗透到建筑设备的设计、运行、制造、管理等部门。随着建筑设备自动化程度的日益提高及对建筑节能的要求日益迫切，每一位建筑电气的从业者都必须具有对建筑电气控制线路解读和运行分析的能力，紧跟时代发展的步伐，促进自身和行业的发展。

　　在本书的策划和写作过程中，笔者参阅了国内外有关的大量文献和资料，从其中得到启示；同时也得到了有关领导、同事、朋友的大力支持与帮助。在此致以衷心的感谢！由于电气自动化技术及应用发展迅速，本书的选材和写作还有一些不尽如人意的地方，加上作者学识水平和时间所限，书中难免存在缺点和谬误，敬请专家及读者指正，以便进一步完善提高。

CONTENTS

第一章　电气工程及其自动化

第一节　电气工程基础理论

一、电气工程概述

电气工程英文全称为 electrical engineering（简称 EE），是现代科技领域中的核心和关键学科。传统的电气工程被定义为用于创造、产生和使用电的有关学科的总和。此定义本十分宽泛，但随着科学技术的飞速发展，21 世纪的电气工程已经远远超出上述定义的范畴。当今电气工程涵盖了几乎所有与电子、光子有关的工程行为。本领域知识的快速增长，这要求我们重新审视甚至重新构造电气工程的学科方向、课程设置及其内容，以便使电气工程学科能更有效地反映学生的需求、社会的需求、科技的进步和变化的科研环境。从某种意义上讲，电气工程的发达程度代表着国家的科技进步水平。正因为此，电气工程的教育和科研一直在高等教育中占据着十分重要的地位。

电子技术的巨大进步推动了以计算机网络为基础的信息时代的到来，并改变了人类的生活工作模式。美国大学电气工程学科在机构名称上有不同的叫法：有的学校称为电气工程系，有的称为电气工程与信息科学系，有的称为电气工程与计算机科学系……该学科在科研、教学及学术组织形式上与国内电气工程学科有较大不同。了解国外学科状态及教学、科研方向，对调整我们的学科方向，提高教学、科研水平具有十分重要的作用。

随着科学技术水平的提高，电气工程的应用也越来越广泛。其涉及很多的领域，比如电力电子技术、计算机技术、电机电器技术信息与网络控制技术，等等。因此电气工程综合了很多方面，是一个复杂的行业，其主要特点是结合了强弱电、机电、软硬件，等等。其中的电气工程自动化技术在当前人们的生活诸多领域都有着应用，发挥着重要的作用。电气工程是我国现代化技术当中的重要组成部分，科学技术水平的进一步提高，对我国的电气工程自动化也有着促进作用。电气工程在生活中的应用给人们带来了很大的便捷，通过从理论上深化电气工程的应用研究，对实际发展就有着积极意义。电气工程领域与电子与通信工程、计算机技术、控制工程、材料工程、机械工程、仪器仪表工程、动力工程等工程领域均有紧密的联系。

二、电气工程无处不在

电气工程在生活当中得到了广泛应用,主要包括电能生产、传输及其使用全过程中电力系统的安全、可靠、经济运行,各类电气设备和系统的设计、制造、运行、测量和控制等相关方面的工程技术。电气工程自动化技术的应用能够促进其智能化的发展和智能电气设备的发展,使得电气工程的功能也逐渐多样化。

(一)电力系统

电气工程自动化技术应用在电力系统和电力调配中能促进电力系统的安全稳定的运行。随着人们生活质量水平的进一步提高,人们对电力的应用要求也逐渐提高,这就需要加强电气工程的科学应用,从而保障电力系统的安全稳定运行。电气工程的应用对电网的科学调度、优化电力资源也能发挥积极作用,能有效提高电力调配工作的可靠准确性。电气工程自动化技术在电力系统中的应用范围比较广泛,在电网的调度及网络设备等方面都得到了应用,能有效加强发电厂和上下游设备之间的联系,促进电力调配工作的顺利开展。

在输电过程中,如果线路出现问题,电能的正常供应将受到很大影响。因此在状态维修方案中,要对雷击监测系统予以合理规划。例如,对避雷针等的安装,假如电气设备遭受雷击,其可以监测雷击前后情况,同时还可以对电气设备进行保护。电气设备或者连接线路容易受到环境的影响。环境监测系统主要是对大气温度、二氧化硫等进行监测,如果这些因素不利于电气设备性能作用的发挥,会有异常信号显示在监测系统上,并向监控中心传达,技术人员可以及时采取对应措施实施维护。

(二)农业

电气工程在农业领域发挥着积极作用,如在温室大棚中,温室大棚电气自动化技术能实现远程监控的目标,对大棚中的农作物生长进行实时监控,实时检测大棚的温湿度以及二氧化碳和光照等指标,这为科学管理大棚提供了重要的信息,以利于根据数据进行大棚管理。电气工程自动化技术在无土栽培中也能发挥积极作用。在了解无土栽培技术和传统技术区别的基础上,建立电气工程自动化检测平台,对农作物生长情况进行有效管理,能有效促进作物生长。

(三)智能建筑

"智能建筑"概念的提出及实现,使建筑的智能化水平得到了显著提高。建筑设备的自动化所涵盖的内容比较广泛，其中安全保护系统及能源管理系统等，都是比较重要的方面。此外，建筑的排水及消防和防盗等都离不开电气工程自动化技术。在接地保护方面，智能建筑的诸多设备设施是有导电性能的，金属设备使用中如果出现绝缘体破裂的情况，就容易出现漏电问题，结合电气工程自动化技术的应用，加装安全接地保护装置，能有效避免漏电的问题，保障用电安全。

维修人员在电气设备上完成传感器安装之后，就可以时常接收设备相关状态信号，有利于准确判断异常故障。另外，传感器可精确捕捉信号，不仅扩大了电气设备的监测范围，而且使建筑电气工程自动化运行水平得以有效提高。在进行状态维修操作时，要加快电气设备的异常信号向控制中心传输的速度，使维修人员能够尽快制定出处理方案。控制人员可及时了解电气设备的实际状态，有利于实时监测。质量好的传感器可以准确捕捉到信号，并且在维修人员加工处理信号之后，将具有实际应用意义的电气设备感应信号筛选出来，以利于后期故障维修，确保工作顺利进行。

(四) 能源开采

煤炭开采属于能源动力工业，在煤炭的监管和开采过程中，电气工程及其自动化技术的优势得以充分体现。如自动监控系统提供了煤矿中各个部分运行情况的画面，管理人员可以通过屏幕设备直观地看到工程运行情况，出现紧急状况时工作人员能及时得知，从而避免不必要的损失。通信自动化系统在煤炭工程中的地位举足轻重。通信系统将整个矿区的通信设备联系在一起，以便信息的相互传达，使得部门与部门之间、设备与设备之间、管理者与操作人员之间的信息联络更加便捷，大大减少了由于信息传送不及时所带来的损失，缩减了解决问题的时间。消防安全自动化系统也是矿区所必需的系统，它能有力保障人员的生命安全，及时消除存在的安全隐患问题，为安全生产提供进一步的保障和防护。

(五) 水利

在水利工程方面，成熟的电气工程及其自动化技术能够保证电气设备的正常、安全运行。在水能丰富的地域，水利工程分布较多，所以这一技术的应用显现出它的优势。电气工程及其自动化技术在应用中有如下共性：自动检测、自动控制及自动保护等。自动检测主要是检测水利工程中电气设备的安全性和稳定性，达到实时保护的作用。自动控制是指对各类电动设备增加自动控制装置，将整个系统集中在主控制室进行集中控制和管理，从而可远程由控制器终止操作，还可由操作人员进行控制，或发展为无人值班的运行方式。自动保护是对整个系统进行保护，一旦发现问题必须及时查找问题的本源，并进行相应的保护。自动保护装置对一个大水利工程来说是必要的组成部分。

以上仅仅是电气工程的几个实例，它的应用还包括很多方面，已经渗透到我们生活的各个角落。

三、电气工程的发展展望

（一）电气工程的研究领域

电力在我国社会建设中占有重要地位，电力安全不仅事关千家万户，而且关系到国民经济的持续发展和社会秩序的稳定。相比其他能源，它的安全影响更广、更大。随着我国经济的高速发展和人们各方面需求的提升，社会对电力的需求迅猛增长，相应地，电力专业领域将出现较大的人才缺口。电气工程下设 5 个二级学科，分别为电机与电器、电力系统及其自动化、高电压与绝缘技术、电力电子与电力传动、电工理论与新技术。

1. 电机与电器

电机与电器的研究领域包括电力系统中的大型发电机、电动机，有着广泛应用的中小型电机。前者侧重于运行分析、建模仿真及监测诊断，后者侧重于理论分析、设计方法及现代节能控制技术。就电力工业本身而言，电机就是发电厂和变电站的主要设备，它在机器制造业和轻、重型制造工业中应用广泛。可以说，只要涉及电机的场所都能看到该学科的研究成果。该专业毕业生可在电力系统相关单位从事大型电机运行分析、监测控制或故障诊断等相关技术工作，也可在其他行业从事电机设计及运行控制和节能技术开发工作，还可在相关科研单位、高等学校从事科研及教学工作，或从事与电机及其运行控制相关的管理工作。

2. 电力系统及其自动化

电力系统及其自动化涉及电力生产的全过程，包括发电、输电、配电、用电等，其研究内容衍生的各项技术成果广泛应用于发电厂、变压器、输电线路和配电装置中，涉及控制、优化、经济、稳定等多项指标。除了涉及电气工程相关知识，该专业对自动化、测量、计算机、通信等技术也有较高要求。该专业是目前电气工程相关学科中研究生报考最热门的专业之一，考研竞争比较激烈。特别是报考该学科优势明显的院校时，考生除多掌握一些电气工程的基础知识外，还要掌握电路理论、控制理论、信号与系统理论等基础理论。

3. 高电压与绝缘技术

高电压与绝缘技术主要运用于电力系统防雷保护设计、绝缘子在线监测、防污闪、水果保鲜、真空断路器设计、脉冲储能技术及军工产品等，其研究内容与多个学科交叉，如脉冲与等离子方向、超导技术方向、自动化方向等。该专业毕业生可在电力系统、电工制造和技术物理等领域从事高电压技术、强电流技术、绝缘技术、放电应用技术、过电压防护技术、电磁兼容技术等方面的研究，或成为从事设计、制造、运行工作的高级工程技术人才。如今，高电压这一传统专业又创新意，显现出前所未有的生机。传统高电压技术是一门试验型学科，理论与实践在研究工作中占有相当比例。但是近年来高电压专业有向基础理论研究和计算机模拟仿真方向发展的趋势，试验平台的建设离不开自动控制和电力系统自动化方面的专业知识。

4. 电力电子与电力传动

电力电子与电力传动专业在各级工业、交通运输、电力系统、新能源系统、计算机系统、通信系统及家电产品等领域都有广泛应用，如航天飞行器中的特种电源、远程特高压电压传输系统，家用的空调、冰箱和计算机电源，都离不开电力电子与电力传动技术。电力电子技术在输电网中的应用已是较为成熟的技术，可控串补、静态无功发生装置等技术也正在快速发展中，而电力电子技术应用于配电系统则是近年来随着电力用户对电能质量要求的提高发展起来的，发展前景光明。因此，该专业毕业生的就业领域非常广泛，各级电力系统都急需这方面的人才。

5. 电工理论与新技术

电工理论与新技术专业主要是在电网络理论和电磁场理论的基础上，研究电网络分析方法及其在电力系统中的应用、电磁场数值分析方法及其工程应用、电力系统的电磁兼容技术、基于微机的现代电磁测量技术、电力系统的信号分析与处理技术。电工理论与新技术在国内的发展还不成熟，很多人对这个专业了解不深，由于其涉及面广，各院校在该专业上的发展侧重点也不尽相同。因此，想报考该专业的考生应明确自己对所报考导师的研究方向是否感兴趣，因为选择感兴趣的方向对以后的学习和就业都很重要。相对于电气工程其他下属二级学科来说，电工理论与新技术的竞争程度相对来说是较小的。至于其就业前景就要看具体的研究方向，不过一般来说就业面还是比较广的。

除以上介绍的5个二级学科外，近年来也有不少院校和科研院所发展了电气信息监测技术、脉冲功率和等离子体等新兴二级学科，电气工程专业因此更加齐备完善。由于电气工程专业研究范围广，应用前景乐观，毕业生就业形势比较好。小到一个开关的设计，大到航天飞机的研究，都会出现电气工程专业毕业生的身影。如果经过了两到三年的研究生阶段的学习，毕业生的专业素养能得到更大的提升，可选择的就业机会也更多。电气工程专业培养宽口径、复合型的高级工程技术人才，因此该专业毕业生在就业时呈现"点多、面宽、适应性强"的特点。一般来说，电气工程专业研究生能够在电气工程相关的系统运行、自动控制、电力电子技术、信息处理、试验技术、研制开发、经济管理及电子与计算机技术应用等领域负责重要工作，也能到各级发电厂、供电局、电网调度所、各类大中型企业从事电力设计、建设、调试、生产、运行、管理、市场运营、科技开发和技术培训等工作，或从事电气设备的维护、检修、安装和调试等方面的工作。此外，该专业的毕业生还可从事其他行业中的电气技术工作。需要注意的是，很多单位在招聘电气专业的毕业生时，会考虑毕业生所学的具体专业方向。一般来说，电力电子方向的毕业生适合去私营或国营高新技术企业、军工企业、航天企业或各省市电力公司、电力设计院等，而电机、高压、电力系统及电工理论等强电专业或者相关电力专业的毕业生适合去研究所、电厂或者电网公司。

（二）电气工程的就业方向

1. 电网公司

国家电网公司和南方电网公司以及发电公司——大唐、华能、国电、华电及中电投应该是电气工程专业毕业生的就业首选，但这些名企对人才的要求也很高，竞争相当激烈。省一级的电力公司、地市一级的供电公司或供电局则是电气专业毕业生比较现实的选择，待遇也不错。要想在供电公司取得较好的发展，求职者需要具有良好的综合素质。国内的发电公司主要有大唐、国电、华电、华能、中电、二滩、三峡、五陵，大型电厂还有核电站，如广核、中核等。在未来，风能、太阳能等投资高、技术密集的电厂也很有发展潜力。

2. 设计院与研究所

设计院、研究所一向被认为是拥有研究生以上学历的"精英"的领地，主要从事电厂、变电站设计和线路、现场调试、测试、数据报告、研究等工作。一般工作都相对轻松，但有的岗位需要经常出差。国内的电力设计院主要有中南电力设计院、西北电力设计院、华北电力设计院、华东电力设计院、华南电力设计院、广东省电力设计院、河南省电力勘测设计院等，电力科学研究院主要有中国电力科学研究院、华东电力实验研究院等。

3. 电气设备公司和电力制造行业

有一半以上的电气专业毕业生都将从事与电力系统有关的工作，他们大多选择进入一些大中型的电气设备公司、自动化公司、通信设备公司。此外，他们还可以到信息、电子、机械、交通、外贸、政府等行业和部门工作，主要从事与电力工程和电气装备有关的系统运行、自动控制、电力电子技术、信息处理、计算机技术及应用等方面的实验分析、研制开发、技术管理等工作。电力制造行业一次设备制造的公司有东电集团、哈电集团、上电集团、西电集团等，二次设备制造的公司有南瑞集团、许继集团、四方集团等，这些都是技术含量高的知识型企业，代表电力行业发展的必然趋势。同时，用电设备、汽车、铁道、照明、通信、化工等行业也需要电气人才。

4.高校和工程局

留在高校任教对于很多研究生来说是一个很好的选择，优美的环境、浓厚的学术研究氛围及相对单纯的人际关系成了很多毕业生留校的理由。而对于电工理论专业的研究生来说，留在高校任教无疑会使自己所学有了用武之地。以华中科技大学的电工理论专业为例，该专业包括了电测、超导等研究方向，同时还承担了学校多门本科生和研究生课程的教学工作。但留在高校任教并不容易，毕业生除了需要具有相当扎实的基础理论知识，还要有很强的实践操作能力，具有从事研究工作的潜质。此外，清晰的逻辑思维、良好的表达能力和沟通能力也成为高校教师必不可少的条件。相对来说，工程局的工作比较艰苦，因为要随着工程地点不断转移，但是待遇非常可观。工程局主要负责电厂建设和变电站建设的相关工作。

5.深造和创业

由于国外在电气专业方向的研究领先于我国，毕业生如果希望在专业研究上有进一步的发展，深造是一个不错的选择。学历越高，知识体系越完备，毕业后可以从事一些更有挑战性的工作。如果能够筹集足够的资金或者凝练出有市场前景的项目，可以考虑自己创业。

四、电气工程的理论基础

(一) 安培力

安培力是通电导线在磁场中受到的作用力。由法国物理学家安培首先通过实验确定。大量自由电子的定向运动形成导线中的电流，带电粒子在磁场中运动会受到力的作用，即洛伦兹力，在洛伦兹力的作用下，导体中定向运动的自由电子和金属导体晶格上的正离子不断碰撞，将动量传给导体，使整个导体在磁场中受到磁力作用，即安培力。

(二) 电磁感应定律

电磁感应定律也叫法拉第电磁感应定律，电磁感应现象是指因磁通量变化产生感应电动势的现象，例如，闭合电路的一部分导体在磁场里作切割磁感线的运动时，导体中就会产生电流，产生的电流称为感应电流，产生的电动势称为感应电动势。1820 年，奥斯特发现电流磁效应后，有许多物理学家便试图寻找它的逆效应，提出了磁能否产生电，磁能否对电作用的问题。法拉第电磁感应定律最初是一条基于观察的实验定律，是基于法拉第所做的实验。法拉第在软铁环两侧分别绕两个线圈：其一为闭合回路，在导线下端附近平行放置一磁针；其二与电池组相连，接开关，形成有电源的闭合回路。实验发现，合上开关，磁针偏转；切断开关，磁针反向偏转。这表明在无电池组的线圈中出现了感应电流。法拉第立即意识到，这是一种非恒定的暂态效应。紧接着他做了几十个实验，把产生感应电流的情形概括为 5 类——变化的电流、变化的磁场、运动的恒定电流、运动的磁铁、在磁场中运动的导体，并把这些现象正式定名为电磁感应。进而，法拉第发现，在相同条件下不同金属导体回路中产生的感应电流与导体的导电能力成正比。他由此认识到，感应电流是由与导体性质无关的感应电动势产生的，即使没有回路没有感应电流，感应电动势依然存在。

俄国物理学家楞次总结出一条判断感应电流方向的规律，称为楞次定律。楞次定律可概括表述为：感应电流的磁场总是要阻碍引起感应电流的磁通量的变化。德国物理学家纽曼对法拉第的工作做出表述，并写出了电磁感应定律的定量表达式，称为法拉第电磁感应定律，表述为：当穿过回路所包围的面积的磁通量发生变化时，回路中产生的感应电动势与穿过回路的磁通量对时间的变化率的负值成正比。

根据法拉第电磁感应定律，只要穿过导体回路的磁通量发生变化，在回路中就会产生感应电动势和感应电流，可以把磁通量的变化归结为两种不同的原因：一是磁场保持不变，由于导体回路或导体在磁场中运动而引起的磁通量的变化，这时产生的感应电动势称为动生电动势；二是导体回路在磁场中无运动，由于磁场的变化而引起的磁通量变化，这时产生的感应电动势称为感生电动势。

（三）电磁定律的基本定则

1. 左手定则

左手定则是判断通电导线处于磁场中时，所受安培力的方向、磁感应强度 B 的方向以及通电导体棒的电流三者方向之间的关系的定律。左手定则是英国电机工程师弗莱明提出的。1885 年，弗莱明担任英国伦敦大学电机工程学教授，由于学生经常弄错磁场、电流和受力的方向，于是，他想用一个简单的方法帮助学生记忆，"左手定则"由此诞生了。将左手的食指、中指和拇指伸直，使其在空间内相互垂直。食指方向代表磁场的方向，中指代表电流的方向，那拇指所指的方向就是受力的方向。使用时可以记住，中指、食指、拇指分别指代电、磁、力。左手定则可以用来判断安培力和洛伦兹力的方向。

2. 右手定则

伸开右手，使拇指与其余四根手指垂直，并且都与手掌在同一平面内，让磁感线从手心进入，并使拇指指向导线运动方向，这时四指所指的方向就是动生电动势或感应电流的方向。这就是判定导线切割磁感线时感应电流方向的右手定则。右手定则判断线圈电流和其产生磁感线方向关系及判断导体切割磁感线电流方向和导体运动方向关系。右手定则也可以视为楞次定律的一种特殊情况。

3. 安培定则

安培定则，也叫右手螺旋定则，是表示电流和电流激发磁场的磁感线方向间关系的定则。通电直导线中的安培定则（安培定则一）：用右手握住通电直导线，让大拇指指向电流的方向，那么四指指向就是磁感线的环绕方向。通电螺线管中的安培定则（安培定则二）：用右手握住通电螺线管，让四指指向电流的方向，那么大拇指所指的那一端是通电螺线管的 N 极。

直线电流的安培定则对一小段直线电流也适用。环形电流可看成多段小直线电流组成，对每一小段直线电流用直线电流的安培定则判定出环形电流中心轴线上磁感强度的方向。叠加起来就得到环形电流中心轴线上磁感线的方向。直线电流的安培定则是基本的，环形电流的安培定则可由直线电流的安培定则导出，直线电流的安培定则对电荷做直线运动产生的磁场也适用，这时电流方向与正电荷运动方向相同，与负电荷运动方向相反。

（四）基尔霍夫定律

基尔霍夫定律是求解复杂电路的电学基本定律。从 19 世纪 40 年代起，由于电气技术发展得十分迅速，电路变得越来越复杂。某些电路呈现出网络形状，并且网络中还存在一些由 3 条或 3 条以上支路形成的交点。这种复杂电路不是串、并联电路的公式所能解决的，刚从德国哥尼斯堡大学毕业、年仅 21 岁的基尔霍夫在他的第一篇论文中提出了适用于这种网络状电路计算的两个定律，即著名的基尔霍夫定律。这两个定律能够迅速地求解任何复杂电路，从而成功地解决了这个阻碍电气技术发展的难题。基尔霍夫定律建立在电荷守恒定律、欧姆定律及电压环路定理的基础之上，在稳恒电流条件下严格成立。当基尔霍夫第一、第二方程组联合使用时，可正确迅速地计算出电路中各支路的电流值。由于似稳电流（包括低频交流电）具有的电磁波长远大于电路的尺度，所以它在电路中每一瞬间的电流与电压均能在足够好的程度上满足基尔霍夫定律。

此外，还有关于电路元件、安培环路定理、高斯定律、磁场等这些电气工程的基础理论，这里不再一一介绍。

第二节　电气工程及其自动化

电气工程及其自动化专业是电气信息领域的一门新兴学科，也是一门专业性很强的学科，主要研究在工程中如何对电进行管理。它的研究内容主要涉及工程中的供电设计、自动控制、电子技术、运行管理、信息处理与计算机控制等技术。

控制理论和电力网理论是电气工程及自动化专业的基础，电力电子技术、计算机技术则为其主要技术手段，同时也包含了系统分析、系统设计、系统开发及系统管理与决策等研究领域。该专业的特点在于"四个结合"，即强电和弱电结合，电工技术和电子技术结合，软件和硬件结合，元件和系统结合。

中华人民共和国成立初期，我国许多大学设立了电气工程及其自动化专业，主要实践性教学环节包括电路与电子技术实验、电子工艺实习、金工实习课程设计、生产实习、毕业设计，并为国家培养了许多的这方面人才。他们已成为本行业的专家学者，分布在我国许多省、市，逐渐成为骨干力量。

改革开放以后，在党中央的正确领导下，大学恢复了招生，本专业也发展起来，许多大学设立了本专业，并陆续招生，每年为国家培养大量的高级复合型人才，包括学士、博士等高级知识分子，特别是，各专业扩招，本专业的招生量也在上升。虽然我国在这方面的发展还没有站在世界的最前沿，但随着我国综合国力的提高、对外交往的增加，我们已经逐渐缩小与发达国家的差距。具有代表性的是：每秒 3000 亿次计算机研制成功；纳米技术的掌握；模拟技术的应用。一个不容忽视的问题摆在我们面前：如何迎接新技术革命的挑战？经过本专业的老师和同学的共同努力，把电子工程及自动化专业拓展开来，分为"电力系统及其自动化"和"电子信息工程"，涵盖原有"绝缘技术""电气绝缘与电缆""电机电器及其控制""电气工程及其自动化""应用电子技术"和"光源与照明"等几个专业方向。设有"高电压与绝缘技术""电机与电器""电力电子与电力传动"和"电工理论与新技术""高电压与绝缘技术"博士学位方向。并以工业产品设计为基础，应用计算机造型，实现工业产品的结构、性能、加工、外形等的设计和优化。该专业培养适应社会急需的，既有扎实科学技术基础又有艺术创新能力的高级复合型技术人才。本专业着重培养学生外语、计算机应用、产品造型、设计等实际工作能力，实现平面设计、立体设计等产品设计的全面智能化。该专业毕业生可从事工业产品造型设计、计算机应用、视觉传达设计、环境设计、广告创意、企业形象策划等行业的教学、科研、生产、开发和管理工作。涵盖了电路原理、电子技术基础、电机学、电力电子技术、电力拖动与控制、计算机技术（语言、软件基础、硬件基础、单片机等）、信号与系统、控制理论等课程。高年级还根据社会需要学习柔性的、适应性强、覆盖面宽的专业课及专业选修课。同时也进行电机与控制实验、电子工程系统实验、电力电子实验等。

改革以来，我国在 CIMS、自动控制、机器人产品、专用集成电路等方面有了长足的进步。例如，"基于微机环境的集成化 CAPP 应用框架与开发平台"开发了以工艺知识库为核心的、以交互式设计模式为基础的综合智能化 CAPP 开发平台与应用框架，推出金叶 CAPP、同方 CAPP 等系列产品。这些产品具有支持工艺知识建模和动态知识获取、各类工艺的设计与信息管理、产品工艺信息共享等功能，并提供工艺知识库管理、工艺卡片格式定义等应用支持工具和二次开发工具。系统开放性好，易于扩充和维护。产品已在全国的企业，特别是 CIMS 示范工程企业推广应用。还研制了自动控制装置及系列产品，红外光电式安全保护装置，大功率、高品质开关。机器人产品包括移动龙门式自动喷涂机、电动喷涂机器人、柔性仿形自动喷涂机、往复式喷涂机、自动涂胶机器人、框架式机器人、搬运机器人、弧焊机器人。以上这些产品的开发应用还只是电子工程与自动化在生产中的一个侧面，不足以反映其全貌。在国外先进技术的冲击下，从各个方面进行新一轮技术重组。形势既是严峻的，同时也充满机遇。

所谓的电气自动化，是指通过对继电器、感应器等电气元件的利用，借以实现对时间和顺序的控制。而其他如一些伺服电机或仪表，将会根据外界环境的变化从而反馈到内部，最后导致输出量产生变化，继而达到稳定的目的。

一、电气工程及其自动化技术的概述

电气工程及其自动化技术与生活是息息相关的，已经渗透到我们生活的方方面面。

电气工程及其自动化是以电磁感应定律、基尔霍夫电路定律等电工理论为基础，研究电能的产生、传输、使用及其过程中涉及的技术和科学问题。电气工程中的自动化涉及电力电子技术、计算机技术、电机电器技术信息与网络控制技术、机电一体化技术等诸多领域，其主要特点是强弱电结合、机电结合、软硬件结合。电气工程及其自动化技术主要以控制理论、电力网理论为基础，以电力电子技术、计算机技术为其主要技术手段，同时也包含了系统分析、系统设计、系统开发及系统管理与决策等研究领域。控制理论是在现代数学、自动控制技术、通信技术、电子计算机、神经生理学诸学科基础上相互渗透，由维纳等科学家的精炼和提纯而形成的边缘科学。它主要研究信息的传递、加工、控制的一般规律，并将其理论用于人类活动的各个方面。将控制理论和电力网理论相结合，应用于电气工程中，有利于提高社会生产率和工作效率，节约能源和原材料消耗，同时也能减轻体力、脑力劳动，改进生产工艺等。

在实际的电气工程及其自动化技术的设计中，应该从硬件和软件两个方面来进行考虑，通常情况下，都是先进行硬件的设计，根据实际的工业控制需要，针对性地选择电子元器件。首先应该设置一个中央服务器，并采用先进的计算机作为系统的核心，然后选择外围的辅助设备，如传感器、控制器等，通过线路的连接，组建成一个完整的系统。在实际的设计时，除了要遵循理论上的可行，还应该注意现实中的可行性。由于生产线是已经存在的，自动化控制系统的设计，必须在不改变生产型的基础上进行，对硬件设备的安装有很高的要求，如果设备的体积较大，就可能影响正常的加工，要想使设计的控制系统能够稳定地工作，设计人员必须进行实地的考察，然后结合实际的情况，对设备的型号进行确定。在硬件设计完成之后，还要进行软件系统的设计，目前市面上有很多通用的自动化控制系统软件，但是为了最大限度地提高自动化水平，企业通常都会选择一些软件公司，根据硬件安装和企业生产的情况等，进行针对性的软件设计。

二、电气工程及其自动化的应用分析

（一）电气工程及其自动化技术应用理论

电气工程及其自动化技术是随着工业的发展而逐渐形成的一门学科。从某种意义上来说，电气工程及其自动化技术，是为了满足实际生产的需要。在传统的工业生产中，采用的主要是人工的方式，虽然机械设备出现后，人们可以操控机器来进行生产，极大地提高了生产的效率，但是经济的发展速度更快，对产品的需求量越来越大。在这种背景下，仅仅依靠操作机器的生产方式，已经无法满足市场的需要，必须进一步提高生产的效率。为了达到这个目的，很多企业都实行了二十四小时制生产。通过实际的调查发现，采用这样的生产方式，机器可以不停地运转，操作人员却需要足够的时间休息，因此必须增加企业的员工，这样就提高了生产的成本。在市场竞争越来越激烈的今天，企业要想获得更多的效益，必须对生产的成本进行控制，于是有人提出了让机器自行运转的概念，这就是自动化技术。

（二）电气工程及其自动化技术在智能建筑中的应用

1.防雷接地

雷电灾害给我国的通信设备、计算机、智能系统、航空等领域造成了巨大的损失，因此，在智能建筑建设中也要十分注意雷电灾害，利用电气工程及其自动化技术，将单一防御转变为系统防护，所有的智能建筑接地功能都必须以防雷接地系统为基础。

2. 安全保护接地

智能建筑内部安装了大量的金属设备，以实现数据处理，满足人们多方面的需求，这些金属设备对建筑的安全性提出了挑战。因此，在智能建筑中运用电气工程及其自动化技术，为整个建筑装上必要的安全接地装置，降低电阻，防止电流外泄，这样便能够很好地避免金属设备绝缘体破裂后发生漏电现象，保证人们的生命财产安全。

3. 屏蔽接地与防静电接地

运用电气工程及其自动化技术，在进行建筑设计时，要十分注意电子设备在阴雨或者干燥天气产生的静电，并及时做好防静电处理，防止静电积累对电子设备的芯片及内部造成损坏，使得电子设备不能正常运转。设计师将电子设备的外壳和 PE 线进行连接可以有效防止静电，屏蔽管路的两端和 PE 线的可靠连接可以实现导线的屏蔽接地。

4. 直流接地

智能建筑需要依靠大量的电子通信设备、计算机等电脑操作系统进行信息的输出、转换，这些过程都需要微电流和微电位来执行，需要耗费大量的电能，也容易造成电气灾害。在大型智能建筑中应用电气工程及其自动化技术，可以为建筑提供一个稳定的电源和电压，还有基准电位，保证这些电子设备能够正常使用。

(三) 强化电气工程及其自动化的应用措施

1. 强化数据传输接口建设

在应用电气工程自动化系统的时候，数据传输功能发挥着至关重要的作用，一定要予以高度的重视。只有提高系统数据传输的稳定性、快捷性、高效性与安全性，才可以保证系统运行的有效性。在进行数据传输强化的时候，一定要重视数据传输接口的建设，这样才可以保证数据传输的高效、安全。在建设数据传输接口的时候，一定要重视其标准化，利用现代技术处理程序接口问题，并且在实际操作中进行程序接口的完美对接，降低数据传输的时间与费用，提高数据传输的高效性与安全性，实现电气工程自动化的全面落实。

2. 强化技术创新，建立统一系统平台，节约成本

电气工程自动化是一门比较综合化的技术，要想实现其快速发展，就一定要加强对技术的投入，突破技术瓶颈，确保电气工程自动化的有效实现。所以，在进行建设与发展电气工程自动化的时候，一定要加强系统平台的建设，结合不同终端用户的需求，对自身运行特点展开详细的分析与研究，在统一系统平台中展开操作，满足不同终端用户的实际需求。由此可以看出，建立统一系统平台，是建设与发展电气工程自动化的首要条件，也是必要需求。

3. 加强通用型网络结构应用的探索

在电气工程自动化建设与发展过程中，通用型网络结构发挥着举足轻重的作用，占据了十分重要的地位，可以有效加强生产过程的管理与技术监控，并且对设备进行一定的控制。统一系统平台，可以有效提高工作效率，保证工作可以更加快捷地完成，同时提高工作安全性。

第二章　应用电子技术专业教学

第一节　应用电子技术专业人才标准

应用电子技术专业人才培养标准是指导应用电子技术专业人才培养的根本，它既满足了当代社会对应用电子技术专业人才的需求，又规划了学校应用电子技术专业人才培养目标。学校应用电子技术专业教师掌握和理解该专业人才培养标准，有利于在人才培养过程中把握正确的人才培养方向，提高自身的职业素养。

一、应用电子技术专业人才培养的现状和特点

作为应用电子技术专业的教师，首先应知晓该专业人才培养的现状和特点，并掌握该专业的人才培养标准及其制定方法。

（一）应用电子技术专业人才培养现状

1. 师资数量不足

应用电子技术专业现有的职教师资数量不足，特别是"双师型"教师数量缺口较大、专业素质不高、培养培训体系薄弱，还不能完全适应新时期加快发展现代职业教育的需要，与建设现代职业教育体系、全面提高技能型人才培养质量的要求还有一定差距。由于应用电子技术专业具有一定的特殊性，专业能力强的人从事职业教育的不多，因此师资的数量有待进一步增加。

另外，教师的编制数量不够是目前制约师资队伍壮大的关键因素之一。上级主管部门及人事部门将学校的用人自主权、聘任权收紧，导致学校很难从实际需求出发，充实师资队伍。经常出现的一个状况就是，学校想引进的人进不了，而经常要接收学校本已富余的教师类型。

2. 师资专业素质有待提高，专业技能有待加强

职教教师的专业能力与专业素质直接决定了教育教学质量。从整体上说，应用电子技术教育专业职教教师的专业素质与技能还有待进一步提高。要继续强化应用电子技术专业教师的在职进修与培训工作，强化教师的专业知识与专业技能。

此外，要不断改进应用电子技术专业职教师资的培养模式。在现行的培养模式下，学生的专业知识可能满足从教后的需求，但其实践技能与专业教师的要求有一定的差距，要进一步强化教师的实践技能。

3. 教师管理制度有待进一步健全

从我国职业教育发展全局来看，目前教师资格、职务（职称）、编制等制度改革取得了实质性进展，培养培训制度全面加强，人事分配制度改革进一步深化，满足教师专业化发展要求的管理制度全面建立。然而，目前职业院校教师的职称评审都参照普通教育教师系列的评审标准，导致出现了一些不切实际的评审条件。评审标准体系没有体现职业院校教师的工作特点与成果特征，需要进一步健全教师管理制度，以调动教师工作的积极性。

4. 教师社会地位较低，普遍缺乏职业幸福感

近年来，部分政策，如教育免学费政策等，在某种程度上推动了中职教育的发展，但是，教育的发展空间仍然较为狭窄，发展环境的不利抵消了新政策的红利，教师社会地位较低、职业幸福感缺乏的现象较为普遍。造成教师社会地位低的主要原因是教师待遇较低，社会对职业教育存在偏见等。引起幸福感缺失的原因是多方面的，比如：待遇低；招生压力大，缺乏安全感；学生基础与素质不高，教学效果不明显；工作压力大，教学任务繁重；等等。其中，"学生不好教"是被访谈教师公认的最大难题，而教师流露出的安全感缺乏则是目前职业教育发展面临困境的深刻折射，必须予以重视。

5. 教师来源结构不尽合理，企业技术人员引进困难

从教师来源结构来看，大多数应用电子技术专业职教教师均来自高校毕业生，难以引进有企业经验、了解应用电子技术最新发展潮流的企业技术人员。造成这一问题的原因在于：一是与企业相比，学校能够提供的薪酬待遇差距较大，难以吸引企业顶尖技术人才；二是职业院校人才引进的标准由人事部门掌握，学校的自主权较小，企业技术人才很难适应这种统一的标准。

虽然目前国家出台了相应的引进企业兼职教师的办法与规定，但是，从实际情况来看，这一政策实施的效果并不理想，主要问题是难以落到实处，缺乏评估机制，学校很难通过这一政策聘用到合适的兼职教师。

应用电子技术专业教师人才队伍不稳定、教师入职标准规范性不够、教师继续教育机会不足、各校名师数量普遍不多等问题，具有一定的普遍性，值得我们在加强职教师资队伍建设的过程中加以重视，并有针对性地改善。

6. 生源质量不高

由于社会对职业教育的认知偏见，优秀的初中毕业生几乎不会去就读中职学校。

因此，中职学校生源质量不佳。从调研的情况来看，中职学生中，三分之一的学生根本不学习，三分之一的学生随大流，只有剩下三分之一的学生在学习。由于应用电子技术专业学习难度较大，需要的相关基础知识较多，学生学习的积极性受到了一定影响。

（二）应用电子技术专业人才培养的特点

电子信息技术飞速发展，应用电子技术专业人才的培养也必须适应时代发展的要求。应用电子技术专业人才培养具有以下特性：

1. 实时性

新技术每隔3～5年就有更新，特别是与电子技术相关的信息技术更是发展迅速，把这些新的技术及时教给学生是非常重要的，因此，应用电子技术专业人才的培养具有实时性。要做到实时性，就要求所在学校具备这些新技术的实验设备、场地等硬件条件，也要求教师及时掌握这些新技术，以便教授给学生。

2. 前瞻性

在制定应用电子技术专业人才培养标准、规格等方面，要及时预见本专业的发展趋势，使课程、教材、实验设备等教学配套资源能够满足未来3～5年专业发展的要求，以便学生毕业后顺利就业。

3. 成熟性

应用电子技术专业人才培养过程中的专业技术应该是成熟的技术，具备可靠性，可直接推广，而不是尚在研究中的新技术。

4. 延续性

新技术是建立在现有的应用电子技术基础上的，因此，新技术一定是对现有技术的延续。正因为这样，在人才培养过程中的新技术才不会是"空中楼阁"，学生掌握起来就更加扎实。

二、应用电子技术专业人才培养标准分析

作为电子技术专业的专业课教师，应充分理解人才培养标准的各个部分，为自己在教学过程（课程认知、教学设计、教学实施及教学评价等）中的每个环节进行合理的资源配置，以达到最优的教学效果。

一般情况下，应用电子技术专业人才培养标准应该包括以下5个部分：培养目标、培养规格、课程体系、教学条件、教学评价等。

（一）培养目标

培养目标是指学校培养的学生毕业 5 年后经过自己努力应该达到的状态，包括学生的技术水平、学生的人文素养、学生的社会评价及可预见的职业前景。因此，它一般限定从事的职业类型、人才类型。职业类型是指产品设计类、产品销售类、产品维修类以及生产管理类等类型；人才类型主要是指高级类型、中级类型、初级类型，或者复合型、双师型等类型。

学校的应用电子技术专业培养目标应该是培养从事电子产品生产、产品销售、产品检测和维修、生产辅助管理方面的中级专业人才。

（二）培养规格

培养规格是指学生毕业时应该达到的基本要求，包括人文素养方面的要求、专业知识方面的要求、专业技能方面的要求、英语和计算机水平方面的要求等。特别是在专业技能方面，应该拿到相应的职业资格证书。

学校应用电子技术专业的毕业生应该达到的标准有 5 个方面：（1）德、智、体全面发展，身心健康；（2）掌握电子技术专业知识；（3）掌握电子技术专业的实践技能；（4）计算机水平达到一定要求；（5）获取电工、电子产品维修等中级证书。

（三）课程体系

课程体系是人才培养标准中的关键部分。为了达到人才培养目标要求，建立相关的课程体系是非常必要的。

学校应用电子技术专业的课程体系可以看成 3 个平台课程的综合：素质培养平台课程、专业知识教育平台课程、专业技能训练平台课程。后两个平台课程相互交叉，相互渗透。

（四）教学条件

教学条件是为了保证达到人才培养标准所要求的条件，它包括师资条件、教学场地条件、实验条件、实训实习条件及实习基地条件等。

师资条件是指教师的数量、类型，以及教师的学缘结构、职称结构、年龄结构等。按照教育部要求，学校生师比在 16：1 较为合适。

教学场地条件包括普通教室数量、大小，多媒体教室数量，实验室场地大小，以及图书资料室场地、体育场地和设施等。

实验条件包括实验设备、实验器材、实验教材等。

实训实习条件包括实训实习场地大小、实训实习设备数量和完好率、实训实习教师数量和水平等。

实习基地条件包括实习的场所、实习计划、实习的工位、实习基地接待学生实习的能力、实习的管理等。

（五）教学评价

教学评价包括对专业教学质量的评价、对教师的评价和对学生的评价。

总之，熟知应用电子技术专业人才培养标准，可以明确人才培养规格、需要的培养条件，掌握应用电子技术专业人才培养的课程体系，可为后续的教学做好铺垫。

三、学校应用电子技术专业人才培养标准案例分析

以湖南省学校应用电子技术专业人才培养标准为例，该标准包含了培养目标、毕业基本要求、人才培养规格、课程体系、师资条件，实验实训条件、教学评价等要素，符合应用电子技术专业人才培养目标要求。

（一）人才培养标准中培养目标与规格

1. 培养目标

应用电子技术专业的培养目标是这样的：本专业面向电子产品生产、销售等企业一线岗位，培养与我国社会主义现代化建设要求相适应，德、智、体、美全面发展，具有良好职业道德、必要科学文化知识，从事电子产品生产、安装与调试、质量检测及生产设备操作与保养等工作的高素质劳动者和技术技能人才。

从上述培养目标来看，在制定专业人才培养目标时要把握以下3点：（1）培养的是技术技能人才；（2）专业定位是电子产品生产、产品销售、产品检测和维修、生产辅助管理；（3）德、智、体、美全面发展。这3点主要是规定了培养人才的类型、专业定位、专业要求和职业素养要求，它既有人才培养的具体指标要求，也有人才培养的抽象要求。把上述要求与毕业标准相结合，可以更好地把握专业人才培养目标。

2. 培养规格

应用电子技术专业的培养规格包含思想品德、科学文化、职业技能和身心素质4个方面，以此来界定和落实培养目标要求。

（1）思想品德

思想品德对应的是培养目标中的"良好职业道德"，它落实在以下几点：爱国爱党；遵纪守法；践行社会主义核心价值观；爱劳动，爱职业，乐于奉献；人格健全，乐观向上；具有良好的安全意识；具有一定的创新意识。

（2）科学文化

理解和掌握本专业的科学文化知识，可为人才的继续学习和终身发展奠定基础。这一点对应的是培养目标中的"必要科学文化知识"，它强调以下几点：具有基本的阅读能力、写作能力和口头交流能力；具有基本的计算机技术应用能力；具有基本的英文读写听说能力；具有身心健康知识和安全意识等。

（3）职业技能

职业技能对应的是培养目标中的"从事电子产品生产、安装与调试质量检测及生产设备操作与保养等工作"，它主要体现在以下几点：具有电子产品的焊接、组装、调试、安装、维护等专业技能；具有电工仪表的使用和维护技能；具有电子控制系统的维护和技术服务技能；具有单片机产品的安装、调试及售后服务技能；具有电子产品检验、产品营销能力；具备信息检索、继续学习和一定的创新能力等。

（4）身心素质

对应于培养目标中的高素质劳动者而言，它反映在以下几点：身体健康，能胜任本专业相关职业岗位工作；心理健康，具有健全的人格。

（二）人才培养标准中的课程体系

人才培养标准中的课程体系建设始终围绕人才培养目标和毕业标准来构建。本专业课程体系建设与专业课程设置，将工作岗位、岗位能力与相应的课程设置紧密联系在一起，有什么样的工作岗位，就有什么样的岗位能力要求，设置相应的专业课程才可以达到这些岗位要求的能力。

应用电子技术专业的课程体系结构包括公共课程、专业课程、拓展课程、顶岗实习和社会实践5个部分，紧跟专业培养目标和培养规格需要而制定。

1. 公共课程

公共课程主要包括语文、数学、英语、德育、公共艺术、体育与健康、计算机应用基础、培育和践行社会主义核心价值观等课程。

语文课程的主要任务是指导学生正确理解和运用祖国的语言文字，注重基本技能的训练和思维发展，加强语文实践，培养语文的应用能力，为培养高素质劳动者服务。

数学课程的主要任务是使学生掌握必要的数学基础知识，具备必需的相关技能与能力，为学习专业知识、掌握职业技能、继续学习和终身发展奠定基础。

英语课程的主要任务是使学生掌握一定的英语基础知识和基本技能，培养学生在日常生活和职业场景中的英语应用能力。

德育课程包括职业生涯规划、职业道德与法律、经济与社会、哲学与人生4门课程的内容。职业生涯规划课程的任务是引导学生树立正确的职业观念和职业理想，学会根据社会需要和自身特点进行职业生涯规划。职业道德与法律课程的任务是提高学生的道德素质和法律素质，引导学生增强社会主义法制意识。经济与社会课程的任务是使学生认同我国的行政管理、经济制度，了解所处的文化和社会环境，积极投入我国经济、社会建设。哲学与人生课程的任务是帮助学生运用辩证唯物主义和历史唯物主义的观点、方法，正确看待自然、社会的发展。

公共艺术课程的任务是使学生了解或者掌握不同艺术门类的基本知识技能和原理，提高学生文化品位和审美素质。

体育与健康课程的任务是培养学生健康的人格、增强体能素质、提高综合职业能力，养成终身从事体育锻炼的意识、能力与习惯，提高生活质量。

计算机应用基础课程的任务是使学生掌握必备的计算机应用基础知识和基本技能，培养学生应用计算机解决工作和生活中的实际问题的能力。

培育和践行社会主义核心价值观课程的任务是引导学生树立正确的理想和人生价值观，自觉践行社会主义核心价值观，培养学生成为中国特色社会主义事业的合格建设者和可靠接班人。

可见，公共课程是为了达到培养规格中的思想品德、科学文化素养和身心素质等方面要求而开设的，是该专业的公共必修课程，它与培养目标中的职业道德和科学文化素养等指标相契合。

2. 专业课程

该专业的专业课程包括专业基本能力课程和岗位核心能力课程。专业基本能力课程包括电工技术基础及应用、模拟电子技术应用、数字电子技术应用、电子CAD、专业英语等课程。岗位核心能力课程包括电子产品装配与调试、电子测量与仪器仪表的使用、电子产品生产工艺与设备、电子产品整机调试与维修等课程。

电工技术基础及其应用课程要求学生掌握电路元器件的识别与检测电路基本物理量的认识与检测、交流电路的安装及简单的计算、安全用电常识、变压器的认知与拆装等，能进行电工基本技能操作，为后续课程的学习打下基础。

模拟电子技术应用课程要求学生了解半导体知识及检测，掌握放大电路、反馈电路的简单计算知识和装调技能，为后续课程的学习打下基础。

数字电子技术应用课程要求学生掌握数字电路的相关知识，具备对常用集成电路的应用能力，掌握电子电路调试与维修中常见仪器仪表的使用，熟悉简单电子产品的一般分析过程，训练学生的创新能力。

电子CAD课程要求学生了解电子产品设计与制作的基本理论知识，熟悉电子产品设计与制作的方法，掌握电子产品设计与制作过程中的操作技能，培养学生面向真实产品的原理图绘制能力、PCB 设计能力、制作设计能力和产品分析能力。

专业英语课程要求学生掌握电子技术专业常用英语词汇，能顺利地阅读、理解和翻译有关的英文技术文献和资料，并培养学生的沟通表达能力和综合素质。

电子产品装配与调试课程要求学生掌握识读电子产品工艺文件、分拣和测试电子元器件、焊接电子线路板、装配电子产品、检测和调试电子产品等典型工作任务必备的基本知识和基本技能。

电子测量与仪器仪表的使用课程要求学生能够正确理解电子测量的意义、特点和基本概念，掌握万用表、信号源、直流电源、兆欧表、示波器等常用电子测量仪表的基本结构、工作原理、测量对象和使用方法。

电子产品生产工艺与设备课程要求学生掌握电子产品生产工艺、生产设备的相关基础知识，学会工艺分析、设备的维护保养，基本达到电子产品装配工中级标准要求的操作技能。

电子产品整机调试与维修课程要求学生掌握电子产品整机测试、检测维修的基本技能，包括分析产品整机原理图、测试方法与参数的确定、测试设备的选择与调试、测试电子产品性能、测试电子器件的好坏、故障分析、故障处理等典型工作任务必备的基本知识和基本技能。

专业课程是为了达到培养规格中的职业技能目标而设置的相关课程强调职业技能的基础知识和基本技能的掌握，为拓展课程的学习奠定良好的基础。

3. 拓展课程

拓展课程包括电气控制及 PLC 应用、电子产品营销、单片机及其应用等课程，是在专业课程学习的基础上实现专业能力拓展的课程，它更侧重于职业技能的培养。

电气控制及 PLC 应用课程要求学生掌握常用低压电器使用、常用电气线路分析、继电控制电路运用、PLC 应用、电气设备安装和维护等核心技能。

电子产品营销课程要求学生了解现代电子电器产业发展，掌握产品市场和营销基本模式与策略、经营战略，具备从事电子电器产品营销和公司经营管理的初步能力。

单片机及其应用课程要求学生掌握单片机基本组成、接口电路及硬件电路的连接，理解微机系统的基本概念和基本理论，掌握 MCS-51 系列单片机的指令系统等，具备最小系统构建、软件编程、单片机系统调试等能力能适应单片机控制电子产品的辅助设计工作。

4. 顶岗实习

顶岗实习课程要求学生进一步了解本专业对应的操作工、装配工、调试工、维修工等岗位的实践工作任务，进一步掌握电子产品生产制造过程中的来料检验、电子装联制造、电子产品性能测试、设备维护保养等典型工作任务的实际操作技能和专业技术知识，熟悉顶岗企业生产组织管理和规章制度，了解企业文化，能在企业环境下进行正常的人际沟通。

5. 社会实践

社会实践课程要求学生了解生产和管理实践活动，提高协调能力、沟通能力和对理论知识的综合运用能力、分析问题和解决问题的能力。在实践中，提高学生了解社会、认识国情、增长才干、奉献社会的意识，树立正确的世界观、人生观和价值观。

（三）人才培养中的师资条件和实践实训条件

良好的师资条件和实践实训条件是人才培养的必然要求。师资条件是指对教师数量、学缘结构、年龄结构、教学资质等方面的要求；实践实训条件是指校内和校外的实习实训等方面的要求。

1. 师资条件

师资条件主要按照《湖南省学校机构编制标准》要求，本专业师生比为1∶11，其中专任教师不低于教职工总数的85%。公共课教师应具有与任教课程对口的全日制本科学历，并取得学校教师资格；专业任课教师应有与任教专业对口的本科学历，并取得学校教师资格和任教专业相应的职业资格证。专业教学团队中有一定比例的兼职教师，列入教师编制，比例在15%～30%。实习指导教师应具有与任教专业对口的专科以上学历，并取得高级技工及以上职业资格。

对于授课教师要求，公共课授课教师应具备公共课教师基本要求。专业核心课授课教师应具备专业任课教师基本要求，还应有任教本专业2年以上任教经历和至少6个月的企业实践经历。所有的专业核心课程至少有2位教师授课，其中一人为实践指导教师，也可以是来源于行业或者企业的现场专家，专业教师应由英语水平较高，又有一定专业知识的教师担任。

对专任教师的培训要求：专任教师每2年必须有2个月的企业实践或社会实践。专业课专任教师每5年必须参加一次国家级或省级培训，公共课教师应参加教育教学或新技术的培训。专任教师必须每年参加一次校外教育教学研究活动。

2. 实践实训条件

校内实践实训要求学校必须具备通用电子电工实训室、电子CAD技术实训室、电子装配与调试实训室、整机调试与检测实训室、单片机技术及应用实训室、电子产品营销实训室、电子产品先进制造技术中心等，实训室公用基本设施，如服务器、投影仪、打印机、扫描仪、多媒体中控系统、无线话筒、书写白板、激光教鞭笔、空调等另行添置。其他主要设施设备及数量按照40人标准班配置如下：

（1）通用电子电工实训室：电子电工实训装置12台，常用电工工具12套。

（2）电子CAD技术实训室：服务器1台，48口交换机1台，不间断电源1台，计算机40台及绘图软件40套。

（3）电子装配与调试实训室：三位半数字万用表40只，晶体管特性图示仪20台，示波器40台，纸刀40把，手动吸锡器40把，尖嘴钳40把，热风枪40把，镊子40个，焊台40个，生产线工位40个。

（4）整机调试与检测实训室：扫频仪20台，信号源20台，收音机40台，三位半数字万用表40只，晶体管特性图示仪20台，示波器40台，纸刀40把，手动吸锡器40把，尖嘴钳40把，热风枪40只，镊子40个，焊台40个，生产线工位40个。

（5）单片机技术及应用实训室：服务器1台，48日交换机1台，不间断电源1台，单片机开发系统40套。

（6）电子产品营销实训室：计算机10台，谈判桌椅40套，产品展示台1个。

（7）电子产品先进制造技术中心：贴片流水线40个工位，真空吸笔40支，自动滴胶机40台，自动锡膏印刷机1台，精密手动贴片台40个，全自动贴片机40台，输入输出接驳机1台，全热风无铅回流焊机1台，3D视觉检测仪1台，锡膏专用冰箱1台，SMT工艺挂图1套，PCB防静电周转车1台，电阻形成机1台，电容脚机1台，IC整形机1台，跳线成型机1台，插件流水线40个工位，自动输入接驳机1台，全自动波峰焊机1台，自动输出驳接机1台，线路板切脚机1台，超声波清洗机1台，THT工艺挂图1套。

学校应该通过"学校—企业"模式联合建设校外实训基地，借助企业的技术、设备和技术人员培养企业需求的人才，不断提高学生职业技能。按照40人一个班的标准，校外实训基地个数不少于3个，电子产品的生产企业年产值不少于3000万元，人员规模600人以上，电子产品销售企业的年销售额5000万元以上，人员规模60人以上。

（四）人才培养中的教学评价

教学评价包括对专业教学质量的评价、对教师的评价和对学生的评价。

1. 对专业教学质量的评价

对专业教学质量的评价主要是要求学校建立专业教学质量评价制度按照教育行政部门的总体要求，把就业率、对口就业率和就业质量作为评价专业教学质量的核心指标，针对专业特点，制订专业教学质量评价方案和评价细则，广泛吸收行业、企业，特别是用人单位意见，逐步建立第三方教学质量评价机制，把课程评价作为专业质量评价的重要内容，建立健全人才培养方案动态调整机制，推动课程体系不断更新和完善。专业教学质量评价结果要在一定范围内公开和发布。

2. 对教师的评价

对教师的评价要求建立健全教师教育教学评价制度，把师德师风、专业教学、教育教学研究与社会服务作为评价的核心指标，要求采取学生评教、教师互评、企业评价、学校和专业评价等多种形式，不断完善教师教育教学质量评价内容和方式。把教育教学评价结果作为教师年度考核、绩效考核和专业技术职务晋升的重要依据。

3. 对学生的评价

对学生的评价包括评价主体、评价方式和评价内容3个方面。

评价主体要求以教师评价为主，广泛吸收就业单位、合作企业、社会家长参加学生质量评价，建立多方共同参与评价的开放式综合评价制度。

采取的评价方式主要有过程评价与结果评价相结合、单项评价与综合评价相结合、总结性评价与发展性评价相结合等方式，要把学习态度、平时作业、单项项目完成情况作为学生质量评价的重要组成部分，逐步建立以学生作品为导向的职业教育质量评价制度。

评价内容包括思想品德与职业素养、专业知识与技能、科学文化知识与人文素养3个方面。思想品德与职业素养评价主要是依据国家颁布的《学校德育大纲》、学校制定的学生日常行为规范等要求来制订思想品德评价方案和细则，依据行业规范和岗位要求来制订职业素养评价方案和细则，将职业素养评价贯穿到教育教学全过程。专业知识与技能评价要求学校依据课程标准，针对学校专业教学特点，制定具体的专业知识与技能评价细则。科学文化知识与人文素养评价主要是依据教育部颁布的课程教学大纲、省教育厅颁布的公共课教学指导方案，制定公共课教学质量评价细则。

第二节　应用电子技术专业教材

专业教材是教师和学生之间的桥梁。应用电子技术专业教材既指导教师教学的内容和知识点，又指导学生认识、掌握和理解教学内容的难点。

一、应用电子技术专业教材特点

应用电子技术专业教材是在该专业人才培养标准和该专业课程体系下，以课程的教学大纲所提出的知识点和技能为目标的材料。它是教师和学生在进行教学活动时共同交流的平台，在教学中占据非常重要的位置。应用电子技术专业教材具有以下几个特点：

（一）知识的正确性

正确性是教材的最基本属性。应用电子技术专业教材中，对于器件的工作原理等方面的知识讲解必须准确无误。如果所描述的事实、所推导的公式是不正确的，那这种指导教师和学生的教材就失去了其最基本的功能。在实际教学中，好的教材可以多次重印，不好的教材很快就会被淘汰掉。

（二）知识结构的完整性

专业教材必须有完整的知识结构，这主要体现在内容的相对完整和独立性。例如，电子技术教材分为模拟部分和数字部分，模拟电子技术教材较为完整地讲述了放大电路的特性。这种特性包括晶体三极管放大电路、场效应管放大电路和集成放大电路等，是一个比较完整的体系。在这种完整的体系中，还要介绍反馈、振荡电路和直流电源电路，这些是放大电路中的理论支撑和实际需要。数字部分也是一样，从最简单的与门、或门和非门入手，到组合逻辑编码器、译码器、数据选择器、加法器等，从时序逻辑（RS 触发器、JK 触发器、D 触发器、同步计时器、异步计时器等）再到综合逻辑设计，有完整的知识结构。

专业教材的完整性还体现在课程体系中教材内容的相互支撑。例如，模拟电子技术课程的前修课程电工学是模拟电子技术课程的基础，而模拟电子技术又是数字电子技术课程的前修课。只有各部分教材知识结构完整，专业教材才严谨，才具有指导作用。

（三）知识的时代性

随着信息技术的飞速发展，与之相关的电子技术发展极其迅速。例如，电视机从黑白电视到彩色电视、从阴极显像管到如今的 LED 平板电视、从模拟式制到数字式制再到高清式制，这些无不说明电子技术的飞速发展。因此，应用电子技术专业教材必须与时代发展相适应，相关的专业教材内容要具有时代性。

专业教材发展只有紧跟时代，才具有生命力，才能够在人才培养的过程中发挥应有的功能。

（四）知识的技能性

应用电子技术教材是应用型教材，具有技能性，这是它不同于其他教材的特点。

专业教材具备培训功能，能够让人通过学习具备相应的技术能力，这种能力不会因为离开教材而丢失。例如数字电视原理课程中，学习使用相关的测试仪器技术进行测试，判断相关的信号大小和波形等。学生学习这门课程以后，掌握的技能不会丢失。

（五）图表的规范性

为了便于学生理解某些概念，应用电子技术专业教材中使用的图表较多，这些图表必须规范。编写者在编写教材时要按照图表规范操作，科学标注相关信息。

二、应用电子技术专业教材编写

作为应用电子技术专业教师，编写专业教材能够提高自身的教学能力，特别是参与校本教材建设，对老师来说是专业成长的一个非常重要的途径。要编写好教材，就要认真钻研新课程理念和课程标准，认真学习课程理论研究学生的特点。建设校本教材，也是一个给学生提供高质量教学内容的过程。让课程校本化，其最基本的出发点就是根据本校学生的实际情况和发展方向建设校本教材，同时可以为学校的课程建设积累经验。

（一）教材设计

在设计教材时，考虑以下3个方面：

1. 注重教材的整体设计

一本教材应该是一个完整的整体，设计者应考虑教材的整体品质，不能满足于局部的精彩。其适应的原则是有利于丰富学生经历，有利于开阔学生视野，有利于发展学生个性，有利于学生自主选择。为此，教材设计需要从具有核心概念、反映学习过程、体现教育价值等方面思考。只有把握了教材的整体特性，教材的各个局部才其有活力。

2. 注重课程知识结构梳理

课程知识是由一个一个的相对独立的知识点构成的，且知识点与知识点之间是有逻辑关系的。如"PN结的形成"这一知识点是建立在知识点"P型半导体和N型半导体"之上的。因此，先介绍"P型半导体和N型半导体"知识点，再说明"PN结的形成"知识点就顺理成章。如果反过来，知识结构就不合理了。

如何梳理知识结构呢？一般来说，要明确以下内容：本教材建设的背景；本教材的三维课程目标（课程内容包括内容的呈现方式、内容的框架结构，要做到心中有数）；课程的实施（大约需要多少课时，教学的具体形式和手段等）；评价的设想和做法；等等。

3. 注重交流和研讨

先尝试撰写一个单元，每一个单元要有哪些板块，教师要做到心中有数。不能把很多资料堆砌在一起，不能将所有的内容都呈现在教材之中，如果这样，就变成科普类读物了。要在教材设计中，给教师留下引领的空间，给学生留下思考和探究的空间，体现"以学生为本"的设计思想。教师可以将这个单元的材料与同事进行交流，听取同事们的意见。

（二）教材编写

一般来说，编写教材的基本步骤分为3步：

1. 前期准备工作

（1）熟读本领域最好的一本或几本教材，领会教材的精髓，并挖掘出所要编写的教材应该含有的基本内容。先按照被索引次数量的大小对期刊进行排序，然后下载几篇或者十几篇该领域的文章，看是否有共同的参考书目，或者看哪些书被参考的次数多。通常那些"共同的参考书"或者"被参考次数多的书"，就是本领域最好或者比较好的书。确定好本教材的定位，也就是从整体设计教材，体现教材的特点，接着就是进行知识结构梳理（哪些内容必须要，哪些内容可以不要），这些准备工作非常重要。

（2）基本内容明晰以后，确定逻辑框架，并思考该书的创新点。创新不仅是内容的增、删、改，以及组合，而且包括逻辑等的再编排。可以从以下4个方面来创新：前人教材精华的组合；逻辑框架的优化重组；时代特色的内容添加；作者思想观点的注入。

（3）资料的收集。前两点或多或少都需要做资料收集工作。在编写教材时，收集资料虽然烦琐却很重要。编写教材所需要的参考书目或论文。最好是国内外该领域经典著作。收集资料的要求：真正地广泛浏览或阅读相关书目；对相关内容进行去伪存真；提炼出资料的精华。

2. 编写教材

做好上述准备工作后，就可以开始"写教材"了。编写时，一般需要两种能力。(1)研究能力：研究能力在于文章的思想性、创新性；(2)写作能力：写作能力在于文章的连贯性、通顺性。最好在一个比较长的固定时间内集中精力，编写教材一气呵成。

3. 校对教材

教材写好了，必须校对。校对教材主要注意5个方面:(1)保证内容的正确性;(2)清除语法修辞上留的差错和毛病;(3)清除错别字;(4)保证内容、逻辑、思想的连贯性；(5) 保证格式、专业词语的统一准确性。

三、应用电子技术专业教材分析

专业教材分析是应用电子技术专业教师要具备的技能之一。应用电子技术专业教材是以新课程标准作为依据进行编写的，无论选用什么版本的教材，要想上好专业课，就要对教材进行分析。只有对专业教材进行认真细致的分析，掌握教材的特点，才能够在教学过程中做到心中有数，教学才游刃有余。

(一) 专业教材分析的意义

教师掌握应用电子技术专业教材分析方法和技能具有重要的指导意义，具体体现在：

1. 有利于全面实现教学目标和任务

现代的电子技术教学不单纯讲授电子技术知识，还需要传授相关的元器件生产、销售等方面的知识，以便于学生在实际学习和实践过程中了解行业行规。教师只有认真分析教材内容，才能够将电子行业的实际现状和方向与课程知识结合起来。教材分析也可以使教师更深入细致地认识教材，更好地完成教学目标。

2. 有助于教师认识教材的结构与特点

任何应用电子技术专业教材都有一定的知识结构，这种结构就是各知识点的链接方式，使教材具有科学体系。此外，教材还具有认识体系和表述体系。应用电子技术专业教材是由这三种体系交织在一起的。也正因为如此，教材体现出其独有的结构特点。只有采取科学的方法，认真分析应用电子技术专业教材，才能够把握教材结构，正确使用教材。

3. 便于教师协调教材各局部之间的关系，发挥教材的整体功能

教材中的章节都是相对独立的教材单元。通过分析教材，教师便可以知晓这些教材的地位、作用，从而可以确定教材各个局部的课时、内容和教学方法等，发挥教材的整体功能。

4. 为教师设计教学方法、编写教案提供可靠依据

熟悉教材是教师设计教学和编写教案的基础。通过教材分析，教师可以深入了解教材内容的组成、结构特点，这为教师制订教学方案、确定教学任务目标、明确教学重点和难点、开展教学设计和实施教学等提供可靠准确的依据。

(二) 应用电子技术专业教材分析的依据

应用电子技术专业教材分析的依据主要是应用电子技术专业的课程体系、所学

专业学生的心理特点和接受水平，以及应用电子技术专业课程教学大纲。

1. 应用电子技术专业课程体系

应用电子技术专业课程体系，将该专业的课程体系理解成素质培养平台、专业知识教育平台和专业技能训练平台，三个平台相互融合。因此，将该专业的教材分析放在这个课程体系中去认识，理论与实践相结合是课程分析的基本原则。

2. 学生的心理特点和接受水平

教学的一切活动都要着眼于学生的发展，并落实在学生的学习效果上。因此，在教学过程中，充分把握和分析学生学习的心理规律是教材分析的一个重要依据。除此之外，了解学生接受专业知识的能力水平也是至关重要的。

3. 应用电子技术专业课程教学大纲

教学大纲是依据教学计划所制定的对学科教学的指导性文件，它是指导教学和编写教材的依据，也是评价教学和考试命题的依据。教师要钻研教学大纲，对不同的教材进行分析，在教学过程中对教材进行取舍。

(三) 应用电子技术专业教材分析的一般方法

和其他专业教材分析一样，应用电子技术专业教材分析的一般方法有：

1. 按照大纲的精神，分析教材的编写意图和教材的特点

有些教师只注重单一的教学方法，不了解教材的编写意图与教材的特点，结果往往只见树木不见森林，教学起来照本宣科，教材的优点发挥不出来，教材的缺点克服不了，教学质量无法提高。分析教材有助于整体把握教材，更好地发挥教材的优点，克服教材的缺点和不足，并且便于以整体为背景来分析和处理教材各部分，提高教学质量。

2. 分析教材的知识结构、体系和深度广度

教材的每个知识点是体现在教材的知识结构上的，知晓并把握教材的知识结构才能更好地分析教材，并进一步根据自己的教学实际和经验，重新组织教材体系，改革教学方法，提升教学效果。

3. 以整体为背景，分析各部分教材的特点

教材是一节一节编的，课堂是一堂一堂讲的，有部分教师在分析教材时往往只注重对局部章节和具体问题的分析，忽视对教材的整体把握，看不到知识背景发生的变化和各部分知识之间的联系。因此，分析教材需要从整体和局部两个方面入手，明确知识的来龙去脉和教材各部分的地位作用。

4. 分析知识的价值

分析教材还需要对知识的价值和功能进行分析。知识是具备理论价值应用价

值、教育功能和能力价值的。在教学过程中，要重视知识的价值作用，挖掘知识的价值，培养学生具备相关的能力。

5. 明确教学的目标要求

明确教学目标和要求是分析教材和进行教学的基础。教学的目标要求不明确将无法有效地进行教学。教学目标是教师根据教材的内容和学生的状况，从实际出发确定的。教学目标中的知识要求、能力要求和思想教育要求及达到这些要求的途径和方法，都要通过对教材具体章节的分析来选择和确定。

6. 分析教材的重点和难点

教材重点的确定与教材本身的性质和功能有关，教师应从全局和局部角度把握教材的地位和作用，确定教材的重点；教材的难点则是根据教材的特点和学生的学习心理特点而定。重点不一定是难点，难点也不一定都是重点。

7. 酝酿设计教学过程，确定教学方法

教学过程的设计、教学方法的确定受教学中的多种因素影响。其中影响较大的是教学目标、教学内容、师生状况和教学条件等因素。对这些因素要进行具体分析，也要让其相互配合，进行综合优化处理。可见，只有在对教材进行深入分析的基础上设计的教学过程、确定的教学方法才是可行和可靠的。

总之，深入分析教材是提高教学质量的有效途径之一。

（四）应用电子技术专业教材案例分析

以高等教育出版社出版、张龙兴主编的《电子技术基础》(第二版) 教材为例进行分析．该教材既可以用作学校电子电器专业教材，也可以作为行业中级技术工人等级考核的培训教材。以下按照教材的一般分析方法进行教材分析：

1. 教材的基本情况

该教材共分为两编。第一编为模拟电路基础，共计 7 章，分别是半导体器件的基础知识、整流与滤波电路、基本放大电路、反馈与振荡的基础知识、集成运算放大器、直流稳压电源、可控硅及其应用。第二编为数字电路基础，包括 8 章内容和实验，分别是逻辑门电路、数字逻辑基础、组合逻辑电路、集成触发器、时序逻辑电路、脉冲波形的产生和整形电路、A/D 和 D/A 转换器、课堂演示实验，其中实验共有 15 个，分别是二极管伏安特性曲线的测试、三极管输入—输出特性曲线的测试与绘制、共射放大电路有关参数的测试、多级放大器有关参数的测试、场效应管及其放大器的测试、负反馈对放大器性能的影响、LC 调谐放大器的调试、LC 正弦波振荡器的调试、集成运放的主要应用、OTL 功率放大器的调测、可控硅特性测试、集成逻辑门电路逻辑功能的测试、译码显示电路的测试、集成触发器逻辑功能的测试、异步二进制计数器。

2. 分析教材的编写意图和教材特点

《电子技术基础》(第二版) 教材的编写意图就是让学生了解和掌握电子技术的基本理论知识和基本技能,为后续的专业课程奠定基础。

基本理论知识包括半导体器件的基础知识、整流与滤波电路、基本放大电路、反馈与振荡的基础知识、逻辑门电路、数字逻辑基础、组合逻辑电路、集成触发器、时序逻辑电路。了解了这些基本理论,后续的应用(直流稳压电源、可控硅及其应用、脉冲波形的产生和整形电路、A/D 和 D/A 转换器)就有了理论依据。

基本技能包括二极管伏安特性曲线的测试、三极管输入—输出特性曲线测试与绘制、共射放大电路有关参数的测试、多级放大器有关参数的测试、场效应管及其放大器的测试、负反对放大器性能的影响、LC 调谐放大器的调试、LC 正弦波振荡器的调试、集成运放的主要应用、OTL 功率放大器的调测、可控硅特性测试、集成逻辑门电路逻辑功能的测试、译码显示电路的测试、集成触发器逻辑功能的测试、异步二进制计数器。这些测试技能是日后生产岗位测试人员必备技能,应该熟练掌握。

《电子技术基础》(第二版) 教材特点是,注重基础理论简洁化,注重电子线路实验的测试和调试技能,与教材要求相吻合。

3. 教材的知识体系、结构和深度广度分析

《电子技术基础》教材是处于该专业课程体系的 3 个平台(素质培养平台、专业知识教育平台和专业技能训练平台) 中的专业知识教育平台,属于专业基础课程。该课程是基础课,既注重基础理论,又强调实验技能。显然,这门课程在课程体系中占据了重要的地位,其理论授课课时和实验授课课时占比大。中职学生必须很好地掌握这门课程的知识和技能,后续的专业课程学习才有可能学得好。

从教材结构上看,该教材分成模拟电子技术和数字电子技术两个部分。

模拟电子技术主要是介绍对低频模拟信号的处理方法,包括放大微弱的模拟信号(晶体三极管放大器、场效应管放大器、功率放大器和运算放大器)、产生模拟信号 RC 正弦波振荡器、LC 正弦波振荡器、方波发生器、比较器等),以及处理模拟信号整流、滤波等)。按照器件结构从简单到复杂来看,包括二极管、晶体三极管、场效应三极管、集成运算放大器、功率放大集成电路、稳压集成电路等,都是半导体器件。

数字电子技术主要介绍对数字信号的处理方法,包括组合逻辑器件(逻辑门、编码器、译码器、加法器和显示器等)、时序逻辑器件(RS 触发器、JK 触发器、D 触发器和 T 触发器等)、逻辑电路应用(脉冲信号发生器、A/D 和 D/A 转换器等)。

第三节 应用电子技术专业教学资源开发

一、应用电子技术专业教学资源分类和特点

教学资源也称课程资源，就是课程与教学信息的来源。教学资源的概念有广义与狭义之分。广义的教学资源指有利于实现课程和教学目标的各种因素。狭义的教学资源仅指形成课程与教学的直接因素来源。

(一)教学资源的分类

按照其形态，教学资源分为有形资源和无形资源。有形资源包括教材、教具、仪器设备等有形的物质资源，而无形资源的范围则更广一些，包括学生已有的知识和经验、家长的支持态度和能力等。在实际教学工作中，这些教学资源都不可或缺。

按照其性质，教学资源分为素材性资源和条件性资源两大类。素材性资源包括知识、技能、经验、活动方式与方法、情感态度和价值观、培养目标等方面的因素，不同的素材占有不同的地位，有的处于重要位置，有的处于次要位置；条件性资源包括直接决定课程实施范围和水平的人力物力和财力，如时间、场地、媒介、设备、设施和环境等因素，条件性资源取决于外部条件。

按照其分布情况，教学资源分为校内资源、校外资源和网络化资源。校内资源，主要包括本校教师、学生、学校图书馆、实验室、专用教室、动植物标本、矿物标本、教学挂图、模型、录像片、投影片、幻灯片、电影片、录音带、电脑软件、教科书、参考书、练习册，以及其他各类教学设施和实践基地等；校外资源，主要指公共图书馆、博物馆、展览馆、科技馆、家长、校外学科专家、上级教研部门、大学设施、研究机构、有关政府部门、学校其他的设施、学术团体、野外、工厂、农村、商场、企业、公司、科技活动中心、少年宫、社区组织、电视、广播、报纸杂志等广泛的社会资源及丰富的自然资源；网络化资源则主要指多媒体化、网络化、交互化的以网络技术为载体开发的校内外资源。

上述三种分类，只要便于学校对教学资源进行开发和利用，采用何种方式划分都有其合理性。总体上说，三种课程资源的划分都比以前更能够反映课程改革的实际，教学资源的范畴更大，也更科学。学校建立起自身对教学资源比较合理和科学的观念，有助于教学资源得到合理的拓展和整合，从而对课程实施产生实效。

(二)教学资源的特点

教学资源是教师教学过程中所利用的资源，具有以下3个特点：

1. 教学资源的广泛多样性

教学资源不单单指教科书，也不限于学校内的各种资源。它具有广泛的多样性，因为它涉及学生学习与生活环境的方方面面，所有有利于课程实施、有利于达到课程目标和实现教育目的的资源都是教学资源。另外，教学资源广泛多样性的特点还体现在其价值、开发与利用的方法途径等方面。

2. 教学资源的多值性

教学资源的多值性，简单来说就是每个人看待事物的角度不同，对此事物的描述就不一样，对其价值的判断，以及使用途径自然也就会不同。同一教学资源对于不同的课程来说有不同的用途和价值，因此教学资源具有多值性的特点。

3. 教学资源的客观性

事物是客观存在的，教学资源也不例外。与学校的正式课程相比，教学资源可能不那么规范、系统，教师可以根据课程目标和课程设计需要对教学资源进行筛选、改造后加以利用。

二、应用电子技术专业教学资源开发途径

教学资源开发的关键是充分合理开发，使之成为课程的有机组成部分，实现其应有的课程意义与价值。总的来说，教学资源的开发大致有以下 4 个途径，这些途径并不是截然分开的，在开发的时候需要有机地整合在一起。

(一)"以学生为本"开发教学资源

"以学生为本"是教学资源开发的重要导向。"以学生为本"就是要以学生为出发点，所有的课程最终落实到学生的身上，开发出来的教学资源也是为他们服务的。从下列两方面进行分析：

1. 要对学生各方面的素质现状进行调查分析，看看这些学生的素质到底达到了多高的水平，这实际上也是对学生接受和理解教学资源能力的一种摸底。不同学校乃至不同班级学生的水平都是不一样的。在开发教学资源的过程中，学生理解水平差异不仅影响到教学资源的内容选择，还直接关系到教学资源开发的深度和广度。对于文化素质不高的学生，应该开发出适应他们学习的教学资源，循序渐进地教学；对于文化素质较高的学生，也要适度地增加教学资源开发的深度和广度，以满足学生学习能力和学习兴趣的要求。

2. 要对学生的兴趣及他们喜爱的活动进行研究，在此基础上开发教学资源。从学生的兴趣着眼开发出来的教学资源，是学生自己的教学资源，从某种程度上说也是最适合他们的，吸引他们参与进来，可以充分调动他们的积极性。

（二）"因地制宜"开发交易资源

由于各地的经济水平差异和对教学资源开发的重视程度不一样，教师开发教学资源时，要因地制宜地利用各种师资条件。师资条件是开发教学资源的基础要素，也制约着对教学资源的有效利用。学生对一些教学资源需求强烈，也非常感兴趣，但是限于师资的水平和特点，教师没有能力去开发，或是开发出来效果不好。应该从学校现有的师资情况出发，看看教师具有什么样的素质，他们在哪些方面有专长，在这个基础上去开发教学资源，教师们才能游刃有余，这种开发教学资源的方法更加实际有效。

（三）从学校的特色出发开发教学资源

所谓学校的特色也就是学校的资源优势，这种优势既可以是精神文化等软件方面的，也可以是设施设备等硬件方面的。利用好学校教学资源的优势，有利于促进学校进一步形成办学特色。

（四）从社会的需要出发开发教学资

开发教学资源还可以从社会的需要出发。学校培养的人才最终是要服务社会的，毕竟学校的主要任务之一，就是要为社会输送合格的人才。从社会需求的角度开发教学资源，培养学生在这些方面的素质，可以让学生将来较好地适应社会。

三、应用电子技术专业教学资源的开发内容

应用电子技术专业教学资源很多。为了更好地讲授知识，在现有的技术条件下可以开发制作 PPT、Flash 动画等，运用这些数字化资源辅助教学，提高教学质量。另外，对应用电子技术专业学生来说，专业的仿真软件也是教学资源开发的主要内容之一，这里重点介绍 Multisimm 电路仿真软件的使用方法。

（一）Multisim 介绍

Multisim 是美国国家仪器（NI）有限公司推出的以 Windows 为基础的仿真工具。适用于板级的模拟 / 数字电路板的设计工作。它包含了电路原理图的图形输入、电路硬件描述语言输入方式，具有丰富的仿真分析能力。工程师们可以使用 Multisim 交互式的搭建电路原理图，并对电路进行仿真。Multisimm 提炼了 SPICE 仿真的复杂内容，这样工程师无须懂得高深的 SPICE 技术就可以很快地进行捕获、仿真和分析新的设计，这也使其更适合电子学教育。通过 Multisimm 和虚拟仪器技术，PCB

设计工程师和电子学教育工作者可以完成从理论到原理图捕获与仿真再到原型设计和测试这样一个完整的综合设计流程。

1. Multisim 组成

Multisim 由以下软件构成：构建仿真电路，仿真电路环境，单片机仿真，FPGA、PLD、CPLD 等仿真，通信系统分析与设计的模块，层板 32 层的快速自动布线，强制向量和密度直方图，自动布线模块。

2. 仿真的内容

仿真的内容包括器件建模及仿真、电路的构建及仿真、系统的组成及仿真、仪表仪器原理及制造仿真。

(二) 使用方法

界面由多个区域构成，如菜单栏、工具栏、电路输入窗口、状态条、列表框等。用户通过对各部分的操作可以实现电路图的输入、编辑，并根据需要对电路进行相应的观测和分析，也可以通过菜单或工具栏改变主窗口的视图内容。

菜单栏位于界面的上方，通过菜单可以对 Multisim 的所有功能进行操作。

不难看出，菜单中有一些与大多数 Windows 平台上应用软件一致的功能选项，如 File、Edit、View、Options、Help 等。此外，还有一些 EDA 软件专用的选项，如 Place、Simulate、Transfer 及 Tools 等。

1. File

File 菜单中包含了对文件和项目的基本操作以及打印等命令。

命令功能

New	建立新文件
Open	打开文件
Close	关闭当前文件
Close all	关闭所有文件
Save	保存
Save as	另存为
Exit	退出 Multisim

2. Edit

Edit 命令提供了类似于图形编辑软件的基本编辑功能，用于对电路图进行编辑。

命令功能

Undo	撤销编辑
Cut	剪切

Copy	复制
Paste	粘贴
Delete	删除
Select all	全选

3. View

通过 View 菜单可以决定使用软件时的视图，对一些工具栏和窗口进行控制。

命令功能

Toolbars	显示工具栏
Status bars	显示状态栏
Zoom in	放大显示
Zoom out	缩小显示
Zoom sheet	缩放工作表
Zoom to magnification	缩放到最大
Grid	网格标记
Border	边界
Print page bounds	打印页面边界

4. Place

通过 Place 命令输入电路图。

命令功能

Component	放置元器件
Junction	放置连接点
Bus	放置总线
Wire	放置连线
Place input/output	放置输入 / 出接口
Place hicrarchical block	放置层次模块
Text	放置文字
Place text description Box	打开电路图描述窗口，编辑电路图描述文字
Replace component	重新选择元器件替代当前选中的元器件
Place as subcircuit	放置电子电路
Replace by subcircuit	重新选择子电路替代当前选中的子电路

5. Simulate

通过 Simulate 菜单执行仿真分析命令。

命令功能

Run	执行仿真
Pause	暂停仿真
Stop	停止仿真
Instruments	选用仪表（也可通过工具栏选择）
Analyses	选用各项分析功能
Postprocessor	启用后处理

6. Transfer

Transfer 菜单提供的命令可以完成 Multisim 对其他 EDA 软件需要的文件格式的输出。

命令功能

Transfer to Ultiboard	将所设计的电路图转换为 Ultiboard 的文件格式
Forward annotate to Ultiboard	将前端注释转换为 Ultboard 的文件格式
Back annotate from file	将文件中所做的修改标记到后端注释
Export SPICE Netlist	输出 SPICE 电路网表文件

7. Tools

Tools 菜单主要针对元器件的编辑与管理的命令。

命令功能

Component wizard	文件创建向导
Databasc	资料库
Variant manager	变量管理器
Set active variant	设置激活变量
Circui twizards	电路导向
SPICE netlist viewerSPICE	电路网表浏览器

8. Options

通过 Option 菜单可以对软件的运行环境进行定制和设置。

命令功能

Global options	全局选项
Sheet properties	图表属性设置
Lock toolbars	锁定工具栏
Customize interface	自定义界面

9. Help

Help 菜单提供了对 Multisim 的在线辅助和辅助说明。

命令功能

Multisimn help　　　　　Multisim 的在线帮助
About Multisim　　　　　Multisim 的版本说明

第四节　应用电子技术专业的教学方法

一、教育教学方法的体系构成

教学方法是教学过程中教师与学生为实现教学任务和教学目标的要求，在教学活动中所采取的行为方式的总称。教学方法受到特定的教学内容具体教学组织形式及教育教学价值观念的影响。首先，教学方法总是要依据特定的教材内容设计，必须在教学活动中把两者有机地结合起来。其次，教学方法也要受到教学组织形式的制约，不同的教学组织形式，不可能采用统一的教学方法。最后，教育教学价值观念在一定程度上也影响和决定教学方法的选择与运用。

（一）教学方法的分类

在教学中可使用的教学方法有很多种，对其进行科学的分类，有助于教师正确认识和选择合适的教学方法。

1. 依据学习对象分类

依据学习对象，可以把教学方法分为认知领域学习的教学方法、技能领域学习的教学方法、情感领域学习的教学方法和能力整合学习的教学方法 4 类。

认知领域学习的教学方法包括讲授法、演示法、研讨法、案例研究法项目法、角色扮演法等；技能领域学习的教学方法包括演示法、见习实习法、模仿训练法、研讨法、实训法等；情感领域学习的教学方法包括讲授法、讨论法、谈话法等；能力整合学习的教学方法包括讲授法、演示法、讨论法、案例研究法、项目法等。

2. 依据教学作用分类

巴班斯基根据教学方法的作用，将教学方法分为组织和实施学习认识活动方法、激发学习和形成学习动机方法、检查和自我检查教学效果方法 3 类。

组织和实施学习认识活动方法，按照传递和接受教学信息来源分为口述法、叙述法、谈话法、演讲法、直观法、图示法、演示法、操作法实验法、练习法等；按照传递和接受教学信息逻辑分为归纳法、演绎法、分析法、综合法等；按照学生掌握知识独立性分为再现法、探索法、研究法等；按照控制学生学习活动过程分为指示独立作业法、读书法、书面作业法、实验室作业法、劳动作业法等。

激发学习和形成学习动机方法，按照激发学生学习兴趣分为游戏教学讨论法、创设道德体验情景法、创设统觉情景法、创设认识新奇情景法等；按照学生形成学习动机分为说明学习意义法、提出要求法、完成要求法、练习奖励法等。

检查和自我检查教学效果方法，分为个别提问法、口头考察法、程序式提问法、书面作业法、测验法、书面考察法、实验室测验作业法、机器测验法等。

3. 依据教学方法分类

教学方法可以分为以语言传递为主的教学方法、以直接感知为主的教学方法、以实际训练为主的教学方法 3 类。

(1) 以语言传递为主的教学方法。

①讲授法。讲授法是指教师运用口头语言系统地向学生讲解理论知识。其特点是短时间内使学生可以获得大量系统的科学知识，有利于学生智力发展。讲授法主要用于传授理论知识。

②谈话法。谈话法是指教师根据学生掌握知识的程度，引导学生对所提问题得出结论的方法。其特点是充分激发学生的思维活动，有利于照顾每个学生的个性，便于检查教学效果。该方法主要用于复习 已学知识、巩固理论知识等教学环节。

③讨论法。讨论法是指在教师的指导下，一组学生围绕某一个问题进行讨论，发表自己的看法，进行相互学习。其特点是学生互相启发，集思广益。可以提高认识，加深理解，同时还能够激发他们的学习热情，训练语言表达能力。

(2) 以直接感知为主的教学方法。

①演示法。演示法是指教师配合讲授，把实物、教具展示给学生，或者通过示范性操作来说明或印证所要传授的知识。教师在使用演示法时经常会用到实物、模型、图片、PPT 等辅助教学。

②参观法。参观法是指教师组织学生到现场进行实地观察、研究，从而获得新知识或者巩固、验证已学知识的一种方法。

演示法和参观法常用于技能印象的形成、操作技能和操作定向的设定等。

(3) 以实际训练为主的教学方法。

①实习法。实习法是指教师在校内外组织学生进行实际操作，把理论知识应用于实践的一种教学方法。在职业技术教育的教学实践中，该方法具有重要的意义。

②实验法。实验法是指教师指导学生运用一定的仪器设备完成作业，以获取理论知识和技能的一种教学方法。

③练习法。练习法是指在教师的指导下，学生通过反复练习，巩固理论知识，掌握技能和技巧。以练习法为主的教学方法可用于操作模仿、操作整合、操作熟练等阶段。

（二）教育教学方法

教育教学方法中的行动导向教学法是一种能力本位的教学方法，包括项目教学法、头脑风暴法、案例教学法、引导课文教学法、任务劳动法。

1. 项目教学法

项目教学法是通过一个完整的项目来进行实践教学的教学方法。项目可以是基于工作过程的，可以是开展一项调查、提供一种服务、生产一件产品等，同时还应该满足一些条件。

（1）教学内容具有一定的应用价值；

（2）能将某一个教学内容的理论知识和实际技能结合起来；

（3）与企业的生产过程或者商业经营活动有直接关系；

（4）学生在一定的时间内可以自行组织安排自己的学习任务；

（5）有明确而具体的成果展示；

（6）项目工作具有一定的难度，要求学生运用新学习的知识、技能，解决过去从未遇到过的问题；

（7）项目结束时，师生共同评价项目工作成果。

在项目教学中，学习过程成为人人参与的创造实践活动，教师注重的是项目完成的过程，而不是最终结果。学生通过项目实践能够理解和把握课程要求的知识与技能，体验创新的艰辛和乐趣，培养分析问题、解决问题的思维和方法。

项目教学法的实施可以分为6个步骤：

（1）项目开发准备。教师在项目开发前要让学生了解项目开发的意义项目应完成的功能、项目需要的技术及学习方法等内容。

（2）成立项目小组。根据项目的难易程度、学生的个人能力及班级人数等因素成立项目小组。项目组长由项目组成员选定，其职责是在老师的指导下编写小组的项目开发计划、分配各组员任务、监督项目实施等。

（3）编写项目开发计划书。项目组长在老师的指导下，和小组成员一起编写项目开发计划书。

（4）项目实施。项目实施是项目教学法的核心环节。教师要及时对学生进行指导，解决学生在开发项目过程中遇到的难题，督促学生按时按量完成计划书的各个开发环节，保证学生顺利地完成项目开发，达到教学目标要求。

（5）项目评估。项目完成后进行一个评估。采用分组讲解、展示项目成果，由学生和教师共同评价的方式进行。

（6）项目总结。项目完成后进行一个总结。在项目开发过程中，做得好的，得出经验；做得不好的，总结教训。

2.头脑风暴法

头脑风暴法是教师和学生讨论、收集解决问题的意见与建议，通过集体讨论，集思广益，使学生对某一个课题获得大量的认知，经过组合和改进，产生自己的见解，创造性解决问题的教学方法。

头脑风暴法分3个阶段进行：

（1）起始阶段。教师设置情境，说明要解决的问题，鼓励学生进行创造性思维活动，形成问题讨论氛围，并引导学生进入议题。

（2）提议阶段。学生表达自己的想法，教师要尽可能地调动学生的积极性，并避免其他同学对发言的同学进行评论。

（3）总结阶段。当提出的问题已经解决，教师进行归纳总结，给出一个或者几个解决方案。

3.案例教法

案例教学法是指教师选用专业实践中常见的具有一定难度的典型案例，组织学生进行分析和讨论。给出解决问题建议的一种教学方法。案例教学法分4个阶段进行：

（1）学生准备阶段。学生阅读案例材料，搜集必要的信息。教师也可以给学生列出一些思考题，让学生积极思考，准备充分。

（2）小组准备阶段。将学生分成若干组，每组3~6人，每组选出一人为组长，负责小组活动。小组活动时，教师不加干涉。

（3）大组讨论阶段。各小组与老师一起讨论分析案例。在讨论中，教师为配角，学生为发言主体。

（4）总结阶段。充分讨论以后，学生自己进行思考、归纳、总结。总结的内容应集中在学到了什么知识，可以是经验、规律，也可以是获得这些经验或者规律的方法。

4.引导课文教学法

引导课文教学法是借助一种专门的教学文件（即引导课文）引导学生独立学习和工作的教学方法。引导课文中，包含一系列不同难度的引导问题。学生通过阅读引导课文，可以明确学习目标，了解应该完成什么任务。引导课文教学法分为项目工作引导课文教学法、能力传授引导课文教学法和岗位分析引导课文教学法3种，每个引导文包括任务描述、引导问题学习目标描述、工作计划、工期与材料需求表等。

（1）项目工作引导课文教学法。它是利用项目与完成项目所需要能力之间的联系，通过完成项目，来掌握各种能力的一种方法。

（2）能力传授引导课文教学法。它是利用一种工具所能够完成的任务和掌握这一工具完成任务所需能力之间的关系来掌握相应能力的一种教学方法。

（3）岗位分析引导课文教学法。它是利用岗位工作对各项能力的要求之间的关系，来引导学生掌握能力的一种学习方法。

引导课文教学法按照以下步骤实施进行：

（1）获取信息。获取信息就是回答引导问题。

（2）制订计划。制订的计划通常为书面工作计划。

（3）作出决定。完成前面的工作后，要与教师讨论工作计划和引导文问题答案。

（4）实施计划。实施计划以便完成工作任务。

（5）检查。工作任务完成后，根据质量监控单，自行或者由他人进行工作过程或者产品质量控制。

（6）评定。评定是指讨论质量检查结果，指出需要改进之处。

5. 任务法

任务驱动法是以任务为主线、教师为主导、学生为主体，以任务来激发学生积极探索欲望的一种教学方法。任务驱动法强调的是教师的引导和学生的参与，以逐步达到学生主动学习的效果。

在教学过程中，任务驱动法按照以下步骤进行：

（1）任务设计。教师根据需要，给出任务书。

（2）任务布置。教师进行任务分析，说明任务的关键知识点，并布置任务（时间、技术指标等）。

（3）任务实施。学生根据教师要求，进行具体的任务实施或是能力的训练。

（4）任务评价。任务完成后，教师以学生实施任务的过程来进行评价，有的还需要在完成任务后进行教学拓展。

二、应用电子技术专业选择教学方法的依据

教学方法的合理选择，直接关系到教学目标能否完美的实现。教学方法的本质是为了达到预期的教学目标和教学效果，把教师如何教、学生如何学，以及所学的相关内容联系起来，使之各自发挥作用，更好地为教学目标和教学任务服务。每一种教学方法都有它独特的作用。因此，教学方法与教学目标、教材内容、学生特征、教师素质、教学环境之间存在着必然的内在联系，教师在选择教学方法的时候基本上都以教学目标、教学内容特点、学情、教师自身专业素质和教学环境条件 5 个因素为依据。

教学方法的选择在某种程度上首先要看是否有助于教学目标的实现，是否具有

可操作性。其次要看教学内容具有怎样的特点。每一个章节在不同的阶段，或是不同的单元，对学生的要求不同，教学内容也会有差异，所以在选择教学方法的时候也是灵活多样的。另外，学情也是我们必须考虑的，教学对象不同，我们所选择的教学方法也不同。只有因材施教，为学生实际情况量身定做相应的教学方法，才能达到理想的教学效果。教师自身的专业素养也是要考虑的一个重要因素，教师要充分认识自身的优势，扬长避短，选择符合自身特长的教学方法，达到最好的教学效果。此外，选择教学法也要考虑教学环境条件等因素。

三、两种新型教学方法在应用电子技术专业教学中的应用

虽然在中职教学中可以根据需要选择普通高中的教学方法，但是在中职应用电子技术专业课的教学中只运用这些教学方法是不够的，它们不符合教学的发展规律。所以寻求一套科学实用的教学方法对中职教育教学的发展很重要。每位教师的思想、审美情趣及所具备的专业素养都不相同；在教学中，每位教师看问题的角度和选择的教学方法也都不一定相同。每位教师都会选择自己得心应手的教学方法，力求达到自己风格特色的教学效果。在讲授一个内容或者一节课中，可以是多种教学方法组合运用，在不同的环节采取不同的教学方法。

（一）MF47 型万用表的组装与调试项目教学的实施

MF47 型万用表的组装与调试项目，教学目的是引导学生了解万用表的组成及工作原理。教师通过电工技能与实训教学仿真系统演示与实物展示相结合的方式，立体解剖万用表的结构。这样的教学手段相对传统的文字说教更生动、更丰富、更直观，学生理解起来也更容易，更深刻。

任务一是准备工作。各组准备好安装所需工具，领取万用表的安装套件，按照 6S（整理、整顿、清扫、清洁、素养、安全）标准整理好桌面，根据材料清单清点材料。

任务二是元器件的识别、检测与成形。在检测过程中，有同学提出。元器件测试后用透明胶按顺序粘贴在纸上。旁边写上对应的规格序号和参数值。这样既能提高效率，又能避免在后面的插件过程中出错。实施任务过程中，每个小组自行分工协作。小组元器件的检测由男生完成，元器件的成形由女生完成。

任务三是电路板的装配和焊接。采用小组竞争的方式，比比看谁的焊接工艺好，谁的速度快。

任务四是整机装配和调试。故障排除后，要求学生清理现场，做好 6S 管理，养成训练有素的职业习惯，为就业做好铺垫。

故障排除后，老师让各小组派代表展示自己的作品，演示其功能。学生可以通过手机拍摄操作过程，并对其进行讲解，充分展示自己的工艺水平。

1. MF47 型万用表的组装与调试课程的教学设计

采用项目教学法、演示法、任务驱动法等方法对 MF47 型万用表的组与调试课程进行教学设计，举例如下：

（1）课程内容。

MF47 型万用表的结构与工作原理（2 学时）；元器件的识别与检测焊接、装配及调试（8 学时）；成果展示（1 学时）；考核评价（1 学时）。

（2）教学目标。

①知识目标：认识电路图，了解基本原理，能识别与检测元器件，掌握万用表的组装与调试方法。

②能力目标：培养万用表的组装与调试完成的能力；着重锻炼学生发现问题、解决问题的能力，培养学生利用信息化平台获取知识的能力；培养学生创新思维能力。

③情感目标：培养学生安全文明的操作意识，通过作品的展示，让学生有自信心，让他们在实践中有成就感，激励职业梦想，提升职业素养。

（3）教学重点。

MF47 型万用表的组装与调试。

（4）教学难点。

MF47 型万用表的原理与维修。

（5）教学方法。

教学方法采用项目教学法、实训指导法、任务驱动法、情景模拟法等，学法指导采用操作训练法、自主探究法、小组合作法、展示交流法等。

（6）学习环境及资源。

多媒体投影仪、实物投影仪、网络、教学仿真软件，万用表套件、焊接工具相关课件等。

将学生合理分组：根据技能水平不同混搭，选出每组的质检员和组长。

（7）教学过程。

①情景导入（情景模拟法）。

教师讲解：(引导语) 明年，我们将走上工作岗位，假如我们是某电子公司的职员，现在公司签下一笔订单，有一批万用表的散部件，需要我们组装成成品，你能拿出方案吗？

学生活动：思考。

设计意图：激发学生学习兴趣。

②了解万用表的结构，简析原理（手段：教学仿真软件）。

教师活动：通过教学仿真并结合实物立体解剖万用表的结构，讲解万用表的挡位是如何工作的，阶段反馈，教师检查学生对万用表基本组成及原理的掌握情况，学生回答。

学生活动：了解万用表的结构和原理。

设计意图，学生理解更容易更深刻，实现由感性认识到理性认识的提升。

③任务一：装配准备（任务驱动法）。

教师活动：布置任务。

学生活动：分发任务书，并阅读任务和要求，领取万用表套件，准备安装所需工具，按照 6S 标准整理桌面，清点材料。

设计意图：培养学生耐心细致的工作作风和良好的职业素养。

④任务二：元器件的识别、检测与成形（方法：任务驱动法、实训指导法；手段：视频）。

教师活动：讲解、指导。

学生活动：学生打开资源共享平台，复习二极管等元器件的识别与检测方法（播放元器件检测视频）。小组分工合作。对元器件进行识别与检测，比比看哪个小组最先完成元器件的检测并汇报结果；元器件引脚的弯制成形；元器件引脚表面的清洁

视频示范元器件引脚的弯制：选好弯折处，右手用镊子或尖嘴钳夹紧元器件引脚，左手拇指与食指将引脚弯成直角或其他角度。注意元器件应垂直安装，为了将元器件的引脚弯成美观的圆形，可用螺丝刀辅助弯制。

链接资料：A. 电阻的测量：欧姆档可以测量导体的电阻。B. 二极管的测试：注意万用表挡位测试的时候看正向电阻的大小，反向电阻远大于正向电阻为好。

设计意图：用现代信息技术将学生带入本节课的学习情境中，培养学生动手能力和一丝不苟的工作作风。

⑤任务三：电路板装配，焊接（方法：任务驱动法、实训指导法；手段：通过手机拍摄操作过程）。

教师活动：打开资源共享平台，复习电烙铁的操作法；将弯制成形的元器件按MF47 型万用表的电原理图插放到印制线路板上，元器件的焊接。

注意：A. 电容、电阻、二极管、可调电阻、熔断器夹、短路线及从线路板通向电池正、负极的三条线都是从线路板印字的一面插入，从另一面焊接；元器件不能插错位置，横排左向右读，竖排相反。B. 视频展示元器件焊接方法及步骤。按顺序：连接线→电阻→二极管→电阻丝→可调电阻→电解电容→电位器→插管→安装和焊

接晶体管插座→安装和焊接熔断器夹。

学生活动：插放元器件；学生观察焊接要求并动手焊接。

设计意图：培养学生耐心细致的工作态度和安全生产意识（用直观演示法落实教学重点）。

⑥任务四：整机装配和调试。

教师活动。A. 视频示范整机装配步骤及方法：安装电机→安装线路板→安装15V电池夹→焊接9V电池扣→安装后盖。B. 多媒体示范万用表的调试方法：用比较法校验、表头灵敏度的校验、基准点灵敏度的校验，直流电流挡的校验、直流电压挡的校验、交流电压挡的校验、电阻挡的校验及用数字万用表简易校准。C. 实物投影仪展示典型故障的排除方法；表头的指针不动时，检查表头、表笔是否损坏，检查保险丝是否完好，检核电池极有没有装错；电压指针反偏时，检查表头引线极性是否接反；测电压示值不准时，检查焊点是否焊牢。

学生活动：观察并对自己组装的万用表进行校验，针对万用表出现的故障进行排除。

设计意图：培养学生实践动手能力。

⑦成果展示。

教师活动：组织指导成果展示顺利进行，与学生评价交流作品。

学生活动：各组派代表展示作品并举例说明操作方法，相互交流实训的经验和体会，交流存在的问题和改进的设想，进一步整理自己的作品，使之成为一件实用的测量工具。

设计意图：增强学生的自信。

2. 考核评价和教学反思

（1）考核评价。

多元化考评，要求学生把作业共享到QQ群、微博等信息化平台。采用集中评价的方式，详见表2-1。评价的内容包括过程评价和结果评价。

表2-1　MF47型万用表的组装与调试考核评价表

考核时间			实际时间：自时　分起至时　分止		
项目	考核内容	配分	评分标准		得分
元器件成形及插装	元器件成形；插装位置、标记、极性、高度；元器件排列整齐；元器件标注字向一致	15分	元器件成形正确，无错误。每错误处扣3分；插装位置、标记、极性、高度正确，每错误一处扣3分；元器件排列整齐，无高低不齐，每错误一处扣2分，元器件标注字向不一致，每错误一处扣2分		

续表

考核时间		实际时间：自时　分起至时　分止			
项目	考核内容	配分	评分标准		得分
焊接质量	焊点均匀、光滑、一致；元器件引线过长、焊点15分弯曲	15分	搭锡、假焊、虚焊、溺焊、焊盘脱落、桥焊等现象，每错误一处扣3分；毛刺、焊料过多、焊料过少、焊点不光滑、引线过长等现象，每错误一处扣2分		
整形	元器件整形	10分	元器件排列整齐、高低一致，每错误一处扣2分		
功能调试	直流电流挡功能正常，交直流电压功能正常，电阻挡功能正常，音频电平挡功能正常，晶体管测量功能正常	20分	表针没有任何反应，该项不得分，直流电流挡不正常扣5分，交直流电压功能不正常扣5分，电阻挡功能不正常扣5分，音频电平挡功能不正常扣5分，晶体管测试功能不正常扣5分		
安全文明操作	工作台上工具摆放整齐；操作时轻拿轻放；焊板表面整洁；严格遵守安全文明操作规程	10分	工作台上工具按要求摆放整齐，焊板表面整洁。不整齐、不整洁的酌情扣分；焊接时应轻拿轻放，不得损坏元器件和工具。每损坏一处扣3分		
实习报告	实习报告写正确认真	30分	具体分值见实习报告		
合计		100分			
教师签名					

要求学生把课后作业共享到 QQ 群、微博等信息化平台。

（2）教学反思。

本次课"以项目为主线，以教师为主导，以学生为主体"，运用任务驱动法、情景模拟法和实训指导法让学生在实践操作中学技能、学方法，结合信息化手段实现了教学目标。

（二）简单直流稳压电源的制作与检测项目教学的实施

在电子技术基础与技能课中，直流稳压电源既是一个重点内容也是一个难点内容，学生在学习了二极管、电容等基本元器件和整流电路的基础上，需要掌握电源电路。如果教师在讲授这些内容的时候能够把前面所学基础知识结合起来，那么学生在学习简单直流稳压电源的制作与检测时，就变得简单多了。

1. 项目分析与计划

讲授简单直流稳压电源的制作与检测时，可以把它规划为一个项目，把完成这个项目的每一个知识点规划为一个个任务，而每一个任务又可以按照一个小项目去完成，这样学起来就容易多了。下面是简单直流稳压电源的制作与检测项目计划，如表2-2所示。

表2-2　简单直流稳压电源的制作与检测项目计划

项目：简单直流稳压电源的制作与检测		
任务点	任务目标	技能目标
任务一：二极管的识别与检测	熟悉二极管的结构和分类；熟悉二极管伏安特性的几个主要参数；掌握二极管的检测方法	掌握普通二极管的识别与简易检测方法；掌握专用二极管的识别与简易检测方法
任务二：单相半波整流电路的制作与检测	熟悉单相半波整流电路的结构；掌握单相半波整流电路的工作原理；掌握单相半波整流电路的检测方法	掌握电子电路的连接；熟悉仪器的使用，熟悉单相半波整流电路的制作和检测方法
任务三：单相桥式全波整流电路的制作与检测	熟悉单相全波桥式整流电路的结构；掌握单相全波桥式整流电路的工作原理；掌握单相全波桥式整流电路的检测方法	掌握全波桥式电路的连接方式；通过实验加深对全波桥式整流电路工作原理的理解；会测试全波桥式整流电路
任务四：电容器的识别与检测	熟悉电容色环所代表的意义；掌握电容器标称容量的表示法；掌握用万用表对电容器优劣进行判别的简单方法	熟练掌握用万用表检测电容器的方法，学会根据不同的电路场合合理选用电容器
任务五：电容滤波电路的制作与检测	掌握电容滤波电路的构成和基本工作原理；能制作出电容滤波电路并能进行检测	熟悉电容滤波电路及其工作原理；会熟练使用常用电器仪表；能正确装接电路，能对电路作相应的调试
任务六：电器的识别与检测	熟悉电感器色环所代表的意义；掌握电感器的标称电感量的表示法；掌握用万用表对电感器的优劣进行判别的简单方法	掌握电感器的不同表示方法；熟练掌握电感器的检测方法；会根据不同场合选用电感器
任务七：电感滤波电路的制作与检测	掌握电感滤波电路的构成和基本工作原理，能制作出电感滤波电路并能进行检测	熟悉电感滤波电路及其工作原理；会熟练使用常用电器仪表；能正确装接电路；能对电路做相应的调试
任务八：稳压二极管的识别与检测	熟悉稳压二极管的结构及伏安特性；熟悉稳压二极管的主要参数；掌握稳压二极管的检测及质量判定	知道稳压二极管的使用注意事项；掌握稳压二极管的质量检测方法

续表

项目：简单直流稳压电源的制作与检测		
任务点	任务目标	技能目标
任务九：并联型稳压电路的制作与检测	了解并联型稳压电路的结构及工作原理；能独立完成并联型稳压电路的制作与检测	了解稳压电路的工作原理及稳压过程；会用万用表检稳压二极管的极性及好坏；会对电路出现的故障进行分析，并改正
任务十：简单直流稳压电源的制作与检测	会制作简单直流稳压电源；能排除简单直流稳压电源的故障	熟悉并联型稳压电源电路及其工作原理；会熟练使用常用电子仪器仪表；能正确装接电路，并能完成稳压电源电路的调试

2. 项目任务的实施教学设计

简单直流稳压电源的制作与检测是本项目的最后一个实训内容，下面就具体实训过程作介绍，如表 2-3 所示。

表 2-3　简单直流稳压电源的制作与检测实施过程

简单直流稳压电源的制作与检测	
实训目标	增强专业意识，培养良好的职业道德和职业习惯，熟悉并联型稳压电源电路及其工作原理；会熟练使用常用电子仪器仪表；能正确装接电路，并能完成稳压电源电路的调试，学会检测电子电路故障的方法和步骤
实训器材	万能板 1 块，双踪示波器 1 台，万用表、直流毫安表各 1 块，直流可调稳压电源 1 台，自变压器 1 台，1N4007 型二极管 4 只，2CW53 型稳压管个，470Ω 电阻 1 个，可调电阻 510Ω 1 个，电容 470μF 1 个，导线若干

实训内容和步骤

识别与检测元器件，若有元器件损坏，请说明情况；在万能板上装接电路，直流电源外置且输出至零电位。电路调试步骤如下：

步骤一：接通交流电源。使变压器输出电压为 16V，测量稳压器输入电压 Ui、基准电压 Uz 及输出电流 Iθ，记录数值。若有异常数据，说明电路存在故障，排除故障后记录故障现象及排除过程。

步骤二：调整好示波器各挡位，测量电源变压器次级侧、电源滤波、稳压输出各点的实际工作波形，并把观察的波形记录下来。

步骤三：调节 Ri 观察 U_i 的变化情况，完成最小输入电压 Umin 的测试；了解直流稳压电源的典型故障；初步检查。先外观检查，若未发现有烧焦、脱线等异常现象，可适电测试。

步骤四：接通电源，用万用表逐级测量输入输出电压，同时用示波器观察波形，确定故障并排除，直到电路正常工作为止。

续表

简单直流稳压电源的制作与检测
实训注意事项
交流侧的接地与直流侧的接地不同，在对稳压电源进行测试和测量时尤其要注意，以免损坏仪器仪表；电路装接时，整流管、稳压管和电解电容极性不能接错，以免损坏元器件，甚至烧坏电路；电路装接好后才能通电，不能带电操作；通过检测找出可疑器件后，还需要用万用表进一步确认检查；前后级电路会相互影响。需要谨慎确认故障。

3. 项目考核评价

简单直流稳压电源制作与检测的考核评价表详见表2-4。

表2-4　简单直流稳压电源制作与检测的考核评价表

考核时间			实际时间：自时 分起至时 分止		
项目	考核内容	配分	考核要求	评分标准	得分
实训态度	实训的积极性；安全操作规程的遵守情况	10分	积极参加实训，遵守安全操作规程和劳动纪律，有良好的职业道德和敬业精神	违反安全操作规程扣20分；不遵守实习纪律扣5分	
元器件的识别与检测	元器件的识别；元器件的检测	20分	能正确识别元器件，会用万用表检测元器件	不能识别元器件，每个扣1分；不会检测元器件，每个扣1分	
电路的制作	按电路图连接电路	20分	能正确连接电路二极管、稳压管，电容的极性接法正确	电路装接不规范，每处扣1分；电路接错，每处扣5分；走线不美观，酌情扣分	
电路的调试	变压器的调试 U_o、I_0 的调试	20分	仪器、仪表使用正确，能进行 U_2、U_o、I_o 的调试，能排除电路故障	仪器、仪表使用错误，每次扣2分；不会对 U_2、U_o、I_o 调试，每处扣3分；数据记录、处理错误，每次扣1分	
电路的检测	检测出电路的故障	10分	按实训要求找出电路中所设的全部故障	少找出一个故障扣4分	
电路的故障排除	对检测出的故障进行排除	20分	排除故障，使用电路恢复正常	错一处扣3分	
合计		100分			
教师签名					

第三章　电缆敷设与室内外配线工程施工

第一节　电缆敷设施工

一、电缆沟、电缆竖井内电缆敷设

(一) 施工准备工作

1. 施工材料 (设备) 准备

（1）敷设前，应对电缆进行外观检查及绝缘电阻试验。6kV 以上电缆应做耐压和泄漏试验。1kV 以下电缆用绝缘电阻表测试，不低于 10MΩ。

所有试验均要做好记录，以便竣工试验时作对比参考，并且归档。

（2）电缆敷设前应准备好砖、砂，运到沟边待用，并且准备好方向套 (铅皮、钢字) 标桩。

（3）工具及施工用料的准备。施工前要准备好架电缆的轴辊、支架及敷设用电缆托架，封铅用的喷灯、焊料、抹布、硬脂酸及木、铁锯、铁剪，8 号、16 号铅丝、编织的钢丝网套，铁锹、榔头、电工工具，汽油、沥青膏等。

（4）电缆型号、规格及长度均应与设计资料核对无误。电缆不得有扭绞、损伤及渗漏油现象。

（5）电缆线路两端连接的电气设备 (或接线箱、盒) 应安装完毕或已就位、敷设电缆的通道应无堵塞。

（6）电缆敷设前，还应进行下列项目的复查：

①支架应齐全，油漆完整；

②电缆型号、电压、规格应符合设计；

③电缆绝缘良好；当对油浸纸绝缘电缆的密封有怀疑时，应进行潮湿判断；直埋电缆与水底电缆应经直流耐压试验合格；充油电缆的油样应试验合格；

④充油电缆的油压不宜低于 0.15MPa。

2. 工程作业条件

（1）与电缆线路安装有关的建 (构) 筑物的土建工程质量，应符合国家现行的建筑工程施工及验收规范中的有关规定。

（2）电缆线路安装前，土建工作应具备下列条件：

①预埋件符合设计要求，并且埋置牢固；

②电缆沟、隧道，竖井及人孔等处的地坪以及抹面工作结束；

③电缆层、电缆沟、隧道等处的施工临时设施、模板及建筑废料等清理干净，施工用道路畅通，盖板齐备；

④电缆线路铺设后，不能再进行土建施工的工程项目应结束；

⑤电缆沟排水畅通。

（3）电缆线路敷设完毕后投入运行前，土建应完成的工作包括由于预埋件补遗、开孔、扩孔等需要而由土建完成的修饰工作；电缆室的门窗；防火隔墙。

（二）电缆的加热

电缆敷设时，若施工现场的温度低于设计规定，应采取适当的措施，避免损坏电缆。通常是采取加热的方法，对电缆预先进行加热，并且准备好保温草帘，以便于搬运电缆时使用。

电缆加热的方法通常包括室内加热法和电流加热法。

1. 室内加热法

室内加热法是将待加热的电缆放在暖室里，用热风机、电炉或其他方法提高室内温度，对电缆进行加温。该方法需要的时间较长，当室内温度为 5～10℃时，需 42h；室内温度为 25℃，需 24～36h；室内温度为 40℃时，需 18h 左右。若有条件，也可将电缆放在烘房内加热 4h 之后，即可敷设。

2. 电流加热法

电流加热法是将电缆线芯通入电流，使电缆本身发热。电流加热的设备可采用小容量三相低压变压器，初级电压为 220V 或 380V，次级能供给较大的电流即可，但是加热电流不得大于电缆的额定电流。也可采用交流电焊机进行加热。

在电缆加热过程中，要经常测量电流和电缆的表面温度，10kV 以下三芯统包型电缆所需的加热电流和时间。

用电流法加热时，将电缆一端的线芯短路，并且予以铅封，以防进入潮气；并且应经常监控电流值及电缆表面温度。电缆表面温度不应超过下列数值（使用水银温度计）：

3kV 及以下的电缆 40℃；

6～10kV 的电缆 35℃；

20～35kV 的电缆 25℃。

加热后，电缆应尽快敷设。敷设前设置的时间一般不得超过 1h。

（三）电缆支架安装

1. 一般规定

（1）电缆在电缆沟内及竖井敷设前，土建专业应根据设计要求完成电缆沟及电缆支架的施工，以便电缆敷设在沟内壁的角钢支架上。

（2）电缆支架自行加工时，钢材应平直，无显著扭曲。下料后长短差应在 5mm范围内，切口无卷边和毛刺。钢支架采用焊接时，不要有显著的变形。

（3）支架安装应牢固、横平竖直。同一层的横撑应在同一水平面上，其高低偏差不应大于 5mm；支架上各横撑的垂直距离，其偏差不应大于 2mm。

（4）在有坡度的电缆沟内，其电缆支架也要保持同一坡度（也适用于有坡度的建筑物上的电缆支架）。

（5）支架与预埋件焊接固定时，焊缝应饱满；用膨胀螺栓固定时，选用螺栓应适配，连接紧固，防松零件齐全。

（6）沟内钢支架必须经过防腐处理。

2. 电缆沟内支架安装

电缆在沟内敷设时，需用支架支持或固定，所以支架的安装非常重要，其相互间距是否恰当，将会影响通电后电缆的散热状况、对电缆的日常巡视、维护和检修等。

（1）若设计无要求，电缆支架最上层至沟顶的距离不应小于 150 ~ 200mm；电缆支架间平行距离不小于 100mm，垂直距离为 150 ~ 200mm；电缆支架最下层距沟底的距离不应小于 50 ~ 100mm。

（2）室内电缆沟盖应与地面相平，对地面容易积水的地方，可用水泥砂浆将盖间的缝隙填实。室外电缆沟无覆盖时，盖板高出地面不小于 100mm；有覆盖层时，盖板在地面下 300mm。盖板搭接应有防水措施。

3. 电气竖井支架安装

电缆在竖井内沿支架垂直敷设时，可采用扁钢支架。支架的长度可根据电缆的直径和根数确定。

扁钢支架与建筑物的固定应采用 M10 × 80mm 的膨胀螺栓紧固。支架每隔 1.5m设置 1 个，竖井内支架最上层距竖井顶部或楼板的距离不小于 150 ~ 200mm，底部与楼（地）面的距离不宜小于 300mm。

4. 电缆支架接地

为保护人身安全和供电安全，金属电缆支架、电缆导管必须与 PE 线或 PEN 线连接可靠。若整个建筑物要求等电位联结，则更应如此。此外，接地线宜使用直径

不小于 φ12 镀锌圆钢，并且应在电缆敷设前与全长支架逐一焊接。

（四）电缆沟内电缆敷设与固定

1. 电缆敷设

电缆在电缆沟内敷设，首先挖好一条电缆沟，电缆沟壁要用防水水泥砂浆抹面，然后把电缆敷设在沟壁的角钢支架上，最后盖上水泥板。电缆沟的尺寸根据电缆多少（通常不宜超过 12 根）而定。

该敷设方法较直埋式投资高，但是检修方便，能容纳较多的电缆，在厂区的变、配电所中应用很广。在容易积水的地方，应考虑开挖排水沟。

（1）电缆敷设前，应检验电缆沟和电缆竖井，电缆沟的尺寸及电缆支架间距应满足设计要求。

（2）电缆沟应平整，并且有 0.1% 的坡度。沟内要保持干燥，能防止地下水浸入。沟内应设置适当数量的积水坑，及时将沟内积水排出，通常每隔 50m 设一个，积水坑的尺寸以 400mm × 400mm × 400mm 为宜。

（3）敷设在支架上的电缆，按电压等级排列，高压在上面，低压在下面，控制与通信电缆在最下面。若两侧装设电缆支架，则电力电缆与控制电缆、低压电缆应分别安装在沟的两边。

（4）电缆支架横撑间的垂直净距，若无设计规定，一般对电力电缆不小于 150mm；对控制电缆不小于 100mm。

（5）在电缆沟内敷设电缆时，其水平间距不得小于下列数值：

①电缆敷设在沟底时，电力电缆间为 35mm，但是不小于电缆外径尺寸；不同级电力电缆与控制电缆间为 100mm；控制电缆间距不作规定。

②电缆支架间的距离应按设计规定施工，若设计无规定，则不应大于表 3-1 的规定值。

表 3-1　电缆支架之间的距离（单位：m）

电缆种类	支架敷设方式	
	水平	垂直
电力电缆（橡胶及其他油浸纸绝缘电缆）	1.0	2.0
控制电缆	0.8	1.0

注：水平与垂直敷设包括沿墙壁、构架、楼板等处所非支架固定。

（6）电缆在支架上敷设时，拐弯处的最小弯曲半径应符合电缆最小允许弯曲半径。

（7）电缆表面距地面的距离不应小于 0.7m，穿越农田时不应小于 1m；66kV 及以上电缆不应小于 1m。只有在引入建筑物、与地下建筑物交叉及绕过地下建筑物处，可埋设浅些，但是应采取保护措施。

（8）电缆应埋设于冻土层以下；当无法深埋时，应采取保护措施，以防止电缆受到损坏。

2. 电缆固定

（1）垂直敷设的电缆或大于 45℃倾斜敷设的电缆在每个支架上均应固定。

（2）交流单芯电缆或分相后的每相电缆固定用的夹具和支架，不形成闭合铁磁回路。

（五）电缆竖井内电缆敷设

1. 电缆布线

电缆竖井内常用的布线方式为金属管、金属线槽、电缆或电缆桥架及封闭母线等。在电缆竖井内除敷设干线回路外，还可以设置各层的电力、照明分线箱及弱电线路的端子箱等电气设备。

（1）竖井内高压、低压和应急电源的电气线路，相互间应保持 0.3m 及以上距离，或采取隔离措施，并且高压线路应设有明显标志。

（2）强电和弱电若受条件限制必须设在同一竖井内，应分别布置在竖井两侧，或采取隔离措施，以防止强电对弱电的干扰。

（3）电缆竖井内应敷设接地干线和接地端子。

（4）在建筑物较高的电缆竖井内垂直布线时（有资料介绍超过 100m），需考虑下列因素：

①顶部最大变位和层间变位对干线的影响。为保证线路的运行安全，在线路的固定、连接及分支上应采取相应的防变位措施。高层建筑物垂直线路的顶部最大变位和层间变位是建筑物由于地震或风压等外部力量的作用而产生的。建筑物的变位必然影响到布线系统，这个影响对封闭式母线、金属线槽的影响最大，金属管布线次之，电缆布线最小。

②要考虑好电线、电缆及金属保护管、罩等自重带来的荷重影响及导体通电以后，由于热应力、周围的环境温度经常变化而产生的反复荷载（材料的潜伸）和线路由于短路时的电磁力而产生的荷载，要充分研究支持方式及导体覆盖材料的选择。

③垂直干线与分支干线的连接方法，直接影响供电的可靠性和工程造价，必须进行充分研究。尤其应注意铝芯导线的连接和铜—铝接头的处理问题。

2. 电缆敷设

敷设在竖井内的电缆，电缆的绝缘或护套应具有非延燃性。通常采用聚氯乙烯护套细钢丝铠装电力电缆，因为此类电缆能承受的拉力较大。

（1）在多、高层建筑中，一般低压电缆由低压配电室引出后，沿电缆隧道、电缆沟或电缆桥架进入电缆竖井，然后沿支架或桥架垂直上升。

（2）电缆在竖井内沿支架垂直布线。所用的扁钢支架与建筑物之间的固定应采用 M10×80mm 的膨胀螺栓紧固。支架设置距离为 1.5m，底部支架距楼（地）面的距离不应小于 300mm。扁钢支架上，电缆宜采用管卡子固定，各电缆的间距不应小于 50mm。

（3）电缆沿支架的垂直安装。小截面电缆在电气竖井内布线，也可沿墙敷设，此时，可使用管卡子或单边管卡子，用 φ6×30mm 塑料胀管固定。

（4）电缆在穿过楼板或墙壁时，应设置保护管，并且用防火隔板和防火堵料等做好密封隔离，保护管两端管口空隙应做密封隔离。

（5）电缆布线过程中，垂直干线与分支干线的连接，通常采用"T"接方法。为了接线方便，树干式配电系统电缆应尽量采用单芯电缆。

（6）电缆敷设过程中，固定单芯电缆应使用单边管卡子，以减少单芯电缆在支架上的感应涡流。

二、桥架内电缆敷设

(一) 电缆桥架的安装

1. 安装技术要求

（1）相关建（构）筑物的建筑工程均完工，并且工程质量应符合国家现行的建筑工程质量验收规范的规定。

（2）配合土建结构施工过墙、过楼板的预留孔（洞），预埋铁件的尺寸应符合设计规定。

（3）电缆沟、电缆隧道、竖井内、顶棚内、预埋件的规格尺寸、坐标、标高、间隔距离、数量不应遗漏，应符合设计图规定。

（4）电缆桥架安装部位的建筑装饰工程全部结束。

（5）通风、暖卫等各种管道施工已经完工。材料、设备全部进入现场经检验合格。

2. 安装要求

（1）电缆桥架水平敷设时，跨距通常为 1.5～3.0m；垂直敷设时其固定点间距不宜大于 2.0m。当支撑跨距不大于 6m 时，需要选用大跨距电缆桥架；当跨距大于 6m 时，必须进行特殊加工定制。

（2）电缆桥架在竖井中穿越楼板外，在孔洞周边抹 5cm 高的水泥防水台，待桥架布线安装完后，洞口用难燃物件封堵死。电缆桥架穿墙或楼板孔洞时，不应将孔洞抹死，桥架进出口孔洞收口平整，并且留有桥架活动的余量。若孔洞需封堵时，可采用难燃的材料封堵好墙面抹平。电缆桥架在穿过防火隔墙及防火楼板时，应采取隔离措施。

（3）电缆梯架、托盘水平敷设时距地面高度不宜低于 2.5m，垂直敷设时不低于 1.8m，低于上述高度时应加装金属盖板保护，但是敷设在电气专用房间（例如配电室、电气竖井、电缆隧道、设备层）内除外。

（4）电缆梯架、托盘多层敷设时其层间距离通常为控制电缆间不小于 0.20m，电力电缆间应不小于 0.30m，弱电电缆与电力电缆间应不小于 0.5m，若有屏蔽盖板（防护罩）可减少到 0.3m，桥架上部距顶棚或其他障碍物应不小于 0.3m。

（5）电缆梯架、托盘上的电缆可无间距敷设。电缆在梯架、托盘内横断面的填充率，电力电缆应不大于 40%，控制电缆不应大于 50%。电缆桥架经过伸缩沉降缝时应断开，断开距离以 100mm 左右为宜。其桥架两端用活动插铁板连接不宜固定。电缆桥架内的电缆应在首端、尾端、转弯及每隔 50m 处，设有注明电缆编号、型号规格及起止点等标记牌。

（6）下列不同电压、不同用途的电缆，如 1kV 以上和 1kV 以下电缆、向一级负荷供电的双路电源电缆、应急照明和其他照明的电缆、强电和弱电电缆等不宜敷设在同一层桥架上，若受条件限制，必须安装在同一层桥架上时，应用隔板隔开。

（7）强腐蚀或特别潮湿等环境中的梯架及托盘布线，应采取可靠而有效的防护措施。同时，敷设在腐蚀气体管道和压力管道的上方及腐蚀性液体管道的下方的电缆桥架应采用防腐隔离措施。

3. 吊（支）架的安装

吊（支）架的安装通常采用标准的托臂和立柱进行安装，也有采用自制加工吊架或支架进行安装。通常，为了保证电缆桥架的工程质量，应优先采用标准附件。

（1）标准托臂与立柱的安装。

当采用标准的托臂和立柱进行安装时，其要求如下：

①成品托臂的安装。成品托臂的安装方式包括沿顶板安装、沿墙安装和沿竖井安装等方式。成品托臂的固定方式多采用 M10 以上的膨胀螺栓进行固定。

②立柱的安装。成品立柱由底座和立柱组成，其中立柱采用工字钢、角钢、槽型钢、异型钢、双异型钢构成，立柱和底座的连接可采用螺栓固定和焊接。其固定

方式多采用 M10 以上的膨胀螺栓进行固定。

③方形吊架安装。成品方形吊架由吊杆、方形框组成，其固定方式可采用焊接预埋铁固定或直接固定吊杆，然后组装框架。

（2）自制支（吊）架的安装

自制吊架和支架进行安装时，应根据电缆桥架及其组装图进行定位画线，并且在固定点进行打孔和固定。固定间距和螺栓规格由工程设计确定。若设计无规定，可根据桥架重量与承载情况选用。

自行制作吊架或支架时，应按以下规定进行：

①根据施工现场建筑物结构类型和电缆桥架造型尺寸与重量，决定选用工字钢、槽钢、角钢、圆钢或扁钢制作吊架或支架。

②吊架或支架制作尺寸和数量，根据电缆桥架布置图确定。

③确定选用钢材后，按尺寸进行断料制作，断料严禁气焊切割，加工尺寸允许最大误差为 +5mm。

④型钢架的撼弯宜使用台钳用手锤打制，也可使用油压撼弯器用模具顶制。

⑤支架、吊架需钻孔处，孔径不得大于固定螺栓 +2mm，严禁采用电焊或气焊割孔，以免产生应力集中。

4. 电缆桥架敷设安装

（1）根据电缆桥架布置安装图，对预埋件或固定点进行定位，沿建筑物敷设吊架或支架。

（2）直线段电缆桥架安装，在直线段的桥架相互接槎处，可用专用的连接板进行连接，接槎处要求缝隙平密平齐，在电缆桥架两边外侧面用螺母固定。

（3）电缆桥架在十字交叉和丁字交叉处施工时，可采用定型产品水平四通、水平三通、垂直四通、垂直三通等进行连接，应以接槎边为中心向两端各大于 300mm 处，增加吊架或支架进行加固处理。

（4）电缆桥架在上、下、左、右转弯处，应使用定型的水平弯通、转动弯通、垂直凹（凸）弯通。上、下弯通进行连接时，其接槎边为中心两边各大于 300mm 处，连接时须增加吊架或支架进行加固。

（5）对于表面有坡度的建筑物，桥架敷设应随其坡度变化。可采用倾斜底座，或调角片进行倾斜调节。

（6）电缆桥架与盒、箱、柜、设备接口，应采用定型产品的引下装置进行连接，要求接口处平齐，缝隙均匀严密。

（7）电缆桥架的始端与终端应封堵牢固。

（8）电缆桥架安装时必须待整体电缆桥架调整符合设计图和规范规定后，再进行固定。

（9）电缆桥架整体与吊（支）架的垂直度与横档的水平度，应符合规范要求；待垂直度与水平度合格，电缆桥架上、下各层都对齐后，最后将吊（支）架固定牢固。

（10）电缆桥架敷设安装完毕后，经检查确认合格，将电缆桥架内外清扫后，进行电缆线路敷设。

（11）在竖井中敷设合格电缆时，应安装防坠落卡，防止线路下坠。

5. 电缆桥架保护接地

在建筑电气工程中，电缆桥架多数为钢制产品，较少采用在工业工程中为减少腐蚀而使用的非金属桥架和铝合金桥架。为了保证供电干线电路的使用安全，电缆桥架的接地或接零必须可靠。

（1）电缆桥架应装置可靠的电气接地保护系统。外露导电系统必须与保护线连接。在接地孔处，应将任何不导电涂层和类似的表层清理干净。

（2）为保证钢制电缆桥架系统有良好的接地性能，托盘、梯架之间接头处的连接电阻值不应大于 0.00033 Ω 。

（3）金属电缆桥架及其支架和引入或引出的金属导管必须与 PE 或 PEN 线连接可靠，并且必须符合下列规定：

①金属电缆桥架及其支架与（PE）或（PEN）连接处应不少于 2 处；

②非镀锌电缆桥架连接板的两端跨接铜芯接地线，接地线的最小允许截面积应不小于 4mm²;

③镀锌电缆桥架间连接板的两端不跨接接地线，但连接板两端不少于 2 个有防松螺帽或防松螺圈的连接固定螺栓。

（4）当利用电缆桥架作接地干线时，为保证桥架的电气通路，在电缆桥架的伸缩缝或软连接处需采用编织铜线连接。

（5）对于多层电缆桥架，当利用桥架的接地保护干线时，应将各层桥架的端部用 16mm² 的软铜线并联连接起来，再与总接地干线相通。长距离电缆桥架每隔 30～50m 接地一次。

（6）在具有爆炸危险场所安装的电缆桥架，若无法与已有的接地干线连接时，必须单独敷设接地干线进行接地。

（7）沿桥架全长敷设接地保护干线时，每段（包括非直线段）托盘、梯架应至少有一点与接地保护干线可靠连接。在有振动的场所，接地部位的连接处应装置弹簧垫圈，防止因振动引起连接螺栓松动，中断接地通路。

（二）桥架内电缆敷设

1. 电缆敷设

（1）电缆沿桥架敷设前，应防止电缆排列不整齐，出现严重交叉现象，必须事先就将电缆敷设位置排列好，规划出排列图表，按照图表进行施工。

（2）施放电缆时，对于单端固定的托臂可以在地面上设置滑轮施放，放好后拿到托盘或梯架内；双吊杆固定的托盘或梯架内敷设电缆，应将电缆直接在托盘或梯架内安放滑轮施放，电缆不得直接在托盘或梯架内拖拉。

（3）电缆沿桥架敷设时，应单层敷设，电缆与电缆之间可以无间距敷设，电缆在桥架内应排列整齐，不应交叉，并且敷设一根，整理一根，卡固一根。

（4）垂直敷设的电缆每隔 1.5～2m 处应加以固定；水平敷设的电缆，在电缆的首尾两端、转弯及每隔 5～10m 处进行固定，对电缆在不同标高的端部也应进行固定。大于 45° 倾斜敷设的电缆，每隔 2m 设一固定点。

（5）电缆固定可以用尼龙卡带、绑线或电缆卡子进行固定。为了运行中巡视、维护和检修的方便，在桥架内电缆的首端、末端和分支处应设置标志牌。

（6）电缆出入电缆沟、竖井、建筑物、柜（盘）、台处及导管管口处等做密封处理。出入口、导管管口的封堵目的是防火、防小动物入侵、防异物跌入，均是为安全供电而设置的技术防范措施。

（7）在桥架内敷设电缆，每层电缆敷设完成后应进行检查；全部敷设完成后，经检验合格，才能盖上桥架的盖板。

2. 敷设质量要求

（1）在桥架内电力电缆的总截面（包括外护层）不应大于桥架有效横断面的 40%，控制电缆不应大于 50%。

（2）室内电缆桥架布线时，为了防止发生火灾时火焰蔓延，电缆不应用黄麻或其他易燃材料做外护层。

（3）电缆桥架内敷设的电缆，应在电缆的首端、尾端、转弯及每隔 50m 处，设有编号、型号及起止点等标记，标记应清晰齐全，挂装整齐无遗漏。

（4）桥架内电缆敷设完毕后，应及时清理杂物，有盖的可盖好盖板，并且进行最后调整。

三、电缆直埋敷设

(一)电缆埋设要求

1. 在电缆线路路径上有可能使电缆受到机械损伤、化学作用、地下电流、震动、热影响、腐殖物质、虫鼠等危害的地段,应采用保护措施。

2. 电缆埋设深度应符合下列要求:

(1) 电缆表面距地面的距离不应小于 0.7m,穿越农田时不应小于 1m;66kV 及以上的电缆不应小于 1m;只有在引入建筑物、与地下建筑交叉及绕过地下建筑物处,可埋设浅些,但是应采取保护措施。

(2) 电缆应埋设于冻土层以下。若无法深埋,应采取措施,防止电缆受到损坏。

3. 电缆与铁路、公路、城市街道、厂区道路交叉时,应敷设于坚固的保护管(钢管或水泥管)或隧道内。管顶距轨道底或路面的深度不小于 1m,管的两端伸出道路路基边各 2m;伸出排水沟 0.5m,在城市街道应伸出车道路面。

4. 直埋电缆的上、下方须铺以不小于 100mm 厚的软土或沙层,并且盖以混凝土保护板,其覆盖宽度应超过电缆两侧各 50mm,也可用砖块代替混凝土盖板。

(二)开挖电缆沟

挖土时应垂直开挖,不可上狭下宽,也不能掏空挖掘。挖出的土放在距沟边 0.3m 的两侧。若遇有坚石、砖块和腐殖土则应清除,换填松软土壤。

施工地点处于交通道路附近或较繁华的地方,其周围应设置遮拦和警告标志(日间挂红旗、夜间挂红色桅灯)。电缆沟的挖掘深度通常要求为 800mm,还须保证电缆敷设后的弯曲半径不小于规定值。电缆接头的两端及引入建筑物和引上电杆处,要挖出备用电缆的余留坑。

(三)敷设电缆

1. 直埋电缆敷设前,应在铺平夯实的电缆沟内先铺一层 100mm 厚的细砂或软土,作为电缆的垫层。直埋电缆周围是铺细砂好还是铺软土好,应根据各地区的情况而定。软土或细砂中不应含有石块或其他硬质杂物。若土壤中含有酸或碱等腐蚀性物质,则不能做电缆垫层。

2. 在电缆沟内放置滚柱,其间距与电缆单位长度的重量有关,一般每隔 3~5m 放置一个(在电缆转弯处应加放一个),以不使电缆下垂碰地为原则。

3. 电缆放在沟底时,边敷设边检查电缆是否受损。放电缆的长度不要控制过紧，应按全长预留 1.0% ~ 1.5% 的裕量，并且作波浪状摆放。在电缆接头处也要留出裕量。

4.10kV 及以下电力电缆之间，及 10kV 以下电力电缆与控制电缆之间平行敷设时，最小净距为 100mm。

10kV 以上电力电缆之间及 10kV 以上电力电缆和 10kV 及以下电力电缆或与控制电缆之间平行敷设时，最小净距为 250mm。特殊情况下，10kV 以上电缆之间及与相邻电缆间的距离可降低为 100mm，但是应选用加间隔板电缆并列方案；若电缆均穿在保护管内，并列间距也可降为 100mm。

5. 电缆沿坡度敷设的允许高差及弯曲半径应符合要求，电缆中间接头应保持水平。多根电缆并列敷设时，中间接头的位置宜相互错开，其净距不宜小于 500mm。

6. 电缆铺设完后，再在电缆上面覆盖 100mm 的细砂或软土，然后盖上保护板（或砖），覆盖宽度应超出电缆两侧各 50mm。板与板连接处应紧靠。

7. 覆土前，沟内若有积水则应抽干。覆盖土要分层夯实，最后清理场地，做好电缆走向记录，并且应在电缆引出端、终端、中间接头、直线段每隔 100m 处和走向有变化的部位挂标志牌。

8. 在含有酸碱、矿渣、石灰等场所，电缆不应直埋；若必须直埋，应采用缸瓦管、水泥管等防腐保护措施。

四、电缆低压架空及桥梁上敷设

（一）电缆低压架空敷设

1. 适用条件

当地下情况复杂，不宜采用电缆直埋敷设，并且用户密度高、用户的位置和数量变动较大，今后需要扩充和调整及总图无隐蔽要求时，可采用架空电缆。但是在覆冰严重地面不宜采用架空电缆。

2. 施工材料

架空电缆线路的电杆，应使用钢筋混凝土杆，采用定型产品，电杆的构件要求应符合国家标准。在有条件的地方，宜采用岩石的底盘、卡盘和拉线盘，应选择结构完整、质地坚硬的石料（如花岗岩等），并进行强度试验。

3. 敷设要求

（1）电杆的埋设深度不应小于表 3-2 所列数值，即除 15m 杆的埋设深度不小于 2.3m 外，其余电杆埋设深度不应小于杆长的 1/10 加 0.7m。

表 3-2　电杆埋设深度（单位：m）

杆高	8	9	10	11	12	13	15
埋深	1.5	1.6	1.7	1.8	1.9	2	2.3

（2）架空电缆线路应采用抱箍与不小于 7 根 ϕ3mm 的镀锌铁绞线或具有同等强度及直径的绞线作吊线敷设，每根吊线上宜架设一根电缆。

当杆上设有两层吊线时，上下两吊线的垂直距离不应小于 0.3m。

（3）架空电缆与架空线路同杆敷设时，电缆应在架空线路的下面，电缆与最下层的架空线路横担的垂直间距不应小于 0.6m。

（4）架空电缆在吊线上以吊钩吊挂，吊钩的间距不应大于 0.5m。

（二）电缆在桥梁上敷设

1. 木桥上敷设的电缆应穿在钢管中，一方面能加强电缆的机械保护；另一方面能避免因电缆绝缘击穿，发生短路故障电弧损坏木桥或引起火灾。

2. 在其他结构的桥上，例如，在钢结构或钢筋混凝土结构的桥梁上敷设电缆，应在人行道下设电缆沟或穿入由耐火材料制成的管道中，确保电缆和桥梁的安全。在人不易接触处，电缆可在桥上裸露敷设。但是，为了不降低电缆的输送容量和避免电缆保护层加速老化，应有避免太阳直接照射的措施。

3. 悬吊架设的电缆与桥梁构架之间的净距不应小于 0.5m。

4. 在经常受到震动的桥梁上敷设的电缆，应有防震措施，以防止电缆长期受震动，造成电缆保护层疲劳龟裂，加速老化。

5. 对于桥梁上敷设的电缆，在桥墩两端和伸缩缝处的电缆，应留有松弛部分。

五、电缆保护管敷设

（一）电缆保护管的使用范围

在建筑电气工程中，电缆保护管的使用范围如下：

1. 电缆进入建筑物、隧道，穿过楼板或墙壁的地方及电缆埋设在室内地下时需穿保护管；

2. 电缆从沟道引至电杆、设备，或者室内行人容易接近的地方、距地面高度 2m 以下的电缆需装设保护管；

3. 电缆敷设于道路下面或横穿道路时需穿管敷设；

4. 从桥架上引出的电缆，或者装设桥架有困难及电缆比较分散的地方，均采用在保护管内敷设电缆。

（二）电缆保护管的选用

目前，使用的电缆保护管种类包括钢管、铸铁管、硬质聚氯乙烯管、陶土管、混凝土管和石棉水泥管等。电缆保护管通常用金属管，其中镀锌钢管防腐性能好，所以被普遍用作电缆保护管。

1. 电缆保护钢管或硬质聚氯乙烯管的内径与电缆外径之比不得小于1.5。

2. 电缆保护管不应有穿孔、裂缝和显著的凸凹不平，内壁应光滑。金属电缆保护管不应有严重锈蚀。

3. 采用普通钢管作电缆保护管时，应在外表涂防腐漆或沥青（埋入混凝土内的管子可不涂）防腐层；采用镀锌管而锌层有剥落时，也应在剥落处涂漆防腐。

4. 硬质聚氯乙烯管因质地较脆，不应用在温度过低或过高的场所。敷设时，温度不宜低于0℃，最高使用温度不应超过50～60℃。在易受机械碰撞的地方也不宜使用。若因条件限制必须使用，则应采用有足够强度的管材。

5. 无塑料护套电缆尽可能少用钢保护管，当电缆金属护套和钢管之间有电位差时，容易因腐蚀导致电缆发生故障。

（三）电缆保护管的加工

无论是钢保护管还是塑料保护管，其加工制作均应符合下列规定：

1. 电缆保护管管口处宜做成喇叭形，可以减少直埋管在沉降时，管口处对电缆的剪切力。

2. 电缆保护管应尽量减少弯曲，弯曲增多将造成穿电缆困难，对于较大截面的电缆不允许有弯头。电缆保护管在垂直敷设时，管子的弯曲角度应大于90°，避免因积水而冻坏管内电缆。

3. 每根电缆保护管的弯曲处不应超过3个，直角弯不应超过2个。当实际施工中不能满足弯曲要求时，可采用内径较大的管子，或在适当部位设置拉线盒，以利电缆的穿设。

4. 电缆保护管在弯制后，管的弯曲处不应有裂缝和显著的凹瘪现象，管弯曲处的弯扁程度不宜大于管外径的10%。若弯扁程度过大，将减少电缆管的有效管径，造成穿设电缆困难。

5. 保护管的弯曲半径一般为管子外径的10倍，并且不应小于所穿电缆的最小允许弯曲半径。电缆保护管管口处应无毛刺和尖锐棱角，防止在穿电缆时划伤电缆。

（四）电缆保护管的连接

1. 电缆保护钢管连接

电缆保护钢管连接时，应采用大一级短管套接，或采用管接头螺纹连接，用短套管连接施工方便，采用管接头螺纹连接比较美观。为了保证连接后的强度，管连接处短套管或带螺纹的管接头的长度，不应小于电缆管外径的 2.2 倍，均应保证连接牢固，密封良好，两连接管管口应对齐。

电缆保护钢管连接时，不宜直接对焊。当直接对焊时，可能在接缝内部出现焊瘤，穿电缆时会损伤电缆。在暗配电缆保护钢管时，在两连接管的管口处打好喇叭口再进行对焊，并且两连接管对口处应在同一管轴线上。

2. 硬质聚氯乙烯电缆保护管连接

对于硬质聚氯乙烯电缆保护管，常用的连接方法包括插接连接和套管连接两种。

（1）插接连接

硬质聚氯乙烯管在插接连接时，先将两连接端部管口进行倒角，然后清洁两个端口接触部分的内、外面，若有油污则用汽油等溶剂擦净。接着，可将连接管承口端部均匀加热，加热部分的长度为插接部分长度的 1.2～1.5 倍，待加热至柔软状态后将金属模具（或木模具）插入管中，待浇水冷却后将模具抽出。

为了保证连接牢固可靠、密封良好，其插入深度宜为管子内径的 1.1～1.8 倍，在插接面上应涂以胶合剂粘牢密封。涂好胶合剂插入后，再次略加热承口端管子，然后急骤冷却，使其连接牢固。

（2）套管连接

在采用套管套接时，套管长度应为连接管内径的 1.5～3 倍，套管两端应以胶合剂粘接或进行封焊连接。

（五）电缆保护管的敷设

1. 敷设要求

（1）直埋电缆敷设时，应按要求事先埋设好电缆保护管，待电缆敷设时穿在管内，以保护电缆避免损伤及方便更换和便于检查。

（2）电缆保护钢、塑管的埋设深度不应小于 0.7m，直埋电缆当埋设深度超过 1.1m 时，可以不再考虑上部压力的机械损伤，即不需要再埋设电缆保护管。

（3）电缆与铁路、公路、城市街道、厂区道路下交叉时应敷设于坚固的保护管内，通常多使用钢保护管，埋设深度不应小于 1m，管的长度除应满足路面的宽度外，保护管的两端还应两边各伸出道路路基 2m；伸出排水沟 0.5m；在城市街道应伸出车道路面。

（4）直埋电缆与热力管道、管沟平行或交叉敷设时，电缆应穿石棉水泥管保护，并且应采取隔热措施。电缆与热力管道交叉时，敷设的保护管两端各伸出长度不应小于2m。

（5）电缆保护管与其他管道（例如水、石油、煤气管）及直埋电缆交叉时，两端各伸出长度不应小于1m。

2. 高强度保护管的敷设地点

在下列地点，需敷设具有一定机械强度的保护管保护电缆：

（1）电缆进入建筑物及墙壁处；保护管伸入建筑物散水坡的长度不应小于250mm，保护罩根部不应高出地面。

（2）从电缆沟引至电杆或设备，距地面高度2m及以下，应设钢保护管保护，保护管埋入非混凝土地面的深度不应小于100mm。

（3）电缆与地下管道接近和有交叉的地方；

（4）当电缆与道路、铁路有交叉的地方；

（5）其他可能受到机械损伤的地方。

3. 明敷电缆保护管

（1）明敷的电缆保护管与土建结构平行时，通常采用支架固定在建筑结构上，保护管装设在支架上。

（2）若明敷的保护管为塑料管，其直线长度超过30m时，宜每隔30m加装一个伸缩节，以消除由于温度变化引起管子伸缩带来的应力影响。

（3）保护管与墙之间的净空距离不得小于10mm；与热表面距离不得小于200mm；交叉保护管净空距离不宜小于10mm；平行保护管间净空距离不宜小于20mm。

（4）明敷金属保护管的固定不得采用焊接方法。

4. 混凝土内保护管敷设

对于埋设在混凝土内的保护管，在浇筑混凝土前应按实际安装位置量好尺寸，下料加工。管子敷设后应加以支撑和固定，以防止在浇筑混凝土时受震而移位。保护管敷设或弯制前应进行疏通和清扫，通常采用铁丝绑上棉纱或破布穿入管内清除脏污，检查通畅情况，在保证管内光滑畅通后，将管子两端暂时封堵。

5. 电缆保护钢管顶过路敷设

当电缆直埋敷设线路时，其通过的地段有时会与铁路或交通频繁的道路交叉，由于不可能较长时间地断绝交通，所以常采用不开挖路面的顶管方法。

不开挖路面的顶管方法，即在铁路或道路的两侧各挖掘一个作业坑，一般可用顶管机或油压千斤顶将钢管从道路的一侧顶到另一侧。顶管时，应将千斤顶、垫块及钢管放在轨道上用水准仪和水平仪将钢管找平调正，并且应对道路的断面有充分的了解，避免将管顶坏或顶坏其他管线。被顶钢管不宜做成尖头，以平头为好，尖头容易在碰到硬物时产生偏移。

在顶管时，为防止钢管头部变形并且阻止泥土进入钢管和提高顶管速度，也可在钢管头部装上圆锥体钻头，在钢管尾部装上钻尾，钻头和钻尾的规格均应与钢管直径相配套。也可以用电动机为动力，带动机械系统撞打钢管的一端，使钢管平行向前移动。

6. 电缆保护钢管接地

用钢管作电缆保护管时，若利用电缆的保护钢管作接地线时，要先焊好接地跨接线，再敷设电缆。应避免在电缆敷设后再焊接地线时烧坏电缆。

钢管有螺纹的管接头处，在接头两侧应用跨接线焊接。用圆钢做跨接线时，其直径不宜小于12mm；用扁钢做跨接线时，扁钢厚度不应小于4mm，截面积不应小于100mm²。

当电缆保护钢管，接间采用套管焊接时，不需再焊接地跨接线。

六、电缆排管敷设

（一）电缆排管的敷设要求

1. 电缆排管埋设时，排管沟底部地基应坚实、平整，不应有沉陷。若不符合要求，应对地基进行处理，并且夯实，以免地基下沉损坏电缆。

电缆排管沟底部应垫平夯实，并且铺以厚度不小于80mm的混凝土垫层。

2. 电缆排管敷设应一次留足备用管孔数，当无法预计时，除考虑散热孔外，可留10%的备用孔，但是不应少于1～4孔。

3. 电缆排管管孔的内径不应小于电缆外径的1.5倍，但是电力电缆的管孔内径不应小于90mm，控制电缆的管孔内径不应小于75mm。

4. 排管顶部距地面不应小于0.7m，在人行道下面敷设时，承受压力小，受外力作用的可能性也较小；若地下管线较多，埋设深度可浅些，但是不应小于0.5m。在厂房内不宜小于0.2m。

5. 当地面上均匀荷载超过100kN/m²，或排管通过铁路以及遇有类似情况时，必须采取加固措施，防止排管受到机械损伤。

6. 排管在安装前应先疏通管孔，清除管孔内积灰杂物，并且应打磨管孔边缘的毛刺，防止穿电缆时划伤电缆。

7. 排管安装时，应有不小于0.5%的排水坡度，并且在人孔井内设集水坑，集中排水。

8. 电缆排管敷设连接时，管孔应对准，以免影响管路的有效管径，保证敷设电缆时穿设顺利。电缆排管接缝处应严密，不得有地下水和泥浆渗入。

9. 电缆排管为便于检查和敷设电缆，在电缆线路转弯、分支、终端处应设人孔井。在直线段上，每隔30m，以及在转弯和分支的地方也须设置电缆入孔井。

(二) 石棉水泥管排管敷设

石棉水泥管排管敷设是利用石棉水泥管以排管的形式周围用混凝土或钢筋混凝土包封敷设。

1. 石棉水泥管混凝土包封敷设

石棉水泥管排管在穿过铁路、公路及有重型车辆通过的场所时，应选用混凝土包封的敷设方式。

(1) 在电缆管沟沟底铲平夯实后，先用混凝土打好100mm厚底板，在底板上再浇注适当厚度的混凝土后，再放置定向垫块，并且在垫块上敷设石棉水泥管。

(2) 定向垫块应在管接头处两端300mm处设置。

(3) 石棉水泥管排放时，应注意使水泥管的套管及定向垫块相互错开。

(4) 石棉水泥管混凝土包装敷设时，要预留足够的管孔，管与管之间的相互间距不应小于80mm。若采用分层敷设时，应分层浇注混凝土并捣实。

2. 石棉水泥管钢筋混凝土包封敷设

对于直埋石棉水泥管排管，若敷设在可能发生位移的土壤中（如流砂层、8度及以上地震基本烈度区、回填土地段等），应选用钢筋混凝土包封敷设方式。

钢筋混凝土的包封敷设，在排管的上、下侧使用 φ16 圆钢，在侧面当排管截面高度大于800mm时，每400mm需设 φ12 钢筋1根，排管的箍筋使用 φ8 圆钢，间距150mm。当石棉水泥管管顶距地面不足500mm时，应根据工程实际另行计算确定配筋数量。

石棉水泥管钢筋混凝土包封敷设，在排管方向和敷设标高不变时，每隔50m须设置变形缝。石棉水泥管在变形缝处应用橡胶套管连接，并且在管端部缝隙处用沥青木丝板填充。在管接头处每隔250mm处另设置 φ20 长度为900mm的接头联系钢筋；在接头包封处设 φ25 长500mm套管，在套管内注满防水油膏，在管接头包封处，另设 φ6 间距250mm长的弯曲钢管。

3. 混凝土管块包封敷设

(1) 混凝土管块混凝土包封敷设时，应先浇注底板，然后再放置混凝土管块。

（2）在混凝土管块接缝处，应缠上宽 80mm、长度为管块周长加上 100mm 的接缝砂布、纸条或塑料胶粘布，以防止砂浆进入。

（3）缠包严密后，先用 1∶2.5 水泥砂浆抹缝封实，使管块接缝处严密，然后在混凝土管块周围灌注强度不小于 C10 的混凝土进行包封。

（4）混凝土管块敷设组合安装时，管块之间上下左右的接缝处，应保留 15mm 的间隙，用 1∶25 水泥砂浆填充。

（5）混凝土管块包封敷设，按照规定设置工作井，混凝土管块与工作井连接时，管块距工作井内地面不应小于 400mm。管块在接近工作井处，其基础应改为钢筋混凝土基础。

（三）电缆在排管内敷设

敷设在排管内的电缆，应按电缆选择的内容进行选用，或采用特殊加厚的裸铅包电缆。穿入排管中的电缆数量应符合设计规定。

电缆排管在敷设电缆前，为了确保电缆能顺利穿入排管，并且不损伤电缆保护层，应进行疏通，以清除杂物。清扫排管通常采用排管扫除器，把扫除器通入管内来回拖拉，即可清除积污并刮平管内不平的地方。此外，也可采用直径不小于管孔直径 0.85 倍、长度约为 600mm 的钢管来疏通，再用与管孔等直径的钢丝刷来清除管内杂物，以免损伤电缆。

在排管中拉引电缆时，应把电缆盘放在人孔井口，然后用预先穿入排管孔眼中的钢丝绳，把电缆拉入管孔内。为了防止电缆受损伤，排管管口处应套以光滑的喇叭口，人孔井口应装设滑轮。为了使电缆更容易被拉入管内，同时减少电缆和排管壁间的摩擦阻力，电缆表面应涂上滑石粉或黄油等润滑物。

第二节　室内配线工程施工

一、明敷线路施工

（一）瓷夹板配线

夹板和绝缘子配线是一种常用的明配线方法，也称瓷夹和瓷瓶配线。夹板配线一般用于用电量较小，并且无机械作用的干燥场所，通常配线导线截面面积在 10mm² 以下。而瓷瓶配线一般用于用电量较大的场所，可用于地下室、浴室或干燥的室外空间。

瓷夹板配线线路结构简单，布线费用小，安装维修方便。但是由于瓷夹板较薄，导线距建筑物较近，机械强度小，容易损坏，布线方法欠美观，目前已较少使用，属于即将淘汰的布线方法。

瓷夹配线组成：瓷夹、瓷套管和截面面积 10mm² 以下的导线。瓷夹有二线制和三线制两种，布线时导线夹在底板与盖板间的小沟槽内，用木螺钉固定，要求横平竖直，撑紧导线。

瓷夹间距要求：直线段截面面积 1~4mm² 导线，瓷夹间距为 700mm；6~10mm² 导线，瓷夹间距为 800mm。在距开关、插座、接线盒、灯具、转角和分支点 40~60mm 处，也要安装瓷夹。

首先应按照要求确定瓷夹的固定点，然后用木螺钉或胀管固定瓷夹。导线穿墙或穿过楼板时，应穿管保护，并且在墙的两侧固定示。导线从潮湿场所通向干燥场所时，保护管应用沥青封口，以免受潮。穿墙或楼板的保护管应事先配合土建预埋。

穿墙保护管可用瓷管或塑料管，导线拐弯时必须呈圆角避免产生急弯，以防损伤导线。

水平敷设线路一般应距地 2.5m 以上，瓷夹配线应尽量沿房屋线脚、横梁、墙角等比较隐蔽处敷设。接头要在两瓷夹中间，不能将接头压在瓷夹内。

导线的敷设要求要横平竖直，不得有明显的松弛或下垂，牢固美观。在瓷夹上固定导线是从一端开始。先将调平、调直的导线压在瓷夹的槽内，然后将另一端固定。

瓷夹须牢固，每槽只允许放一根导线，底板与盖板必须整齐，不得有歪扭和破裂。

(二) 绝缘子配线

1. 鼓形绝缘子布线

鼓形绝缘子又称瓷瓶式绝缘子、瓷柱式绝缘子，属于低压布线用绝缘子。它有一个固定导线用的圆周槽，由胶装在绝缘孔内的螺钉或穿过绝缘件轴向孔的螺钉安装在支持结构上。

(1) 绝缘子配线施工步骤。

①确定元件设备的位置：按照安全、美观、实用的原则，根据施工图样，首先确定配电箱、灯具、开关及插座等用电器或控制设备的位置。

②确定布线位置：确定导线的方位，导线穿墙或楼板的位置，并且用记号笔标注，用墨线弹出线路中心线。

③固定瓷绝缘子：按照要求确定瓷绝缘子的固定点，用自带螺钉或穿过绝缘件轴向孔的螺钉固定瓷绝缘子。

（2）导线敷设。

导线的敷设要求横平竖直，不得有明显的松弛或下垂现象，牢固美观。在瓷绝缘子上固定导线从一端开始。先将调平、调直的导线用绑线将导线捆绑在瓷绝缘子的颈部，然后将另一端固定。瓷绝缘子配线时，导线应架设在瓷绝缘子的同一侧，并且要保证有足够的安全距离。室内绝缘导线与建筑物表面最小距离不得小于10mm。

2. 针式绝缘子布线

针式绝缘子布线又称瓷绝缘子布线，只适用于室内外明布线。目前这种布线方式仍用于一些工业厂房低压电力线路干线布线。

（1）布线支架的安装。

针式绝缘子多安装在支架上，不同的建筑结构采用不同的安装方法。制作支架时，应先考虑好布线时绝缘导线之间及导线对地之间和距建筑物表面的最小距离。

针式绝缘子布线支架应用40mm×4mm的角钢制作，支架及零件均应做防腐处理，并且宜采用镀锌材料。若无条件镀锌时，室外支架应刷一道红丹，两道防腐漆，室内支架应刷一道红丹，一道防腐漆。

角钢支架固定点间距与线路的线芯截面面积的关系如下：

①截面面积为 1 ~ 4mm² 时，固定点间距为 2m；

②截面面积为 6 ~ 10mm² 时，固定点间距为 2.5m；

③截面面积为 16 ~ 25mm² 时，固定点间距为 3m；

④截面面积为 35 ~ 120mm² 时，固定点间距为 6m。

针式绝缘子布线，当绝缘子在角钢支架上安装时，绝缘子均应配用铁担直脚，应与支架固定牢固，并且绝缘子顶部线槽沟应顺着线路方向。

（2）导线敷设。

针式绝缘子布线敷设导线时，应沿线路全长放开导线，在线路首端的地面上用绑线绑扎好导线和蝶式绝缘子，然后再提升到首端支架上，用穿钉紧固铁拉板。

线路首端蝶式绝缘子固定好后，把导线提升到各中间支架，然后收紧终端导线并与终端蝶式绝缘子绑扎。当线芯截面面积较小时，可直接用人力牵引导线收紧，线径较大时，可采用紧线器收紧。

在工业厂房内，用针式绝缘子布线敷设裸导线时，距离地面的高度不应低于3.5m；装设网孔遮栏时，不应低于2.5m，并且裸导线与网眼不大于20mm×20mm的保护遮栏之间距离不应小于100mm；与板状保护遮栏的距离不应小于50mm。

（三）塑料护套线配线

塑料护套线配线是直接将护套线敷设于墙壁、顶棚等建筑物表面的一种配线方式。它适用于比较潮湿和有腐蚀性气体的特殊场所。塑料护套线配线多用于居住及办公室等建筑室内的电气照明线路。它具有防潮、耐酸和耐腐蚀、线路造价较低和安装方便等特点。

明配塑料护套线的施工程序：画线定位→敷设保护管和支持物→线路敷设。

1. 画线定位

按照图样确定设备元件的位置后，根据设计图样的要求，按线路的走向，确定线路中心线。标明照明器具及穿墙套管的导线分支点的位置，以及接近电气器具旁的支持点和线路转角处导线支持点的位置。塑料护套线配线应避开烟道、热源和各种管道，线路对地和其他管道间的最小距离应符合下列规定：

（1）与蒸汽管道平行时，不小于1000mm；在管道下方时可减至500mm；蒸汽管道外包隔热层时，平行净距可减至300mm；交叉时可减至200mm。

（2）与暖热水管平行时，不小于300mm；在管道下方时可减至200mm；交叉时100mm。

（3）与通风上下水、压缩空气管平行时，不小于200mm；交叉时为100mm。

（4）配线与煤气管道在同一平面上布置时，间距不应小于500mm；在不同平面布置时，间距不小于20mm。

2. 敷设保护管和支持物

（1）敷设塑料护套线的保护管。

为了保护导线不受意外损伤，护套绝缘电线与接地导体及不发热的管道紧贴交叉时，应加绝缘管保护，敷设在易受机械损伤的场所应用钢管保护。当塑料护套线穿过墙壁时，可用钢管、硬质塑料管或瓷管保护，其保护管突出墙面的长度为3～10mm。当塑料护套线穿过楼板时，必须用钢管保护，其保护高度距地面不应低于1.8m，若在装设开关的地方，可保护至开关的高度。

（2）敷设塑料护套线的支持物。

护套线的支持点位置，应根据电气器具的位置及导线截面面积的大小来确定。在线路终端、转弯及电气器具、设备或盒（箱）的边缘应用线卡固定，其固定点的距离宜为50～100mm。直线部位导线的线卡固定点间距应均匀分布，其距离为150～200mm。两根护套线敷设遇有十字交叉时，交叉口处的四方都应有固定点，护套线配线各固定点的位置。

按导线的固定方式分塑料钢钉电线卡和铝线卡两种。

塑料钢钉电线卡是近年来使用比较广泛的塑料护套线支持件。敷设时，将导线卡入后，用水泥钉将线卡直接钉入建筑物的混凝土结构或砖墙上，施工方法简便。

每个线卡只能卡一根导线，线卡的大小规格应与导线规格相匹配。

铝线卡固定方法根据建筑物具体情况而定。在木结构上，用普通钉子钉牢；在抹灰墙上，可用鞋钉直接钉上；在混凝土结构上，用环氧树脂粘接。在钉铝卡片时，一定要使钉帽与铝卡片齐平，否则容易划破线皮。铝卡片的型号应根据导线型号和数量合理选用。铝卡片规格有 0 ~ 4 号 5 种，号码越大，则长度越长。

3. 线路敷设

塑料护套线在敷设前应勒直、勒平。在夹持铝线卡的过程中应进行检查，若有偏斜，用小锤轻敲线夹，予以纠正。多根护套线成排平行或垂直敷设时，应上下或左右排列紧密，间距一致，不能有明显空隙。要求所敷设的线路应横平竖直，不应松弛、扭绞和曲折，并且平直度和垂直度不应大于 5mm。护套线在同一平面上转弯时，弯曲半径应不小于护套线宽度的 3 倍；在不同平面上转弯时，弯曲半径应不小于护套线厚度的 3 倍。护套线在弯曲时，不应损伤线芯的绝缘层和护套层。多根护套线在同一平面同时弯曲时，应先将弯曲半径最小的护套线弯好，弯曲部位应贴紧、无缝隙，一个铝线卡内不宜超过 3 根护套线。护套线在跨越建筑物伸缩缝时，导线两端固定牢靠，中间伸缩缝处应留有适当余量，以防损伤导线。

护套线分支接头和中间接头处应装接线盒，用瓷接头把需要连接的导线连接牢固。铜线接头时应在接头处搪锡，铝线接头时应焊接或压接，铝线与铜线连接时，应将铜线搪锡后与铝线压接。

（四）槽板布线

槽板布线是把绝缘导线敷设在槽板底板的线槽中，上部再用盖板把导线盖上的一种布线方式。槽板配线只适用于干燥环境下室内明敷设配线。它分为塑料槽板和木槽板两种，其安装要求基本相同，只是塑料槽板要求环境温度不得低于 -15℃。槽板配线不能设在顶棚和墙壁内，也不能穿越顶棚和墙壁。

槽板施工是在土建抹灰层干燥后，按以下步骤进行：

1. 画线定位

与夹板配线相同，应尽量沿房屋的线脚、横梁、墙角等隐蔽的地方敷设，并且与建筑物的线条平行或垂直。

2. 安装槽板

首先应正确拼接槽板。对接时应注意将底板与盖板的接口错开。槽板固定在砖和混凝土上时，固定点间距离不应大于 500mm；固定点与起点、终点之间距离为 30mm。

3. 导线敷设

在槽内敷设导线时应注意以下几点：

（1）同一条槽板内应敷设同一回路的导线，一槽只许敷设一条导线。

（2）槽内导线不应受到挤压，不得有接头；若必须有接头时，可另装接线盒扣在槽板上。

（3）导线在灯具、开关、插座处一般要留10cm左右预留线以便连接；在配电箱、开关板处一般预留配电箱半个周长的导线余量，或按实际需要留出足够长度。

4. 固定盖板

敷设导线同时就可把盖板固定在底板上。固定盖板时用钉子直接钉在底板中线上，槽板的终端需要作封端处理，即将盖板按底板槽的斜度折覆固定。

（五）钢管、硬质塑料管明敷设

钢管、硬质塑料管明敷设是指沿建筑物、墙壁或支架、吊架安装敷设，多用于工业厂房。

1. 沿建筑物表面敷设

沿建筑物表面敷设的明配单管管路，通常不需要采用支架。明配钢管可采用金属卡子固定；明配硬质塑料管可用塑料卡子、开口管卡固定。

当两根以上配管并列敷设时，可根据情况用管卡沿墙敷设或在吊架、支架上敷设。明配钢管在管端部和弯曲处两侧也需用管卡固定，不能用器具和盒（箱）来固定管端。管卡与管路终端、转弯中点或盒（箱）边缘的距离宜为150～500mm。

2. 用支架、吊架安装

对于多根明配管或较粗的明配管可用支架安装，安装时应先固定两端支架，再拉通线固定中间支架。

对于多根明配管或较粗的明配管也可用吊架安装，采用吊架安装时，应先固定好两端的吊架，再拉通线固定中间的吊架。

3. 明配管管路补偿

明配塑料管在穿过楼板等易受机械损伤的地方应用钢管保护，其保护高度距楼板面不应低于500mm。

硬质塑料管沿建筑物表面敷设时，在直线段上每隔30m应设补偿装置（在支架上架空敷设除外）。PVC补偿装置接头的大头与直管套入并粘牢，小头与直管套上一部分并粘牢，连接管可在接头内滑动。

明配管在通过建筑物的伸缩缝和沉降缝时应作补偿装置。

钢管明配到电机时，应在电机的进线口、管路与用电设备连接处等工艺难点上，以及管路通过建筑物伸缩缝、沉降缝处装设防爆柔性连接管。

这种管子的弯曲半径不应小于其外径的 5 倍。引入电机或其他用电设备的电线必须连接牢固，并且应有防松脱措施，应该放于密封接线盒内，动力电缆不允许有中间接头。

明配管应注意美观，所以配管各固定点间距要均匀。一般管路应沿建筑物结构表面横平竖直地敷设，其允许偏差：管长在 2m 以内均为 3mm；全长偏差不应超过管子内径的 1/2。

（六）金属线槽布线

金属线槽布线通常适用于干燥、无腐蚀介质、不易受机械损伤的室内场所明敷设。

选择金属线槽时，应考虑导线的填充率及载流导线的根数，应满足散热、敷设等安全要求。金属线槽及其附件，应采用表面经过镀锌处理或静电喷漆的定型产品，其规格、型号应符合设计要求，并且具有产品合格证。

1. 金属线槽安装前应根据设计图样确定电源、电气设备、器具的安装位置，从始端至终端找好水平和垂直线，按线槽固定点要求，分匀档距标出线槽固定位置。线槽的吊点和支持点的距离，应根据工程具体条件确定，一般应按下列部位设置吊架或支架：在直线固定间距不应大于 3m 或线槽接头处；在距线槽的首端、终端、分支、转角以及进出接线盒处应不大于 0.5m。

金属线槽紧贴墙面安装时，需将线槽侧向安装，槽盖板设置在侧面。固定线槽可采用 8×35 半圆头木螺钉配木砖或采用 8×35 半圆头木螺钉配塑料胀管方式安装，其端部应与线槽内表面光滑相接，以确保不损伤电线或电缆绝缘。若线槽的宽度较短时，可采用一个塑料胀管将线槽固定；若线槽宽度较长时，可采用两个塑料胀管固定线槽。金属线槽在墙上水平架空安装可使用托臂支承，托臂形式由工程设计决定示。

2. 金属线槽在通过墙体或楼板处，应配合土建预留孔洞。金属线槽不得在穿过墙壁或楼板处进行连接，也不应将此处的线槽与墙或楼板上的孔洞加以固定。

3. 吊装线槽进行连接、转角、分支及终端处，应使用相应的附件。线槽分支连接应采用转角、三通、四通等接线盒进行变通连接，转角部分应采用立上转角、立下转角或水平转角。线槽末端应装封堵进行封闭，金属线槽间的连接应采用专用接头。

金属线槽组装的直线段连接应采用连接板，连接处间隙应严密平齐，在线槽中的两个固定点之间，金属线槽组装的直线段连接点，只允许有一个。金属线槽连接应无间断，直线段连接应采用连接板，用垫圈、弹簧垫圈、螺栓螺母紧固，连接处间隙应严密、平直。在线槽的两个固定点之间，线槽直线段连接点只允许有一个。

4. 金属线槽引出管线。金属线槽出线口应利用专业的出线口盒进行连接，引出金属线槽的线路，可采用金属管、硬塑料管、半硬塑料管、金属软管或电缆等配线方式。电线、电缆在引出部分不得遭受损伤。盒（箱）的进出线处应采用专业抱脚连接。

5. 线槽可用吊架悬吊安装，根据卡箍不同形式采用不同的安装方法。吊装金属线槽，可使用吊装器。先组装干线线槽，后组装支线线槽，将线槽用吊装器与吊杆固定在一起，把线槽组装成型。当线槽吊杆与角钢、槽钢、工字钢等钢结构进行固定时，可用万能吊具进行安装；吊装金属线槽在吊顶下吊装时，吊杆应固定在吊顶的主龙骨上。

线槽在预制混凝土板或梁下，可采用吊杆和吊架卡箍固定线槽，进行吊装。吊杆与建筑物楼板或梁的固定可采用膨胀螺栓进行连接，若采用圆钢做吊杆，圆钢上部焊接扁钢或扁钢做吊杆，将其膨胀螺栓与建筑物直接固定，吊架卡箍吊装，吊杆用直径 10mm 圆钢制成，吊杆与建筑物预制混凝土楼板或梁固定的固定可采用膨胀螺栓及螺栓套筒进行连接。使用扁钢做吊杆时固定线槽，扁钢吊杆上部用膨胀螺栓与建筑结构固定。当与钢结构固定时，可将吊架直接焊在钢结构的固定位置上。

吊装线槽在吊杆安装好后，即可进行组装。安装时根据不同需要，可以开口向上或开口向下安装。安装时，应先安装干线线槽，后安装支线线槽。线槽之间应采用内连接头或外连接头，用沉头螺栓或圆头螺栓配上平垫和弹簧垫圈，再用螺母紧固。

线槽组装完毕后，导线装入线槽内，并且应将导线按回路绑扎成捆，绑扎时应用尼龙绳或线绳，不允许使用金属导线绑扎。导线绑扎好后，应分层排放并做好永久性编号标志。

6. 金属线槽在穿过建筑物变形缝处应有补偿装置，可将线槽本身断开，在线槽内用内连接板搭接，但是不应固定死，以便金属线槽能自由活动。

7. 为了保证用电安全，防止发生事故，金属线槽的所有非导电部分的铁件均应相互连接，使线槽本身有良好的电气连续性。线槽在变形缝的补偿装置处应用导线搭接，成为连续导体，做好整体接地。金属线槽应有可靠的保护接地或保护接零，但是线槽本体不应作为设备的接地导体。

（七）塑料线槽布线

难燃型塑料线槽产品规格多，外形美观，一般适用于正常环境下明敷设，但是不宜用于高温和易受机械损伤的场所。

塑料线槽配线施工与金属线槽施工基本相同，而施工中的一些注意事项，又与硬塑料管敷设完全一致，所以仅说明塑料线槽施工中，槽底板固定点的最大间距及附件要求。

塑料线槽敷设场所环境温度不得低于 −15℃。线槽敷设应在建筑物墙面、顶棚抹灰或装饰工程结束后进行。塑料线槽敷设宜沿着建筑物顶棚与墙壁交角处的墙上和沿踢脚线上口线敷设。

塑料线槽固定应先固定槽底，线槽底板应根据每段所需长度进行切割。线槽槽底可用伞形螺栓或用塑料胀管固定，也可用木螺钉将其固定在预先埋入墙体的木砖上。

放线时先将导线放开伸直，从始端到终端边放边整理，导线应理顺，不得有挤压、扭结和受损现象。导线在线槽内不得有接头，导线的分支接头应在接线盒内进行。

塑料线槽敷设时，槽底固定点间距应根据线槽规格而定。当线槽宽度为20 ~ 40mm，并且单排螺钉固定时，固定点最大间距不大于0.8m；当线槽宽度为60mm，并且双排螺钉固定时，固定点最大间距不大于1m；当线槽宽度为80 ~ 120mm 时，并且双排螺钉固定时，固定点最大间距不大于0.8m。

塑料线槽布线，在线路连接、转角、分支及终端处应采用相应的塑料附件。固定好的槽底应紧贴建筑物表面，横平竖直，线槽的水平度与垂直度允许偏差均不应大于5mm。

（八）钢索配线

在大型厂房内，当屋架较高、跨度较大，又要求灯具安装较低时，照明线路时常采用钢索配线，即利用固定在墙或梁、柱、屋架等上的钢索，吊载灯具和配线。这样既可降低灯具安装高度，又提高了被照面的照度，灯位布置也较为方便。导线可穿管敷设，吊在钢索上；也可以用扁钢吊架将绝缘子和灯具吊装在钢索上；还可选用塑料护套线直接敷设在钢索上。

1. 钢索的选用

配线用的钢索应符合下列要求：

（1）应用镀锌钢索，不得使用含油芯的钢索。在潮湿或有腐蚀性的场所要用塑料护套钢索。

（2）钢索的单根钢丝直径应小于0.5mm，并且不得有扭曲和断股。

（3）选用圆钢做钢索时，安装前要调直预伸，并且刷防锈漆。

2. 钢索的安装

钢索的安装。要求钢索的终端拉环固定牢固，能够承受钢索在全部负荷下的拉力。当钢索的长度为 50m 及以下时，要在两端装花篮螺栓。每增加 50m 时，应在中间加装一个花篮螺栓。每个终端的固定处至少要用两个钢索卡子。钢索的终端要用金属绑线绑紧。

钢索长度超过 12m 时，中间可加吊钩作为辅助固定，吊钩采用直径不小于 8mm 的圆钢制作，一般中间吊钩间距不应大于 12m。

钢索安装前，可先安装好两端的固定点和中间吊钩，再将钢索的一端穿入鸡心环的三角圈内，并用两只钢索卡子一正一反地夹紧夹牢，就完成了一端的安装。另一端的安装可先用紧线钳把钢索拉紧，端部穿过花篮螺栓处的鸡心环，用和上述同样方法折回钢索固定。最后用中间的吊钩固定钢索，钢索安装即完成。

花篮螺栓的螺母都应套好，以便过后调整钢索的弛度。钢索配线的弛度不应大于 100mm，若用花篮螺栓调节无法满足，可在中间合适位置增加吊钩。

3. 钢索配线

(1) 钢索吊钢管配线。

这种配线方式具体安装做法及配件。在钢索上每隔 1.5m 装设一个扁钢吊卡，再把钢管固定在管卡上。在灯位处的钢索上，要安装吊盒钢板，以安装灯头盒。灯头盒两端的钢管应作可靠的接地跨接线，钢管也应可靠接地。

若钢索上吊的是塑料管，管卡、灯头盒等用具改用塑料制品，做法与钢管相同。

(2) 钢索吊瓷珠配线。

钢索吊瓷珠配线是指在钢索上安装扁钢吊卡，吊卡上安装瓷瓶，在瓷瓶上架设导线。按照配线根数的多少，可分为 6 线、4 线、2 线等方式。安装方式与吊钢管配线类似，吊卡间距一般也是 1.5m。

二、暗敷设线路施工

(一) 钢管配线

钢管配线是把绝缘导线穿在钢管内敷设的配线方式。这种配线方式广泛应用于工业厂房和重要公共建筑中，以及易燃、易爆和潮湿场所。同时，该种配线方式安全可靠，可以避免机械损伤和腐蚀，更换电线方便。钢管配线工艺如下：

1. 线管的选择

主要选择管子的种类和规格。种类的选择主要根据环境条件和安装方式。在潮湿场所的明配和暗配于地下的管子都应选用厚壁管。明配或暗配于干燥场所时，均选用薄壁管。

规格的选择应根据管内所穿导线根数和截面面积大小进行选择。一般规定管内导线总面积不应大于管子截面面积的40%。对于设计完毕的施工图，管子的种类与规格已经确定，施工时要选用与设计相符的钢管种类与规格。

2. 钢管的加工

钢管的加工主要包括钢管的防腐、切割、套丝和弯曲等。不同的管材，其加工的方法和要求有所不同。

（1）钢管的防腐处理。

管子内壁除锈，可用圆形钢丝刷，两头各绑一根铁丝，穿过管子，来回拉动钢丝刷，把管内铁锈清除干净。管子外壁可用钢丝刷打磨，也可用电动除锈机来除锈。

除锈后，将管子的内外表面涂以防腐漆。注意，非镀锌钢管应在配管前对管子的内壁、外壁除锈、刷防腐漆。

钢管外壁刷漆要求与敷设方式有关：

①埋入混凝土内的钢管外壁可不刷防腐漆；

②埋入砖墙内的钢管应刷红丹漆等防腐漆；

③直埋于土层内的钢管外壁应刷两层沥青或使用镀锌钢管；

④明敷钢管应刷一道防腐漆，一道面漆（若设计无规定颜色，一般用灰色漆）；

⑤采用镀锌钢管时，锌层剥落处应刷防腐漆；

⑥设计有特殊要求时，应按设计规定进行防腐处理。电线管一般因为已刷防腐黑漆，所以只需在管子焊接处、连接处及漆脱落处补刷同样色漆。

（2）管子切割。

配管前必须把管子按每段所需长度切断，可根据需要使用钢锯、割刀或无齿锯切割，严禁用电、气焊切割钢管。钢管的切割方法很多，管子批量较小时可使用钢锯或割管器（管子割刀），批量较大时可以使用型钢切割机（无齿锯）。管子切断后断口处应与管轴线垂直，管口应锉平、刮光，使管口整齐光滑。

（3）管子套丝。

钢管敷设过程中管子与管子的连接，管子与器具及与盒（箱）的连接，均需在管子端部套丝。

水煤气钢管套丝可用管子铰板或电动套丝机制作；电线管套丝一般采用圆丝板，圆丝板由板架和板牙组成。

套丝时，先将管子固定在管子台虎钳上，再把铰板套在管端，并调整铰板的活动刻度盘，使板牙符合需要的距离，用固定螺钉固定后，再调整铰板的3个支承脚使其紧贴管子，防止套丝时出现斜丝。铰板调整好后，手握铰板手柄，平稳向里推进并按顺时针方法转动。

管端套丝长度与钢管丝扣连接的部位有关。用在与接线盒、配电箱连接处的套丝长度，不宜小于管外径的 1.5 倍；用于管与管相连部位时的套丝长度，不得小于管接头长度的 1/2 加 2~4 扣。

电线管的套丝，操作比较简单，只要把铰板放平，平稳地向里推进，即可以套出所需的丝扣。

套完丝扣后，应随即清理管口，将管子端面毛刺处理光，使管口保持光滑，以免割破导线绝缘。

(4) 管子弯曲。

管子的弯曲半径明配时一般不小于管外径的 6 倍；若埋于地下或敷设在混凝土楼板内则不应小于管外径的 10 倍。

钢管的弯曲包括冷煨和热煨两种。冷煨一般采用手动弯管器或电动弯管器。手动弯管器一般适用于直径在 50mm 以下的钢管，且为小批量。若弯制直径较大的管子或批量较大时，可使用滑轮弯管器或电动 (或液压) 弯管机。用火加热弯管，只限于管径较大的黑铁管。

用弯管器弯管时，应根据管子直径选用，不得以大代小，更不能以小代大。把弯管器套在管子需要弯曲的部位 (即起弯点)，用脚踩住管子，扳动弯管器手柄，稍加一定的力，使管子略有弯曲，然后逐点向后移动弯管器，重复前次动作，直至弯曲部分的后端，使管子弯成所需要的弯曲半径和弯曲角度。

用火加热煨弯时应先把管子内装满干燥的砂子，两端用木塞塞紧后，将弯曲部位放在烘炉或焦炭火上均匀加热，再放到模具上弯曲成型。用此法煨弯时，应比预定弯曲角度略大 2°~3°，以弥补因冷却而回缩。也可以用气焊加热煨弯，先预热弯曲部分，然后从起弯点开始，边加热边弯曲，直到所需角度。为了保证弯曲质量，热煨法应确定管子的合适加热长度。

3. 线管的连接

(1) 钢管连接。

按照施工规范要求，钢管与钢管的连接有管箍连接 (螺纹连接)、套管连接和紧定螺钉连接等方法。通常情况下，多采用管箍连接，不能直接用电焊连接。

①螺纹连接。钢管与钢管之间采用螺纹连接时，为了使管路系统接地良好、可靠，要在管箍两端焊接用圆钢或扁钢制作的跨接接地线，焊接长度不可小于接地线截面面积的 6 倍，或采用专用接地卡跨接。镀锌钢管或可挠金属电线保护管的跨接接地线宜采用专用接地线卡跨接，不应采用熔焊连接。

②套管连接。采用套管连接时，套管长度宜为管外径的 1.5~3 倍，管与管的对

口处应位于套管的中心。套管长度不合适将不能起到加强接头处机械强度的作用。通常应视敷设管线上方的冲击大小而定，冲击大选上限，冲击小则选下限。套管采用焊接连接时，焊缝应牢固严密；对于套管的选择，由于太大的管径不易使两连接管中心线对正，造成管口连接处有效截面面积减小，致使穿线和焊接困难。

③紧定螺钉连接。采用紧定螺钉连接时，螺钉应拧紧。在振动的场所，紧定螺钉应有防松措施。镀锌钢管和薄壁钢管应采用螺纹连接或套管紧定螺钉连接，不应采用熔焊连接

（2）钢管与盒（箱）或设备的连接。

暗配的黑铁管与盒（箱）连接可采用焊接连接，管口宜高出盒（箱）内壁 3 ~ 5mm，并且焊后应补刷防腐漆；明配钢管或暗配的镀锌钢管与盒（箱）连接应采用锁紧螺母或护圈帽固定。用锁紧螺母固定的管端螺纹宜外露锁紧螺母 2 ~ 3 扣。

管与盒（箱）直接连接时要掌握好入盒长度，不应在预埋时使管口脱出盒子，也不应使管插入盒内过长，一般在盒（箱）内露出长度应小于 5mm。

钢管与设备直接连接时，应将钢管敷设到设备的接线盒内。当钢管与设备间接连接时，对室内干燥场所，钢管端部宜增设电线保护软管或可挠金属电线保护管后引入设备的接线盒内，且钢管管口应包扎紧密（软管长度不宜大于 0.8m）；对室外或室内潮湿场所，钢管端部应增设防水弯头，导线应加套保护软管，经弯成滴水弧状后再引入设备的接线盒。与设备连接的钢管管口与地面的距离宜大于 200mm。

4. 钢管的敷设

钢管敷设也称配管。配管工作通常从配电箱开始，逐段配至用电设备处，有时也可从用电设备端开始，逐段配至配电箱处。

（1）敷设方式。

钢管的敷设方式分为暗配和明配两种，暗配就是在现浇混凝土内敷设钢管。在现浇混凝土构件内敷设管子，可用铁线将管子绑扎至钢筋上，也可以用钉子钉在模板上，但是应将管子用垫块垫起，用铁线绑牢，垫块可用碎石块，垫高 15 ~ 20mm，以减轻地下水对管子的腐蚀，此项工作在浇注混凝土前进行。

（2）砖墙内配管。

在砖墙内配管时，一般是随同土建砌砖时预埋；也可以预先在砖墙上留槽或剔槽。固定时，可先在砖缝里打入木楔，再在木楔上钉钉子，用铁线将管子绑扎在钉子上，使管子充分嵌入槽内。应保证管子离墙表面净距不小于 15mm。

（3）地坪内配管。

在地坪内配管时，必须在土建浇制混凝土前埋设，固定方法可用木桩或圆钢等打入地中，再用铁丝将管子绑牢。为使管子全部埋设在地坪混凝土层内，应将管子

垫高，离土层 15~20mm，这样，可减少保护管保护。当有许多管子并排敷设在一起时，必须使其相互离开一定距离，以保证其间也灌上混凝土。进入落地式配电箱的管子要整齐排列，管口高出基础面不小于 50mm。

（4）其他注意事项。

为避免管口堵塞影响穿线，管子配好后要将管口用木塞或塑料塞堵好。管子连接处及钢管及接线盒连接处，要按规定做好接地处理。当电线管路遇到建筑物伸缩缝、沉降缝时，必须相应作伸缩、沉降处理。通常是装设补偿盒。在补偿盒的侧面开一个长孔，将管端穿入长孔中，无须固定，而另一端则要用六角螺母与接线盒拧紧固定。

5. 线管的穿线

通常应在管子全部敷设完毕，建筑物抹灰、粉刷及地面工程结束后进行管内穿线工作。在穿线前应将管中的积水及杂物清除干净。

穿线时，应先穿一根钢带线（φ1.6mm 钢丝）作为牵引线，所有导线应一起穿入。

拉线时应有两人操作，一人担任送线，另一人担任拉线，两人应互相配合。

导线穿入钢管时，管口处应装设护线套保护导线；在不进入接线盒（箱）的垂直管口，穿入导线后应将管口密封。在较长的垂直管路中，导线长度与截面的关系如下：

（1）50mm² 及以下的导线，长度为 30m；

（2）70~95mm² 的导线，长度为 20m；

（3）120~240mm² 的导线，长度为 10m。

为防止由于导线的本身自重拉断导线或拉脱接线盒中的接头，导线应在管路中间增设的拉线盒中加以固定。

导线穿好后，剪除多余的导线但要留出适当的余量，便于以后接线。预留长度为：接线盒内以绕盒一周为宜；开关板内以绕板内半周为宜。为在接线时能方便分辨出各条导线，可以在各导线上标上不同标记。

穿线时应严格按照相关规定进行。同一交流回路的导线应穿于同一根钢管内。不同回路、电压等级或交流与直流的导线，不得穿在同一根管内。但下列几种情况或设计有特殊规定的除外：

（1）电压为 65V 及以下的回路；

（2）同一台设备的电机回路和无抗干扰要求的控制回路；

（3）照明花灯的所有回路；

（4）同类照明的几个回路，可穿入同一根管内，但管内导线总数不应多于 8 根。

钢管与设备连接时，应将钢管敷设到设备内。若不能直接进入设备内，可用金属软管连接至设备接线盒内。金属软管与设备接线盒的连接使用软管接头。

(二) 塑料管配线

1. 塑料管的选择

施工时一般管子的类型和规格一般按图样选管即可。通常硬塑料管适用于室内或有酸、碱等腐蚀性介质的场所，但不得用于高温或易受机械损伤的场所。半硬塑料管和波纹管适用于一般民用建筑照明工程的暗敷设，但是不得敷设于高温场所。

所选定的塑料管不应有裂缝和扁折、堵塞等情况，表观质量应符合要求。

2. 塑料管的加工

切断硬质塑料管时，多用钢锯条。硬质 PVC 塑料管还可以使用厂家配套供应的专用截管器截剪管子。使用时，应边转动管子边进行裁剪，使刀口易于切入管壁，刀口切入管壁后，应停止转动 PVC 管 (以保证切口平整)，继续裁剪，直至管子切断为止。

硬质塑料管的弯曲分为冷煨和热煨两种。冷煨法只适用于硬质 PVC 塑料管。弯管时，将相应的弯管弹簧插入管内需要弯曲处，两手握住管弯处弹簧的部位，用手逐渐弯出所需要的弯曲半径来。采用热煨时，可将塑料管按量好的尺寸放在电烘箱和电炉上加热，待要软时取出，放在事先做好的胎具内弯曲成形，但是应注意不能将管烤伤、变色。

3. 塑料管的连接

(1) 硬质塑料管的连接。

硬塑料管的连接包括丝扣连接和黏结连接两种方法。

①丝扣连接。用丝扣连接时，要在管口处套丝，可采用圆丝板，与钢管套丝方法类似。套完丝后，要清洁管口，将管口端面和内壁的毛刺清理干净，使管口光滑以免伤线。软塑料管和波纹管没有套丝的加工工艺。

②黏结连接。硬塑料管的黏结连接通常采用以下两种方法：插入法和套接法。

A. 插入法。插入法又分为一步插入法和两步插入法，一步插入法适用于直径 50mm 及以下的硬质塑料管，两步插入法适用于直径 65mm 及以上的硬塑料管。硬质塑料管之间以及与盒 (箱) 等器件的连接应采用插入法连接；连接处结合面应涂专用胶合剂，接口应牢固密封，并应符合下列要求：

a. 管与管之间采用套管连接时，套管长度宜为管外径的 1.5 ~ 3 倍；管与管的对口处应位于套管的中心。

b. 管与器件连接时，插入深度宜为管外径的 1.1 ~ 1.8 倍。硬质 PVC 管的连接，目前多使用成品管接头，连接管两端涂以专用胶合剂，直接插入管接头。硬质塑料管与盒（箱）的连接，可以采用成品管盒连接件。连接时，管端涂以专用胶合剂插入连接即可。

B. 套接法。套接法是将相同直径的硬塑料管加热扩大成套管，再把需要连接的两管端部倒角，并用汽油清洁插接段，待汽油挥发后，在插接段均匀涂上胶合剂，迅速插入热套管中，并用湿布冷却即可。目前这种硬塑料管快接接头工艺应用很多。

（2）半硬质塑料管和波纹管的连接。

半硬质塑料管应采用套管粘接法连接，套管长度一般取连接管外径的 2～3 倍，接口处应用黏合剂粘接牢固。

塑料波纹管通常不用连接，必须连接时，可采用管接头连接。管接头形式有两种。当波纹管进入配电箱接线时，必须采用管接头连接。

4. 塑料管敷设

塑料管直埋于现浇混凝土内，在浇捣混凝土时，应采取防止塑料管发生机械损伤的措施，在露出地面易受机械损伤的一段，也应采取保护措施。

5. 塑料管穿线

塑料管穿线的施工规范和施工方法与钢管内穿线完全相同，穿线后即可进行接线和调试。

（三）普利卡金属套管配线

普利卡金属套管是电线电缆保护套管的更新换代产品，是新兴的电工器材，属于可挠性金属套管，它具有耐热、耐酸、耐腐蚀和抗压、抗晒、抗拉的特点，搬运方便、施工容易的特点，所以在建筑电气工程中的应用日益广泛。

1. 普利卡金属套管的敷设

（1）敷设要求。

普利卡金属套管在现浇混凝土的梁、柱和墙内垂直方向敷设时，宜放在钢筋的侧面；水平方向敷设时，管子宜放在钢筋的下侧，防止承受过大的混凝土的冲击。在现浇混凝土的平台板上管子应敷设在钢筋网中间，宜与上层钢筋网绑扎在一起。绑扎间隔不应大于 0.5m，在管入盒（箱）处，绑扎点应适当缩短，距盒（箱）处不应大于 0.3m。绑扎应牢固，防止金属套管松弛。

（2）敷设方法。

普利卡金属套管在普通砖砌体墙内敷设与 PVC 管施工方法相同，但管入盒处应在盒四周侧面与盒连接。管子在垂直敷设时，应具有把管子沿墙体高度及敷设方向挑起的措施。

普利卡金属套管在轻质空心石膏板隔墙内敷设的施工方法与半硬塑料管敷设基本相同。

普利卡金属套管室内明敷与钢管的固定方法相同。弯曲半径不应小于软管外径的6倍。管卡子与终端，转弯中点，电气器具或设备边缘的距离为150～300mm，管路中间的固定管卡子最大距离应保持在0.5～1m，固定点间距应均匀，允许偏差不应大于30mm。

用难燃材料做吊顶时，可用普利卡金属套管敷设。与嵌入式灯具或类似器具连接的金属软管，其末端的固定管卡宜安装在自灯具、器具边缘起沿软管长度的1m处。

在楼（屋）面板内暗配钢管时，灯头盒与吊顶内灯具的配管应使用普利卡金属套管。楼（屋）面板盒应使用金属盖板将盒口密封，利用普利卡金属套管线箱连接器进行管与盒的连接，管下端引至吊顶灯位处。

楼（屋）面板内无盒体埋设，线管只埋设至墙面上时，吊顶内灯位盒至配管应使用普利卡金属套管连接。连接应使用混合接头或无螺纹接头进行连接，使金属套管引至吊顶灯灯头盒。

吊顶内主干管为钢管且为明配时，管引至吊顶灯灯位盒的配管，应使用普利卡金属套管。主干管可在吊顶灯灯位集中处，设置分线盒（箱），由盒（箱）内引出分支管，分支管至吊顶灯灯位（或盒位）一段使用普利卡金属套管。

2. 普利卡金属套管的连接

普利卡金属套管的连接方法包括螺纹连接（混合接头）、无螺纹连接和组合接头连接。

普利卡金属套管与有螺纹钢管连接，使用混合接头连接时，应将混合接头先拧入钢管螺纹端，使钢管管口与混合接头的螺纹里口吻合，再将金属套管拧入混合接头的套管螺纹端。

普利卡套管与无螺纹钢管连接，应使用无螺纹接头。将套管拧入无螺纹接头的套管螺纹一端，套管管端应与里口吻合后，将套管连同无螺纹接头与钢管管端插接，用扳手或旋具拧紧接头上的两个压紧螺栓。连接有防水型金属套管时，使用防水型组合接头。

普利卡金属套管与金属管或盒（箱）连接时，应采用卡接的方法做好接地跨接连接。

普利卡金属套管与盒（箱）连接时，应使用专用的线箱连接器或组合线箱连接器。将连接管按管子绕纹方向旋入连接器的套管螺纹一端，另一端插入盒（箱），敲落孔内拧紧连接器紧固螺母。

三、封闭插接式母线安装

（一）施工前的准备工作

1. 材料

（1）封闭插接式母线应有出厂合格证、材质证明及安装技术文件。技术文件应包括额定电压、额定容量、试验报告等技术数据。型号、规格、电压等级应符合设计要求。

（2）各种规格的型钢应无锈蚀，金属紧固件、卡件均应符合设计要求，应是热镀锌制品。

（3）每一箱母线组件在外壳上应有明显标志，表明所属相段、编号及安装方向。

（4）母线与外壳的不同心度，允许偏差为 ±5mm。

（5）螺栓连接的接触面加工后镀锡，锡层要求平整、均匀、光洁，不允许有麻面、起皮及未覆盖部分。

（6）母线表面应光洁平整，不应有裂纹、折皱、变形和扭曲现象，漆层应良好。需要现场焊接或螺栓连接的部分不涂。

（7）其他材料：防腐油漆、面漆、电焊条等应有出厂合格证。

2. 作业条件

（1）施工图纸及产品技术文件齐全。

（2）在结构封顶、室内地面施工完成或已确定地面标高、场地清理、层间距复核后，才能确定支架设置位置。

（3）电气设备（变压器、开关柜等）安装完毕，且检验合格。

（4）与封闭插接式母线安装位置有关的管道、空调及建筑装修工程施工基本结束，确认扫尾施工不会影响已安装的母线，方可安装母线。

（二）设备检查调整

1. 设备进场后，应由安装单位、建设单位或监理单位、供货单位、共同进行检查，并做好记录。

2. 根据装箱单检查设备及附件，其规格、数量、品种应符合设计要求。

3. 分段标志应清晰齐全、外观无损伤变形，测试母线绝缘电阻值符合规范要求，并做好记录。

（三）支架制作安装

支架制作和安装应按设计各产品技术文件的规定制作和安装，若设计和产品技术文件无规定，按下列要求制作和安装：

1. 支架制作

（1）根据施工现场结构类型，支架应采用角钢或槽钢制作。应采用"一"字形、"L"字形、"口"字形、"T"字形 4 种形式。

（2）支架的加工制作按选好的型号，测量好的尺寸断料制作，断料严禁气焊切割，加工尺寸最大误差 5mm。

（3）用台钳煨弯型钢架，并用锤子打制，也可使用油压煨弯器用模具顶制。

（4）支架上钻孔应用台钻或手电钻钻孔，不得用气焊割孔，孔径不得大于螺栓 2mm。

（5）螺杆套扣，应用套丝机或套丝板加工，不许断丝。

2. 支架的安装

（1）安装支架前应根据母线路径的走向测量出较准确的支架位置，在已确定的位置上钻孔，固定好安装支架的膨胀螺栓。

（2）封闭插接母线的拐弯处及与箱（盘）连接处必须加支架；垂直敷设的封闭插接母线当进线盒及末端悬空时，应采用支架固定；直段插接母线支架的距离不应大于 2m。

（3）埋注支架用水泥砂浆，灰砂比 1∶3，用强度等级为 32.5 及其以上的水泥，应注意灰浆饱满、严实、不高出墙面，埋深不少于 80mm。

（4）固定支架的膨胀螺栓不少于两个。一个吊架应用两根吊杆，固定牢固，螺扣外露 2～4 扣，膨胀螺栓应加平垫圈和弹簧垫，吊架应用双螺母夹紧。

（5）支架及支架与埋件焊接处刷防腐油漆应均匀，无漏刷，不污染建筑物。

（6）支架安装应位置正确，横平竖直，固定牢固，成排安装，应排列整齐，间距均匀，刷油漆均匀，无漏刷，不污染建筑物。

（四）封闭插接母线安装

1. 封闭插接母线安装的一般要求如下：

（1）封闭插接母线应按设计和产品技术文件规定进行组装，组装前应对每段母线进行绝缘电阻测定，测量结果符合设计要求，并做好记录。

（2）封闭插接母线固定距离不得大于 2.5m。水平敷设距地高度不应小于 2.2m。母线应可靠固定在支架上。

（3）母线槽的端头应装封闭罩，各段母线槽的外壳的连接应是可拆的，外壳间有跨接地线，两端应可靠接地。接地线压接处应有明显接地标识。

（4）母线与设备连接采用软连接。母线紧固螺栓应由厂家配套供应，应用力矩扳手紧固。

（5）母线段与段连接时，两相邻段母线及外壳应对准，母线接触面保持清洁，并涂电力复合脂，连接后不使母线及外壳受额外应力。

2. 母线沿墙水平安装时，安装高度应符合设计要求，无要求时不应距地小于2.2m，母线应可靠固定在支架上。

3. 母线槽悬挂吊装时，吊杆直径按产品技术文件要求选择，螺母应能调节。

4. 封闭式母线落地安装时，安装高度应按设计要求，设计无要求时应符合规范要求。立柱可采用钢管或型钢制作。

5. 封闭式母线垂直安装时，沿墙或柱子处，应做固定支架，过楼板处应加装防震装置，并做防水台。

6. 封闭式母线敷设长度超过40m时，应设置伸缩节，跨越建筑物的伸缩缝或沉降缝处，宜采取适当的措施，设备订货时应提出此项要求。

7. 封闭式母线插接箱安装应可靠固定，垂直安装时，安装高度应符合设计要求，设计无要求时，插接箱底口宜为1.4m。

8. 封闭式母线垂直安装距地1.8m以下，采取保护措施（电气专用竖井、配电室、电机室、技术层等除外）。

9. 封闭式母线穿越防火墙、防火楼板时，应采取防火隔离措施。

10. 封闭插接母线组装和卡固位置正确，固定牢固，横平竖直，成排安装应排列整齐，间距均匀，便于检修。

11. 封闭插接母线外壳应可靠接地，接地牢固，防止松动，并严禁焊接。

第三节　室外线缆施工

一、架空缆施工

（一）电杆的基础施工

1. 电杆定位

根据设计图纸标定的位置，结合现场情况，逐一确定电杆的位置。电杆的定位，一般应使用经纬仪，如果线路较短，也可使用花杆（三点成一线）目测法校勘直线，并用皮尺丈量距离 10kV 及以下架空线直线杆顺线路方向的位移，不应超过设计档距的 3%，直线杆横线路方向位移不应超过 50mm；转角杆、分支杆的横线路、顺线路方位的位移均不应超过 50mm。杆位确定后，应立即打入标志桩。

2. 基坑

（1）坑口尺寸。

坑口的尺寸要大于坑底的尺寸。这是为了施工的方便，也是为了防止坑壁的塌方。

（2）挖坑。

按照划好的坑口尺寸，挖掘杆坑。

挖出的土，应堆放在离坑边 0.5m 以外的地方，以免影响坑内的工作和今后的立杆施工。

当挖到坑内出水时，应在坑的一角深挖一个小坑集水，并用水桶或水泵将水排出。当挖掘中遇到流沙或易塌方的松软土质时，一般应采取扩大坑口尺寸，并在挖至要求深度后，立即立杆及用围栏或板桩支撑坑壁。当坑较深，采用扩大坑口不易保证安全时，或土方量过大时，则一般采用围栏或板桩来支撑坑壁，以防止坑壁的倒塌。

杆坑的梯形马道，应在放置电杆的一侧；拉线坑的梯形马道，也应在拉线侧，马道的坡度应与拉线角度一致，以使拉线底板把在埋入坑内以后与拉线方向一致。

3. 基础施工时应注意的事项

（1）施工时所用的工具，必须坚固，并应经常检查，以免发生意外。

（2）电杆基础坑深度的允许偏差为 +100mm、−50mm。同基基础坑在允许偏差范围内应按最深一坑抄平。双杆基础坑的电杆中心偏差不应超过 ±30mm，且两杆坑深应一致。

（3）电杆基坑底采用底盘时，底盘的圆槽面应与电杆中心线垂直，找正后应填土夯实至底盘表面。底盘安装允许偏差，应使电杆组立后满足电杆允许偏差的规定。电杆基础采用卡盘时，安装前应将其下部土壤分层回填夯实；安装位置、方向、深度应符合设计要求；深度允许偏差为 ±50mm，当无设计要求时，上平面距地面不应小于 500mm；与电杆连接应紧密。

（4）在打板桩时，应该用木块垫在板桩头部，以免打裂板桩。在拆除板桩时，应由下而上，逐一拆除。在更换支撑时，应先装上新的，然后再拆下旧的。

（5）当坑深超过 1.5m 时，坑内的工作人员必须戴好安全帽。当坑底超过 1.5m，而在坑内需要二人同时工作时，二人不可对面或靠得太近进行工作。

（6）坑边不可堆放重物和工器具，以防塌方或掉落时伤人。

（7）严禁在坑内休息。

（8）在挖坑期间或坑已挖好但未立杆时，应在坑的四周设置围栏及标志，夜间应设置红色警戒灯，以防行人跌入坑内。

（二）组装电杆

电杆的组装，可以采取在地面上预组装和立杆后组装两种形式。一般均采用前者，因为这可以既省力，效率又高。

1. 组装后电杆的形式

由于电杆在架线中所处的地位不同，所以组装后电杆的形式也不同。按常用的电杆来分，可分为直线杆、耐张杆、转角杆、终端杆、分支杆及跨越杆等6种形式。

2. 横担

横担有铁横担、木横担与瓷横担3种，以铁横担使用最广泛，它一般用镀锌角钢制成。

横担的安装，根据导线布置的不同，安装位置也不同。在低压线路中，导线的布置都采用水平排列；在 3 ~ 10kV 高压线路中，导线的布置有三角形排列与水平排列两种（三角形排列，能提高线路的耐雷水平）。

直线杆及 15° 以下的转角杆，宜采用单横担；跨越主要道路时，应采用单横担双绝缘子；15°~45° 的转角杆，宜采用双横担双绝缘子；45° 以上的转角杆，宜采用十字横担。

（1）横担安装的位置。

①直线杆横担，应装在负荷侧。

②终端杆、转角杆、分支杆及导线张力不平衡处的横担，应装在张力的反向侧（拉线侧）。

③直线杆多层横担，应装在同一侧（平面架设在一个垂直面上，和线路成直角）。

横担安装应平正，横担端部上下歪斜不应大于20mm；横担端部左右扭斜不应大于20mm；双杆的横担，横担与电杆连接处的高差，不应大于连接距离的5/1000；左右扭斜，不应大于横担总长度的1/100。

（2）支持铁拉板的安装。

①高压线路的横担，应在两侧都安装铁拉板。

②低压线路的横担，可以在一侧安装铁拉板。二线、四线的横担，装设垫铁时，可以不装设铁拉板。在一侧安装铁拉板时，应装设在 L2、L3 相的一侧。

3. 绝缘子

绝缘子(瓷瓶),用以支持、固定导线,以及使带电导线间、导线与大地间的电气绝缘。

在 10kV 及以下的高压线路中,直线杆采用针式绝缘子(当采用铁横担时,针式绝缘子宜采用高一个电压等级的绝缘子),或瓷横担;耐张杆宜采用一个悬式绝缘子和一个 10kV(6kV)蝶式绝缘子或采用两个悬式绝缘子组成的绝缘子串。

在低压线路中,直线杆一般采用低压针式绝缘子或低压瓷横担;耐张杆应采用低压蝶式绝缘子或一个悬式绝缘子。

绝缘子安装应该注意以下规定:

(1)安装应牢固,连接可靠,防止瓷裙积水。应清除表面污垢、附着物及不应有的涂料。

(2)悬式绝缘子的安装,应使其与电杆、导线金具连接处,无卡压现象。耐张串上的弹簧销子、螺栓及穿钉应由上向下穿。悬垂串上的弹簧销子、螺栓及穿钉应向受电侧穿入。两边线应由内向外,中线应由左向右穿入。

(3)绝缘子裙边与带电部位的间隙,不应小于 50mm。

(4)瓷横担绝缘子的安装。

①当直立安装时,顶端顺线路歪斜不应大于 10mm。

②当水平安装时,顶端宜向上翘起 5°~15°;顶端顺线路歪斜不应大于 20mm。

③当安装在转角杆时,顶端竖直安装的瓷横担支架,应安装在转角的内角侧(瓷横担应装在支架的外角侧)。

④全瓷式瓷横担绝缘子的固定处应加装软垫。

4. 金具(铁件)

线路金具用于连接导线、组装绝缘子、安装横担、安装拉线等。它包括架空线上使用的所有铁制或铜、铝制的金属部件。

5. 电杆组装

(1)根据设计图纸的要求,仔细检查电杆的型号、规格与质量。钢筋混凝土电杆,存在下列质量问题或损坏程度者,均不得使用。

①裂纹宽度超过 1mm。

②裂纹宽度虽未超过 1mm,但系整圈裂纹,而两整圈裂纹的距离又小于 500mm。

③电杆的混凝土损伤脱落,且纵向主钢筋外露情况严重。

④电杆弯曲超过杆长的 1/200。

(2)根据设计图纸的要求,检查横担、绝缘子及金具的型号、规格与质量。

（3）核对电杆、横担、绝缘子及金具等是否能配套使用。

（4）安装横担。先将电杆顺线路方向放置在准备起立的杆坑边，然后确定各层横担安装的位置，再按横担的位置放置 M 形抱铁与横担，并用 U 形抱箍螺栓套入横担孔中，拧紧螺母，将横担逐一紧固在电杆的规定位置上。

（5）安放绝缘子。将一定型号、规格的绝缘子，通过串钉螺栓、螺母，紧固在横担上。这样，就完成了整个电杆的组装工作。

（三）立杆

立杆就是把已组装好的电杆，按照规定的位置与方向，将电杆立起并埋入杆坑。

其主要步骤是：立杆→杆身调整→涂防腐油（对木杆）→回填土并夯实。

1. 立杆

根据杆型与所用工具的不同，立杆的方法也有多种，最常用的有 3 种：汽车起重机立杆、架杆立杆与固定式人字抱杆立杆。汽车起重机立杆既理想、安全，又效率高、有条件的地方，应尽量采用，目前，也是采用最多的方法。

立杆时，先将汽车起重机开到距坑道适当位置处，然后在电杆（从根部量起）1/2～1/3 处系一根起吊钢丝绳，再在杆顶向下 500mm 处临时系三根调整绳。起吊时，坑边要有两人负责监视电杆根部进坑，另有三人各拉一根调整绳，站成以坑为中心的三角形，并由一人负责指挥当杆顶离地面 500mm 时，应对各处绑扎的绳扣进行一次检查，当确认绳扣牢固、可靠时，再继续起吊。

2. 杆身调整

（1）指挥者应站在相邻未立杆的杆坑线路方向上的辅助标桩处或其延长线上；面对线路向已立杆方向观测电杆，指挥调整，使它与已直立的电杆处在一条直线上。

（2）对转角杆，指挥者应站在与线路垂直方向或转角等分线的杆坑中心辅助标桩处，通过垂直观测电杆，指挥调整。

（3）转角杆与终端杆，应向张力的另一侧（拉线侧）倾斜，倾斜距离约等于电杆直径。

（4）杆位调整，一般可用杠子拨；杆面调整，一般可用转角器或在电杆上用绳子绑扎一根木扛，以推磨方式转动电杆，使电杆立好后能正直，其位置偏差应符合下列规定。

①单电杆：

A. 直线杆的横向位移，不应大于 50mm。

B. 直线杆的倾斜，对 10kV 及以下架空电力线路的杆梢位移，不应大于杆梢直径的 1/2。

C.转角杆的横向位移，不应大于50mm。

D.转角杆应向外角预偏，紧线后不应向内角倾斜。其向外角倾斜后的杆梢位移，不应大于杆梢直径。

②终端杆立好后，应向拉线侧预偏，其预偏值不应大于杆梢直径。紧线后不应向受力侧倾斜。

③双电杆：

A.直线杆的结构中心与中心桩间的横向位移，不应大于50mm。

B.转角杆的结构中心与中心桩间的横向、纵向位移，不应大于50mm。

C.迈步不应大于30mm。根开不应超过±30mm。

3.回填土

立杆并经调整好后，即可回填土。回填土时，应将土块打碎，并清除土中的树根、杂草，必要时可在土中掺一些石块。若坑内有积水，则应预先排除。若坑基处易被水冲刷，则应在电杆周围埋设立桩，并砌以石块，以防冲垮。

回填土时，对于10kV及以下的架空电力线路的基坑，应每回填土500mm高夯实一次。对于松软土质，则应增加夯实次数或采取加固措施。夯实时，应在电杆的两侧交替进行，以防电杆的移位或倾斜。当回填土填至坑深的2/3时，必要时安装卡盘。

回填土后的电杆基坑应设置防沉土层。土层上部不宜小于坑口面积；培土高度应超出地面300mm。采用抱杆立杆留有的滑坡，也应回填土夯实并有防沉土层。

(四)拉线与撑杆的安装

1.拉线

拉线的作用是平衡电杆各方向的拉力，防止电杆的弯曲或倾倒。因此，在承受不平衡拉力的电杆(转角杆、终端杆、跨越杆等)上，均须装设拉线，以达到平衡的目的。

(1)拉线装置的要求。

①拉线与电杆间的夹角，视电杆的受力情况而定，一般为45°。若受地形限制，可适当减小，但不能小于30°。

②拉线用镀锌铁丝或钢绞线制作。在10kV及其以下线路，一般用直径为4mm的镀锌铁丝制成，每条拉线不少于3股；或用截面积不小于25mm²的钢绞线。当承载力较大，每条拉线须超过9股铁丝时，则应改用镀锌钢绞线；拉线底把超过9股时，应改用圆钢拉线棒。

③由于下部拉线或拉线棒埋设于土中，容易被腐蚀，所以下部拉线应比上部

拉线多 2 股铁丝，或选用截面积高一挡的钢绞线。若用拉线棒，则其截面积不小于 16mm²，且必须镀锌，以防腐蚀。

④拉线在地面上、下各 300mm 的部分，应涂防腐油，再用浸过防腐油的麻皮条缠卷，最后用铁丝绑牢。

⑤在线路标高相差悬殊的地方，导线成仰角时，应使用拉线；成俯角时，应使用撑杆。

（2）拉线组装。

①埋设拉线盘。将拉线棒与拉线盘组装好，放入拉线坑内，将拉线棒方向对准已立好的电杆。此时拉线棒应与拉线盘成垂直，若不垂直，须向左或向右移正拉线盘，直至符合要求为止，再进行回填土并夯实。埋设好后，应使拉线棒的拉环露出地面 500 ~ 700mm。

②做拉线上把。拉线上把装在电杆上，需用拉线抱箍及螺栓固定（也可在横担上焊接拉线环），组装时，先用一根螺栓将拉线抱箍抱在电杆上，然后把预制好的上把拉线环放在两个抱箍的螺孔间，穿入螺栓拧上螺母固定。或使用 UT 型线夹代替拉线环，先将拉线穿入 UT 型线夹固定，再用螺栓将 UT 型线夹与拉线抱箍连接。

③收紧拉线做中把。在下部拉线盘埋设好，拉线上把做好后，便可收紧拉线做中把，使上部拉线和下部拉线棒连接起来，成为一个整体，以发挥拉线的作用。

收紧拉线时，一般使用紧线钳。将紧线钳下部钢丝绳系在拉线棒上，紧线钳的钳头夹住拉线高处，收紧钢丝绳将拉线收紧。将拉线的下端穿过 UT 型线夹的楔形线夹内，将楔形线夹与已穿入拉线棒拉环的 U 形环连接，套上螺母，此时即可卸下紧线钳，利用可调 UT 型线夹调节拉线的松紧。拉线穿过楔形线夹折回尾线长度为 300 ~ 500mm，尾线回头与本线应扎牢。

（3）拉线装置安装要求。

①拉线安装后，对地平面夹角与设计值的允许偏差，对 10kV 及以下架空电力线路不应大于 3°。特殊地段应符合设计要求。

②承力拉线应与线路方向的中心线对正；分角拉线应与线路分角线方向对正；防风拉线应与线路方向垂直。

③水平拉线跨越汽车通道时，拉线与路面边缘的垂直距离不应小于 5m，与路面中心的垂直距离不小于 6m。跨越电车行车线时，与路面中心的垂直距离不应小于 9m。

④拉线盘的埋设深度与方向，应符合设计要求。拉线棒与拉线盘应垂直，连接处应采用双螺母，其外露地面部分的长度应为 500 ~ 700mm。

⑤拉线坑应有斜坡，回填土时应将土块打碎后夯实。拉线坑也应设置防沉层。

⑥当采用 UT 型线夹或楔形线夹固定安装时，应在安装前将丝扣上涂润滑剂；

线夹舌板与拉线接触应紧密，受力后无滑动现象，线夹凸肚应在尾线侧，线股不得受损伤；拉线的弯曲部分不应有明显松股，拉线断头处与拉线主线应固定可靠，线夹处露出的尾线长度应为 300～500mm，尾线回头后应与本线扎牢；当同一组拉线使用双线夹及连板时，其尾线端的方向应统一；UT 型线夹或花篮螺栓的螺杆应露扣，并应有不小于 1/2 螺杆丝扣长度可供调紧，调整后，LT 型线夹的双螺母应并紧，花篮螺栓应封固。

⑦当采用绑扎固定安装时，应在拉线两端设置心形环；钢绞线拉线，应采用直径不大于 3.2mm 的镀锌铁丝绑扎固定，绑扎应整齐、紧密。

⑧采用拉线柱拉线时，其安装应符合下列规定：

A. 拉线柱的埋设深度，应根据设计要求而定。若无设计要求时，则采用坠线的，其埋深不应小于拉线柱长的 1/6；采用无坠线的，则应按其受力情况确定。

B. 拉线柱应向张力反方向倾斜 10°~20°；坠线与拉线柱夹角不应小于 30°；坠线上端固定点的位置距拉线柱顶端的距离应为 250mm。

⑨当一根电杆上装设多条拉线时，各条拉线的受力应一致。

⑩采用镀锌铁丝合股组成的拉线，其股数不应少于 3 股，镀锌铁丝的单股直径不应小于 4mm，绞合应均匀，受力相等，不应出现"抽筋"现象。

合股组成的拉线，可采用直径不小于 3.2mm 的镀锌铁丝绑扎固定，绑扎应整齐紧密。其缠绕长度为：5 股以下者，上端为 200mm；中端有绝缘子的两端为 200mm；下缠 150mm，花缠 250mm，上缠 100mm。

合股拉线采用自身缠绕固定时，缠绕应整齐紧密。其缠绕长度为：3 股线不应小于 80mm，5 股线不应小于 150mm。

2. 撑杆

在受到地形环境的限制，无法装设拉线时，可采用撑杆（又称为顶杆）来代替拉线。撑杆安装在拉力的同一方向，其上端应在拉力的合力的作用点上。撑杆底部的埋深不得小于 0.5m，且应有防沉措施。撑杆与主杆之间的夹角应根据设计要求而定（一般采取 30° 左右），其允许偏差为 ±5°。

为使撑杆与主杆的连接紧密、牢固，一般采取在撑杆与主杆的结合处，用两块联板（用 60mm×60mm×5mm 角钢制作）和四根螺栓（螺栓直径为 16mm）予以固定。在联板与主杆及撑杆之间蛰放四块 M 型抱铁。撑杆底部，应垫以底盘或石块，并与撑杆垂直。

（五）导线架设

1. 放线

放线，就是将成卷的导线沿着电杆的两侧放开，为将导线架设到横担上做准备。

放线前，应清除沿线的障碍物。在展放导线的过程中，应对已展放的导线进行外观检查：导线不应发生磨伤、断股、扭曲、筋钩与断头等现象。

对于线路较短、截面积较小的导线，可采用手工放线；截面积较大的导线，可将线轴安放在高低可调的放线架上，用人力或卷扬机牵引放线。当线路较长时，为避免导线与大地的摩擦，又为了减轻放线时的牵引拉力，可以在每个直线杆的横担上挂一个直径不小于导线直径 10 倍的滑轮，并带有开口，以便将导线放进滑轮槽内，方便放线。

2. 架线

架线又称为挂线，就是将展放在靠近电杆两侧地面上的导线架设到横担上。导线截面积较小时，可由地面人员用挑线竿将导线挑给杆上人员；导线截面积较大时，可由杆上人员用绳索提吊导线，以将导线架设到横担上或放入滑轮内。一般来说，放线与架线是同时配合进行的，即边放线边架线，使导线沿着滑轮向前移动。

3. 紧线

紧线是在每个耐张段内进行的。紧线时，应先在线路一端耐张杆上把导线牢固地绑扎在绝缘子上，然后用人力或机械力在另一端牵引拉紧。

紧线一般使用钳式紧线器进行：为防止紧线时产生横担扭转，一般可先收紧两根线（先紧两边线，后紧中线），或者 3 根主线同时收紧。

当导线截面较大、耐张段较长时，可采用卷扬机紧线。

紧线的标准是根据设计提出的导线弛度（即弧垂）的要求来决定的。所以，在紧线的过程中，必须配合对弧垂的观察与调整。首先选取一个观察档（一般取中部），然后在观测直线档两侧杆上导线的悬挂点，各向下量出观察弧垂值的尺寸距离，做出明显的颜色标志（如绑一块水平弧垂板）。由观察人员在电杆上，从一侧弧垂板瞄准对侧弧垂板，同时用信号（如手旗等）与紧线人员联络，指挥紧线的松或紧。当观察人员观察到收紧的导线正好与瞄准的直线相切时，即通知紧线人员停止弧垂的调整工作，因为此时的弧垂就是所要求的弧垂。

根据规定：10kV 及以下架空电力线路的导线紧好后，弧垂的误差不应超过设计弧垂的 ±5%；同档内各相导线的弧垂宜一致，水平排列的导线弧垂相差不应大于50mm。

但是，导线的弧垂是与所安装的导线的材质、耐张段的档距、气温的变化等因素有关。同时，架设新导线时，导线会因受张力产生永久变形而形成所谓初伸长，使弧垂增大。所以，紧线时应使弧垂比设计要求的弧垂小。根据施工经验，紧线后的弧垂比设计要求的弧垂的减小量为：铝线为 20%，钢芯铝绞线为 12%，钢线为 7% ~ 8%。

此外，还应注意导线或避雷线紧好后，线上不应有树枝等杂物。

4. 绑线

紧线后，即可将导线绑扎在绝缘子上。绑扎完毕，即可松开紧线器。绑扎时的注意事项：

（1）导线在绝缘子上应绑扎得很紧，使导线不会滑动。但是又不宜将导线绑扎得出现弯曲状，因为这样会损伤导线，同时还会因导线张力过大而破坏绑线。

（2）绝缘导线要使用带包皮的绑线，裸导线可用与导线材料相同的裸绑线，铝镁合金线应使用错线作绑线。

（3）用于低压绝缘子的铜导线的绑线，其直径不小于 1.2mm；用于高压绝缘子的绑线，其直径不小于 1.6mm。铜导线截面积为 35mm² 及其以下时，绑扎长度为 150mm；截面积为 50 ~ 70mm² 时，绑扎长度为 200mm。铝导线截面积为 50mm² 及其以下时，绑扎长度为 150mm；截面积为 70 ~ 120mm² 时，绑扎长度为 200mm。

（4）绑扎时，应注意防止损伤导线与绑线。绑扎铝线时，不可使用钳子的钳口，只可使用钳子的尖部。

（5）绑线在绝缘子颈槽内，应顺序排列，不得互相挤压在一起。铝带在包缠时，应紧密无空隙，但不可相互重叠。

5. 导线的连接

在架空线路中，在线路档距内导线的连接常常是不可避免的。然而，此处的导线接头是要承受导线拉力的，所以应该尽量避免接头。因为，导线的连接质量，直接影响着导线的机械强度与电气性能。导线连接的方式，依导线的材质与规格的不同而有所区别，目前，最常用的方法有两种：钳压法与绕接法。

（1）钳压接法。

钳压接法适用于铝绞线、铜绞线与钢芯铝绞线。它是采用连接管将两根导线连接起来，其具体的操作方法与操作中注意事项如下：

①检查钳压接法的工具——压接钳是否完好、可靠、灵活。

②选择与准备连接的导线相应的压模与连接管。

③在压接钳上安装好压模。

④将导线的末端，用直径为 0.9 ~ 1.6mm 的金属线绑紧（以免松股），然后用钢锯或大剪刀，将导线锯或剪齐。

⑤清洗导线与连接管内壁，去除油垢与氧化膜，以保证连接的电气性能良好。一般采用汽油清洗（导线的清洗长度，应取连接部分的 1.25 倍），然后在导线表面与连接管内壁涂上一层油膏。

⑥将欲连接的导线，分别从连接管两端插入，并使线端露出管外 25～30mm。若是钢芯铝绞线，则应在插入一根导线后，中间插入一个铝垫片，然后再插入另一根导线，以使接触良好。

⑦压完后，取出压好的接头，用细齿锉刀锉去连接管管口与压坑边缘翘起的棱角，再用砂纸磨光，用浸蘸汽油的抹布擦净。

对压接与压接后质量的要求：

A.压接时，每一个坑应一次压完，中途不可间断，并应压到规定深度。稍停后，才可松开压钳，进行下一个压口。

B.连接管因压接而发生的弯曲度，不应超过 1%，若弯曲度超过 3%，或压接后连接管出现裂纹，则必须切断后重新压接。

C.连接管两端附近的导线，不得有鼓包。若鼓包大于原直径的 50% 时，必须切断后重新压接。

D.接头的抗拉强度，不小于被连接导线本身的抗拉强度的 90%。接头处的电阻值，不应大于相同长度导线的电阻值。

（2）绕接法。

又称插接法或缠绕法，它适用于多股铜芯导线的直接接头。

（六）架空线路安装的其他要求

1.高压线路的导线，应采用三角排列或水平排列；双回路线路同杆架设时，宜采用三角排列或垂直三角排列。因为三角排列的优点较多：结构简单，便于施工和运行维护；电杆受力均匀，线间距离增大，提高了运行的安全性、可靠性；利于带电作业，利于对线路的防雷保护采取措施；低压线路的导线，宜采用水平排列。

2.同一电源的高、低压线路宜同杆架设。为使架空线路便于维修和提高供电的可靠性，所以要求直线杆横担数不宜超过四层（包括路灯线路）。

架设时，应该高压线路在上；同一电压等级的不同回路导线，应把弧垂较大的导线放置在下层；路灯照明回路放置在最下层。

3.高、低压线回路杆或仅有高压线路时，可以在最下面架设通信电缆，通信电缆与高压线路的垂直间距不得小于 2.5m；仅有低压线路时，可以在最下面架设广播明线和通信电缆，其垂直间距不得小于 1.5m。

4.高压线路的过引线、引下线、接户线与邻相导线间的净空距离，不应小于

0.3m；低压线路不应小于 0.15m。

5. 向一级负荷供电的双电源线路，不可同杆架设。

6. 高、低压线路宜沿道路平行架设，电杆距路边可为 0.5 ~ 1m。

7. 高、低压线路架设在同一横担上的导线，其截面积差不宜大于三级。

8. 10kV 及以下架空电力线路，在同一档距内，同一根导线上的接头，不应超过 1 个。

导线接头位置与导线固定处的距离，应大于 0.5m，当有防震装置时，应在防震装置以外。不同金属、不同绞向、不同截面的导线，严禁在档距内连接。

9. 1kV 以下的低压架空电力线路，当采用绝缘导线时，展放时，不应损伤导线的绝缘层，不应出现扭、弯等现象；导线固定应牢固可靠；导线在蝶式绝缘子上绑扎固定时，应符合前面所述的绑扎规定；接头应符合有关规定，且破口处应进行绝缘处理。

10. 高压线路的导线与拉线、电杆或构架间的净空距离，不应小于 0.2m；低压线路不应小于 0.1m。高压线路的引下线与低压线路的间距，不应小于 0.2m。

（七）接户线与进户线安装

1. 由高、低压线路至建筑物第一个支持点之间的一段架空线，称为接户线。由接户线至室内第一个配电设备的一段低压线路，称为进户线。一幢建筑物，在一般情况下对同一个电源只做一个接户线。当建筑物较长、容量较大或有特殊要求时，可根据当地供电部门的规定，增设接户线。

2. 低压接户线应采用绝缘导线，当计算电流小于 30A 且无三相用电设备时，宜采用单相接户线；大于 30A 时，宜采用三相接户线。

3. 低压接户线的接户点应接近供电线路，宜接近负荷中心，并便于维修和保证施工安全。

4. 低压接户线的档距不宜大于 25m，档距超过 25m 时，宜设接户杆（其档距不应超过 40m）；高压接户线的档距不宜大于 40m。

5. 低压接户线的最小截面：绝缘铜线为 4mm²（当档距超过 10m 时，应采用 6mm²）；绝缘铝线为 6mm²（当档距超过 10m 时，应采用 10mm²）。高压接户线的最小截面：铜绞线为 16mm²，招绞线为 25mm²。

6. 低压接户线的线间距离，不应小于 0.15m（当档距超过 25m 时，不应小于 0.2m；若为沿墙敷设，且档距不超过 6m 时，可不小于 0.1m）；高压接户线采用绝缘线时，线间距离不应小于 0.45m。

7. 低压接户线不应从高压引下线间穿过，以确保人身及设备的安全。同时，也严禁跨越铁路此外，为保证供电安全、避免事故，对不同金属、不同规格的接户线，不允许在档距内连接。对跨越通车街道的接户线，也不允许有接头。

8. 接户线在受电端的对地距离，高压接户线应不小于4m，低压接户线应不小于2.5m。

若接户点离地低于2.5m时，应加装接户杆，以绝缘线穿管接户。低压进户线应穿管保护接至室内配电设备，保护钢管伸出墙外为0.15m，距支持物为0.25m，并应采取防水措施。低压接户线跨越街道时，其与路面中心的垂直距离：通车街道为不小于6m，通车困难的街道、人行道不小于3.5m，胡同（里）、弄、巷不小于3m。低压接户线至地面的距离：居民区为6m，非居民区为5m，交通困难地区为4m。高压进户线至地面的距离：居民区为6.5m，非居民区为5.5m，交通困难地区为4.5m。

9. 低压接户线在安装时，还应注意它与建筑物有关部位的距离：与接户线下方窗户的垂直距离，不小于0.3m；与接户线上方窗户或阳台的垂直距离，不小于0.8m；与窗户或阳台的水平距离，不小于0.75m；与墙壁、构架的距离，不小于0.05m。

二、电缆施工

（一）电缆线路的敷设

1. 电缆线路敷设前应对下列内容进行检查

（1）电缆通道畅通，排水良好。金属部分的防腐层完整。隧道内照明、通风符合要求。

（2）电缆的型号、规格符合设计规定。

（3）电缆外观无损伤，绝缘良好。

（4）电缆放线架放置稳妥，钢轴的强度与长度应与电缆盘的重量和宽度相配合。

（5）若在带电区域内敷设电缆，则应有可靠的安全措施。

（6）敷设前，应按设计图纸与现场实际路径计算每根电缆的长度，以便合理安排每盘电缆，尽量减少电缆的中间接头。

2. 电缆线路敷设中应遵守的一般规定

电缆线路敷设的方式有多种，但不论哪种敷设方式，都应遵守下列共同规定。

（1）三相四线制系统，必须采用四芯电力电缆，不可采用三芯电缆加一根单芯电缆或以导线、电缆金属护套作中性线。

（2）并联使用的电力电缆，应采用相同型号、规格及长度的电缆。

（3）电力电缆在终端头与接头附近，均应留有一定的备用长度。

（4）电缆敷设时，不应损坏电缆沟、隧道、电缆井和人井的防水层。

（5）电缆敷设时，电缆应从盘的上端引出，不应使电缆在支架上及地面上被摩擦地拖拉。

敷设时不可使铠装压扁、电缆绞拧、护层折裂等。

在复杂条件下用机械敷设电缆时，应进行施工组织设计，确定敷设方法、线盘架设位置、电缆牵引方向、校核牵引力与侧压力、配备敷设人员与机具等。用机械敷设电缆的最大牵引强度，应符合有关规定，如充油电缆总拉力不应超过27N。用机械敷设电缆的速度不应超过15m/min，敷设路径复杂或额定电压高的电缆，施放速度应相应降低。

（6）电缆敷设时，应将电缆排列整齐，不宜交叉，并应按规定在一定间距上将其固定，同时还应及时装设标志牌。

电缆固定的位置，应该设置在：水平敷设的电缆，在电缆的首末两端及转弯处，电缆接头的两端处以及每隔5~10m处；垂直敷设或超过45°倾斜敷设的电缆，在每个支架上以及桥架上每隔2m处。单芯电缆的固定位置，应按设计图纸的要求决定。

（7）电缆进入电缆沟、隧道、竖井、建筑物、盘（柜）以及穿入管子时，出入口应封闭，管口应密封。

（8）油浸纸质绝缘电力电缆在切断后，应将端头立即铅封，塑料绝缘电缆应有可靠的防潮封端。

（9）电力电缆的接头：对并列敷设的电缆，应使其接头位置相互错开，其净距不应小于0.5m；对明敷电缆的接头，应用托板托置固定；对直埋电缆的接头，外面要有防止机械损伤的保护盒，保护盒位于冻土层内，盒内应浇注沥青。

3. 电缆线路的敷设

电缆线路敷设的方法有多种，如直接埋地敷设，在隧道、沟道内敷设，在管道内敷设，在排管内敷设，架空敷设，在海（水）底敷设，在桥梁上敷设等。这里只介绍基本的、常用的几种敷设方法。

（1）直接埋地敷设。

这种方法是按选定的路径挖掘地沟，然后将电缆埋设在地沟中这种方法，适用于沿同一路径敷设的室外电缆根数在8根及以下且场地有条件的情况。该法施工简便、费用低廉、电缆散热好，但挖土工作量大，还可能受到土壤中酸碱物质的腐蚀等。

电缆直埋的施工方法较简单，大致顺序是：

①开挖电缆沟。按照设计图纸规定的电缆敷设路径，进行电缆沟的基础施工。电缆沟的形状，基本上是梯形，对于一般土质，沟顶应比沟底宽200mm。电缆沟的

深度，应使电缆表面距地面的距离不小于0.7m；穿越农田时，不小于1m。在寒冷地区，电缆应埋设于冻土层以下；直埋深度超过1.1m时，可以不考虑上部压力的机械损伤，在引入建筑物、与地下建筑物交叉及绕过地下建筑物处，可浅埋，但应采取保护措施（一般采用穿保护管的措施）。

电缆沟的宽度，取决于电缆的根数与散热的间距。

电缆沟的转弯处，应挖成圆弧形，以保证电缆弯曲半径所要求的尺寸。

电缆接头的两端以及引入建筑物、引上电杆处，均须挖有贮放备用电缆的余留坑。

②埋设电缆保护管。在电缆与铁路、公路、城市街道、厂区道路等交叉处，引人或引出建筑物、隧道处，在穿越楼板、墙壁处，在电缆从电缆沟中引至电杆、沿墙表面、设备及室内行人容易接近的地方而距地高度在2m以下的，以及其他可能受到机械损伤的地方，都必须在电缆外面加穿一定机械强度的保护管（或保护罩），这些保护管都应在电缆敷设前埋设完毕。

③必要时采取一定的隔热措施。当电缆敷设时，出现与热力管道交叉或平行敷设的情况，则应尽量远离热力管道。若无法避开两者允许的最小间距时，则应对平行段或在交叉点前后lm范围内作隔热处理。其主要方法是将电缆尽量敷设在热力管道的下面，并将电缆穿石棉水泥管（或其他措施），将热力管道包扎玻璃棉瓦（或装设隔热板）等。

④在挖好的电缆沟中铺设一层100mm厚的细砂或软土。

⑤施放电缆。在施放电缆时，不论是采用人工敷设还是采用机械牵引敷设，都须先将电缆盘稳固地架设在放线架上。施放时应使电缆线盘运转自如。在电缆线盘的两侧，应有专人监视，以便在必要时可立即将旋转的电缆线盘煞住，中断施放。

电缆施放中，不应将电缆拉挺伸直，而应使其呈波状。一般使施放的电缆长度比沟长1.5%～2%，以便防止电缆在冬季停止使用时不致因长度缩短而承受过大的拉力。

⑥电缆施放完毕后，应在其上面再铺设一层100mm厚的细砂或软土，然后再铺盖一层用钢筋混凝土预制成的电缆保护板或砖块，其覆盖宽度应超过电缆两侧各50mm。

此外，还应按规定在一定的位置上放置电缆标志牌，它一般明显地竖立在离地面0.15m的地面上，以便日后检修方便。

⑦回填土。应分层夯实，覆土要高出地面150～200mm，以备松土沉陷。直埋电缆在施工中，除应遵守电缆线路敷设中应遵守的一般规定外，还应注意以下各项：

A.向一级负荷供电的同一路径的两路电源电缆，不可敷设在同一沟内。若无法分沟敷设时，则该两路电缆应采用绝缘和护套均为非延燃性材料的电缆，且应分别置于电缆沟的两侧。

B. 电缆的保护管，每一根只准穿一根电缆，而单芯电缆不允许采用钢管作为保护管。在与道路交叉时所需敷设的电缆保护管，其两端应伸出道路路基两边各 2m。在与城市街道交叉时所敷设的电缆保护管，其两端应伸出车道路面。

C. 电缆敷设在下列地段应留有适当的余量，以备重新封端用：过河两端留 3～5m；过桥两端留 0.3～0.5m；电缆终端留 1～1.5m。

D. 电缆沿坡度敷设时，中间接头应保持水平。

E. 铠装电缆和铅（铝）包电缆的金属外皮两端，金属电缆终端头及保护钢管，必须进行可靠接地，接地电阻不应大于 10Ω。

（2）在电缆沟或隧道内敷设。

当电缆与地下管网交叉不多、地下水位较低、无高温介质和熔化金属液体流入电缆线路敷设的地区、同一路径的电缆根数为 18 根及以下时，可以采用电缆沟敷设。多于 18 根时，应该采用电缆隧道敷设。

电缆敷设在电缆沟或隧道的支架上时，应使各种电缆遵守下列的排列顺序：高压电力电缆应放在低压电力电缆的上层，电力电缆应放在控制电缆的上层；强电控制电缆应放在弱电控制电缆的上层。若电缆沟或隧道两侧均有支架时，1kV 以下的电力电缆与控制电缆应与 1kV 以上的电力电缆分别敷设在不同侧的支架上。

电缆在支架上的敷设还应符合下列要求：控制电缆在支架上，不宜超过 1 层，在桥架上不宜超过 3 层；交流三相电力电缆，在支架上不宜超过 1 层，桥架上不宜超过 2 层；交流单芯电力电缆，应布置在同侧支架上。

并列敷设的电力电缆，其水平净距为 35mm，但不应小于电缆外径。

电缆与热力管道、热力设备之间的净距，平行时不应小于 1m，交叉时不应小于 0.5m。如果无法满足净距的要求，则应采取隔热保护措施。电缆也不宜平行敷设于热力设备和热力管道的上部。

敷设在电缆沟、隧道内带有麻护层的电缆，应将其麻护层剥除，并应对其铠装加以防腐。

电缆敷设完毕后，应清除杂物，盖好盖板。

（3）在排管内敷设。

电缆在排管内敷设的方式，适用于电缆数量不多（一般不超过 12 根），而道路交叉较多，路径拥挤，又不宜采用直埋或电缆沟敷设的地区。排管可采用混凝土管或石棉水泥管。排管孔的内径不应小于电缆外径的 1.5 倍，但电力电缆的管孔内径不应小于 90mm，控制电缆的管孔内径不应小于 75mm。

　　电缆在排管内敷设的施工中，应该先安装好电缆排管。安装时，应使排管有倾向人孔井侧不小于 0.5% 的排水坡度，并在人孔井内设集水坑，以便集中排水。排管的埋深为排管顶部距地面不小于 0.7mm；在人行道下面，可不小于 0.5m。排管沟的底部应垫平夯实，并应铺设不少于 80mm 厚的混凝土垫层。

　　在选用的排管中，还应注意留足必要的备用管孔数，一般不得少于 1~2 孔。在敷设的路径上，还应在线路转角处，分支处设置电缆人孔井。在比较长的直线段上也应设置一定数量的电缆人孔井，以便于拉引电缆，人孔井间的距离不宜大于 150m。电缆人孔井的净空高度不应小于 1.8m，其上部人孔的直径不应小于 0.7m。

　　(4) 架空敷设。

　　当地下情况复杂不宜采用直埋敷设，且用户密度较高、用户的位置与数量变动较大、今后可能需要调整与扩充及总体上又无隐蔽要求时的低压电力电缆，可以采用架空敷设的方式。但在覆冰严重的地区，不应采用这种方式。

　　电缆架空敷设中，其电杆的埋设方法与要求和架空线路中有关电杆的埋设方法与要求基本相同。

　　电缆架空敷设时，每条吊线上宜架设一根电缆。杆上有两层吊线时，上下两吊线的垂直距离不应小于 0.3m。吊线应采用不小于 7 股（每股直径不小于 3mm）的镀锌铁绞线或具有同等强度及直径的绞线，而吊线上的吊钩，间距不应大于 0.5m。

　　当架空电缆与架空线路同电杆敷设时，电缆应安置在架空线的下面，并且电缆与最下层的架空线的横担的垂直间距不应小于 0.6m。

　　低压架空电力电缆与地面的最小净距，居民区为 5.5m，非居民区为 4.5m，交通困难地区为 3.5m。

　　(5) 在桥梁上的敷设。

　　在桥梁上的电缆，应敷设在人行道下设置的电缆沟中或由耐火材料制成的管道中。在人不易接触的地方，可以允许电缆裸露敷设，但应采取措施，避免太阳直接照射。对于悬吊架设的电缆，应使其与桥梁构架之间的净距不小于 0.5m。对于经常受到震动的桥梁，其上面敷设的电缆应有防震措施。在桥墩两端和伸缩缝处，电缆应留有一定的余量。

　　(二) 电缆终端与接头

　　1. 电缆终端和接头制作的准备工作和一般规定
　　(1) 电缆终端和接头制作前的准备工作。
　　①熟悉安装工艺资料。
　　②检查电缆：绝缘良好，不受潮，附件规格与电缆一致，零部件齐全无损伤，

绝缘材料不受潮，密封材料不失效。

③施工用机具应齐全、完好，消耗材料齐备。

（2）电缆终端和接头制作时的一般规定。

①在现场制作电缆终端和接头时，应注意制作现场的环境条件（温度、湿度、尘埃等）。因为，它直接影响着绝缘处理的效果。在室外制作 6kV 及以上电缆终端与接头时，其空气相对湿度宜为 70% 及以下。对塑料绝缘电力电缆，应防止尘埃、杂物落入绝缘内。并应严禁在雾中、雨中施工。

②电缆终端与接头应符合：形式、规格与电缆类型（如电压、芯数、截面、护层结构和环境要求等）一致；结构简单、紧凑，便于安装；材料、部件符合技术要求；主要性能符合现行国家标准的规定。

③采用的附加绝缘材料，除电气性能应满足要求外，还应与电缆本体的绝缘具有相容性。采用的线芯连接金具（连接管与接线端子），其内径应与电缆线芯紧密配合，截面宜为线芯截面的 1.2 ～ 1.5 倍。

④电力电缆的接地线，应采用铜绞线或镀锡铜编织线，其截面积为：电缆截面为 120mm² 及以下时，不应小于 16mm²；电缆截面为 150mm² 及以上时，不应小于 25mm²。

⑤电缆终端与电气装置的连接，应符合有关母线装置中的一些规定。

2.1kV 塑料电缆终端头制作的工艺程序

（1）固定电缆末端。将电缆末端按实际需要留取一定余量的长度，并将其固定在设计图纸所规定的位置上。

（2）剥切电缆护套。在距护套切口 20mm 的铠装上用多 2.mm 的铜线作临时绑扎，然后沿绑扎线靠电缆末端一侧的钢带铠装处圆周环锯 1/2 铠装厚度，再剥除两层铠装。在铠装切口以上，留出 5 ～ 10mm 的塑料带内护层，将其余内护套及黄麻填充物切除。

（3）焊接地线。拆除临时绑扎线，在钢带铠装焊接处除锈镀锡后，将接地线平贴在铠装上，然后用直径 ϕ2.1mm 的铜线将接地线箍扎 5 道，再用电烙铁将绑扎处用锡焊焊固。

（4）套上塑料手套。根据电缆截面，选择相应的塑料手套（又称分支手套）。套塑料手套时，先在手套筒体与电缆套接的外护层部位和手套指端部位的线芯绝缘外，分别包缠塑料胶粘带用作填充，然后再套上塑料手套。在筒体根部和指端外部，分别用塑料胶粘带绕包成橄榄形的防潮锥体，在防潮锥体的最外层，再用塑料粘胶带自下而上地叠绕包，以使手套密封。最后，用汽油将线芯的绝缘表面清洗干净。

（5）安装接线端子。按照接线位置所需的长度，将电缆线芯末端切除，然后进行压（或焊）接线端子，再用塑料胶粘带绕包端部防潮锥。

（6）保护线芯的绝缘。为了保护线芯的绝缘，可采用塑料粘胶带从接线端子至手套指部以半叠包的方式先自上而下，再自下而上来回绕包两层。

（7）标注相位。用相包塑料胶粘带在手套指部防潮锥上端绕包一层，以示相位。其外层可绕一层透明的聚氯乙烯带，以作保护。

（8）做好绝缘测定和相位核对。

（9）将绕包好的三相线芯固定到接线位置上。但应注意，各线芯带电引上部分相与相、相对地的距离，户外终端头必须不小于200mm，户内终端头必须不小于75mm。

（10）将接地线妥善、可靠地接地。

第四章　动静设备安装与防腐绝热工程施工

第一节　动力设备安装工程施工技术

一、锅炉安装前的准备工作简介

为了保证锅炉安装工作有计划、按程序进行，在施工前编制出施工组织设计（或施工方案），严格按照施工组织设计组织施工。

施工单位接到锅炉安装任务后，在技术负责人的主持下，组织有关人员熟悉施工图纸及有关技术资料和规范，同时深入现场进行勘察，了解工程概况、自然条件、土建工程进度、设备到货时间、建设单位的协助能力等。以此为依据，编制施工组织设计，全面规划施工活动。

施工组织设计应包括工程概况、主要施工方法和技术措施、施工进度计划、主要材料、设备、施工机具和劳动力需用量计划、施工现场平面布置图、施工准备工作计划、质量及安全措施等。

施工组织设计批准后，首先应进行施工前的准备工作。现根据锅炉安装的特点，将锅炉安装前主要的准备工作简述如下。

（一）劳动组织及人员配备

合理的劳动组织和管理形式，在锅炉安装工程中，对于提高工作效率，保证工程质量及按时完成工程任务都极为重要。

锅炉安装是一项比较复杂的技术性工作，涉及的工种较多，而且对各工种工人的专业技术水平和操作能力要求较高，因此应配备经过专业训练的技术人员和工人担任安装任务。

行政和技术管理人员的配备及工人作业小组中工种、级别和数量的配备，均应根据工程大小及复杂程度而定。一般中、小型工程应配备工程负责人、工长、技术员、材料员、机械员、质量安全员等并配套管理人员组成精干的管理班子；工人小组可分别组成钳工、管工、起重工、筑炉工、电工等几个小组，也可组成混合小组，人数以 15 人左右为好，平均等级应高于 3.5 级，具体应视工程情况而定。

总之，劳动组织与人员配备应做到合理、精干，既要符合施工进度计划的要求，又要避免人浮于事，造成窝工浪费。

(二) 材料及设备的准备

及时地供应材料和设备，是正常开展锅炉安装工作的必要条件，否则就会因停工待料造成窝工，延误工期，给国家经济造成损失。

安装工程所需的材料、设备，应以施工组织设计中的材料和设备计划及进度计划为准，按照规格、数量分期分批供应。特别是锅炉安装中所需要的特殊材料，如青铅、绸子(棉布)和油类等应提前准备，施工用的加工件和模具，如法兰盘等也提前安排加工，以保证及时供给。临时设施和其他用料，应另列计划单独供应，以便于正确地进行工程成本核算分析和核算。

由建设单位移交给施工单位的所有设备，均应由安装单位会同建设单位及有关人员，根据设备制造厂提供的装箱单，开箱清点检查，并做好记录，进行交接。对于缺件和表面有损坏和锈蚀的设备，要做详细记录，经建设单位通知厂方设法解决。设备验收后应妥善保管，不能入库的大型设备，可采取防雨、防潮措施露天保管。

(三) 施工机具的准备

施工需用的机具，应按所确立的施工方案和技术措施而定。除一般安装工程所常用的施工机械和工具外，对于锅炉安装的专用机具，应提前做好准备。锅炉安装常用的一些主要机具有吊装工具(如卷扬机、手动葫芦、千斤顶等)、胀管工具(如锯管机、磨管机、电动胀管机、FYZ-1 型胀管器、退火用的化铅槽等)、测量工具 [如水准仪、经纬仪、游标卡尺、内径百分表 (0.02)、热电偶温度计、手锤式硬度计等]、安全工具(如排风扇、12V 行灯变压器等)。

对所需用的施工机械和主要工具，均应按计划的需用量加以落实，保证可以随时调入现场。对不常用的起重或运输设备，如吊车、汽车等，也应拟订计划，以便使用时及时调用。

(四) 施工现场准备

施工现场准备工作，是按照施工组织设计中的施工平面布置图进行安装前的现场准备，包括施工用水、电线路的敷设、临时设施的搭设、材料及设备堆放场地的整理、操作场地及操作平台的准备等。

材料及设备仓库准备，对小型材料、工具及设备零配件应在室内库房保管，库内应设有货架，以便入库的材料、工具及配件能分类放置，对一些精密件则可单独存放，备件材料和设备，尽可能在锅炉房内设堆放场，如果没有条件也可露天搭设堆放场，但要尽量靠近锅炉房，并要有防雨、防潮、防火、防盗等措施。

锅炉受热面管的校正平台，可设在距管子堆放场较近的地方，用厚度约12mm的钢板铺设台面，下面垫以型钢或枕木，用水平仪操平后固定，其面积应以能校正最长和最宽的弯管为宜，平台高度以便于操作为宜。

退火炉应避免露天设置，尽量设在靠近锅炉安装处，以便于管子的搬运，附近砌一浓度约30mm的灰池，并装好干燥的石棉灰（或干石类），灰池靠墙设置为好，可搭设管架，以备退火时放管。

打磨管子的机械和工作台，宜靠近锅炉放置，以不影响锅炉安装操作为准，且便于装配管时随时修整管端。附近还应用木架杆搭设管子堆放架，管子打磨后可分类堆放，以待胀管时选用。

施工现场的用水用电，可敷设临时管线，既要满足要求，又要安全可靠，电线不准直接接在钢架上，特别是拉入锅筒内的照明灯，必须用橡皮电缆由行灯变压器接出，电压为12V。

其他生产和生活设施，应按施工组织设计中总平面布置，统筹规划，妥善安排。

二、锅炉钢架和平台安装

（一）安装前的检查和准备

1. 基础验收和放线

锅炉基础一般都是由土建单位施工的。安装单位在安装前，应按照相关验收规范中的有关规定，对锅炉基础进行检查验收。

基础验收时，先进行外观检查，观察基础是否有蜂窝、露石、露筋等缺陷，地脚螺栓预留孔中的模板是否已全部拆除。

待外观检查合格后，按锅炉房平面布置图和锅炉基础图，复测锅炉基础的相对位置及各部分尺寸是否符合设计要求。

锅炉基础尺寸的复测工作，应和放线同时进行。先按照土建确定的基础中心线和基准标高进行初步检查，如果基础正确，则可依此标准放线，如果已超出了图纸要求，则应进行调整，然后再详细画线核对。

放线时应先画出平面位置基准线和标高基准，即先画出纵向基准线、横向基准线和标高基准线3条基准线。画线时，先将已确定的锅炉纵向中心线，从炉前到炉后画在基础上，作为纵向基准线；然后在炉前以前柱中心为准，画一条与纵向基准线的垂直线作为横向基准线，由这两条基准线即可确定锅炉基础的平面位置。锅炉标高基准线，可以土建施工的标高为准，在基础四周选有关的若干地点分别做标记，各标记间的相对偏移不应超过 1mm。

放线工作可先用红铅笔打底，然后再弹出墨线，重要的基线可用红油漆标记在基础上，或标在墙和柱子上，作为整个安装过程中检查测量的依据。

2. 钢架和平台构件的检查及矫正

锅炉钢架是锅炉本体的骨架，起着支承重量并决定锅炉砌体外形尺寸和保护钢墙的作用。其安装质量，直接影响到锅炉本体的安装质量。为保证锅炉钢架的安装质量，必须对钢架各单独构件进行检查。锅炉钢架开箱清点时，应该按照图纸核对规格、件数，并按相应的规定进行检查，检查立柱、横梁、平台、护板等主要部件的数量和外形尺寸，是否有严格锈蚀、裂纹、凹陷和扭曲现象。

对超出允许偏差的变形钢构件，应根据具体情况采取相应的方法进行矫正。常用的矫正方法有冷态矫正、加热矫正和假焊法矫正 3 种。

(1) 冷态矫正可分为机械矫正和手工矫正两种。

机械矫正一般采用型钢调直机，矫直情况易于控制，施力均匀，对材质几乎没有影响，效果比较理想。如果无调直机，也可用千斤顶代替丝杠，以同样的原理进行矫正。在现场缺少调直机械的情况下，也可采用大锤法矫正变形的钢结构，操作时应使锤面与构件平面平行，经大锤捶打矫正后的零件表面不应有凹坑、裂纹等缺陷。

(2) 对变形较大的钢架，宜采用加热法矫正。

变形钢架可在加热锅炉中直接加热，其加热部位和长度应根据弯曲情况确定，加热长度不宜太长，温度不宜超过 800℃（暗樱红色）。

采用的燃料为木炭，也可采用乙炔焰加热，禁止使用含硫、磷过高的燃料。加热矫正时，要防止过热和其他方向的变形。

(3) 假焊法矫正，适用于不重要的小型机构。

它是利用焊接变形的原理来矫正变形的，应由有经验的焊工操作，注意施焊的部位和方向，禁止使用炭精棒施焊，以防止金属表面渗碳。假焊后表面应打光。

(二) 钢架和平台的安装

安装钢架前，先根据测量的标高记录修理基础，将各个安装钢柱的地方凿平，使其达到不高于设计标高 20mm。

钢架的连接方式分螺栓连接和焊接两种，安装时可根据钢架的结构形式和施工现场的施工条件，采用预组合或分件安装方法进行安装。

采用预组合方法安装，是先将锅炉的前后墙或两侧的钢架，预先组装成组合件，然后将各个组合件安装就位，并拼装成完整的钢架。为保证钢架的安装质量，组合件的组装工作，应在预先搭设好的组装平台上进行。组装平台可在周围的地面上用枕木搭设，用水准仪找平，枕木之间用铁耙钉钉牢。组装时，应注意随时校正组合件的尺寸，每调准一件，应随即拧紧螺栓或点焊，待组合件所有尺寸核对无误后进行焊接。若采用可拆卸的螺栓连接时，螺栓端头露出螺母的长度不应大于3～4个丝扣，螺母下面应有垫圈（最多不超过两个），如果支持面是斜面，则应垫以相同斜度的楔形垫圈。

采用分件安装法，就是不进行钢架的预组合，而是将校正好的钢架构件分件安装。此种方法，搬运吊装都比较方便，但调整工作麻烦，且功效和质量均不如预组合安装方法好。安装时应先将主立柱的底板基准基础的中心线就位，同时穿上地脚螺栓，上部用带有花篮螺钉的钢丝绳或钢柱杆拉紧，进行初步调整，然后再用螺栓将横梁装上，并进行终调，每调整好一件即点焊固定。

调整钢架的标高时，先调钢柱底板基础上的位置，使钢柱底板的十字中心线与基础上的十字中心线相重合，然后以标在柱子上的标高基准线为依据，用水准仪或胶管水平仪测量钢柱的标高，对超出允许偏差的钢柱，可用平垫铁和成对斜垫铁进行调整，且每组垫铁不应超过3块。待整个钢架标高全部调整完毕，经复查无误时，将垫铁点焊牢固。严禁用浇灌混凝土的方法代替垫铁。

钢架的全部构件调整完后，应全面进行复查，所有尺寸经核对无误后，可进行焊接，焊接时焊缝的部位和形式应完全符合图纸和焊接技术规范的要求，选有经验的焊工施焊，严防钢架在焊接时因温度过于集中而产生焊接变形。如发现变形，可采用假焊接法进行校正。立柱需与预埋钢筋焊接时，应将钢筋加热弯曲紧靠在立柱上，钢筋长度和焊缝规格均不应低于设计规定，且钢筋转折处不应有损伤。

钢架焊接完成后，可进行二次浇灌。在浇灌前检查地脚螺栓是否铅垂，螺母的垫圈是否齐全，螺栓露出螺母1～2个螺距。浇灌时混凝土标号应高于基础标号，基础表面应清洗干净，捣固密实，并做好养护工作，以保证浇灌质量。待混凝土强度达到要求强度的75%以上后，拧紧地脚螺栓。

平台、扶梯、栏杆等安装工作，在不影响锅筒及管束的安装时，可配合钢架的安装进度尽早进行。安装应牢固、平直、美观，扶手立柱的间距应符合设计要求，当设计无规定时，可选用1～2m，且应均匀，转角处必须加装一根，焊缝应坚固、光滑。在平台、扶梯、托架等构件上，不应任意割切孔洞，必须割切时，在割切后应予以加固。

三、锅筒和集箱的安装

（一）锅筒的检查

锅筒在安装前，应对其加工质量和运输过程中是否有损伤进行严格的检查，以保证安装质量。检查内容及要求如下。（1）检查锅筒内、外表面和短管焊接处，有无裂纹、撞伤、分层等缺陷，管接头、管座、法兰盘、人孔、手孔及内部装置等的数量和质量必须符合图纸要求。（2）核对锅筒外形尺寸，并检查其弯曲度。锅筒应每隔2m测量其内径，并检查椭圆度。锅筒的允许弯曲度为锅筒长度的2/1000，全长不超过15mm；内径偏差要求一般应在 ±3mm 之内，椭圆度为 5~6mm。（3）检查锅筒两端水平和铅垂中心线的标记位置是否正确，如有误差，必要时可根据管孔中心线重新标定或调整。锅筒两端水平和铅垂中心线的标记，在锅炉出厂前由生产厂标定，生产厂在加工过程中，用样冲子在中心线位置冲上眼，作为标记。若因油漆覆盖看不清标记时，可用刮刀刮掉油漆，即可找见标记。如果锅筒上未打有横向中心线标记时，应按纵向管排的管孔划出。（4）胀接管孔表面粗糙度达到12.5μm，且表面不应有凹痕、边缘毛刺和纵向沟纹；环向或螺旋形沟纹的深度不应大于0.5mm，宽度不应大于1mm，沟纹至管孔边缘距离不应小于4mm（至内、外边缘）。

以上各项检查工作均需做好记录，特别是管孔的检查，应按照上、下筒图纸，画出管孔平面图，并分排编号，或列表登记，将测量数据记录在图纸上的管孔内或记录表中。对超过允许偏差的，应进行数据统计，并与有关单位研究处理方案，处理结果应有记录。

（二）锅筒的安装

1. 锅筒支承物的安装

不同型号的锅炉，锅筒支承形式也不相同。现在小型工业锅炉，多为上、下两个锅筒，下锅筒常由支座支承，上锅筒则是由管束及钢架来支承，或采用吊环吊挂。

下锅筒的支座，有固定支座和滑动支座之分，安装方法同其他设备安装不一样，根据图纸要求，按锅筒的安装中心线及标高基准线找平、找正。安装时，支座的标高应考虑到锅筒支座之间所垫石棉绳的厚度，滑动支座内的零件，在装入前应检查清洗，安装时不得遗漏，支座滚子应上、下接触良好，保证一定的间隙，并留出膨胀量。

如果锅筒采用吊环吊挂时，应对吊环螺钉和吊架弹簧的质量进行检查，吊环应与锅筒外圆吻合，接触良好，其局部间隙不得大于1mm。

靠管束支承的锅筒，应放在临时性的支架上加以固定，以便于进行锅筒的调整工作。临时支架的立柱可用钢管制作，其他可用型钢制作，上部用方木横搭在钢架上，在锅筒的两侧垫以木楔临时支承锅筒。

无论何种形式的支承物，均应坚固牢靠，必须保证锅筒的稳定，在胀管过程中不致引起锅筒的移动。安装完毕拆除临时支架时，不得用锤敲打，不得使锅筒振动，防止因锅筒的摇动使胀口松动。

2. 锅筒的运输和吊装

锅筒由堆放场运至安装地点时，应先将锅筒放在木排（木船）上，木排下放入滚杠，地面上加铺木板，然后用卷扬机或绞磨将木排连同锅筒一起拖入锅炉房。

锅筒的吊装工作，按施工组织设计确定的吊装方案进行施工。通常吊装方案应根据现场的施工条件确定。在小型锅炉房内，一般不便使用吊车，常使用桅杆和手动葫芦（倒链）进行吊装。

锅筒在起吊和搬运时，严禁将绳索穿过管孔，不得使短管受力，也不得用大锤敲击锅筒。锅筒的绑扎位置不应妨碍锅筒就位，绑扎要牢固可靠，在绑扎钢丝绳的地方垫以木板，防止钢丝绳滑动损坏锅筒。锅筒在吊装前应进行试吊，经检查无异常现象时方可起吊。起吊过程中要做到平稳可靠，不得与钢架碰撞，锅炉有两个或两个以上锅筒时，锅筒吊装顺序可视锅炉结构和现场条件而定，只要不妨碍施工，先吊装上锅筒或下锅筒均可。

3. 锅筒的调整找正

锅筒安装位置的正确与否，直接影响着锅炉排管的安装质量，锅筒微小的位置差错，都会严重影响胀管的质量，因而降低锅炉的使用寿命。因此，必须对锅筒安装进行仔细认真的调整找正。

四、受热面管束的安装

（一）管子的检查与校正

锅炉的受热面管子，在制造厂已按规格和数量煨制好，随设备运到施工现场。由于运输装卸、保管不善等原因，可能出现管子变形、损伤和缺件等现象，因此在安装前必须进行清点、检查和校正工作。

管子的检查内容及质量要求如下。（1）管子外表面不应有重皮、裂纹、压扁和严重锈蚀等缺陷，当管子表面有沟纹、麻点等其他缺陷时，缺陷深度不应使管壁厚度小于公称壁厚的90%。（2）管子胀接端的外径偏差：公称直径为32~40mm的管子，不应超过 ±0.45mm；公称外径为51~108mm的管子，不应超过公称外径的

±1%。（3）直管的弯曲度每米不应超过 1mm，全长不应超过 3mm；长度偏差不应超过 ±3mm。（4）锅炉本体受热面管子应做通球试验，需要矫正的管子的通球试验应在矫正后进行。试验用的光球一般应用钢制或木制球，不应采用铅等易产生塑性变形的材料制成的球。

校验管子尺寸和弯曲度的方法，可利用的样管是在锅筒及集箱安装完毕，选各种型号管子进行试装配，当各部尺寸及弯曲度都正确时，即可作为样板来检查其余的同一型号的管子。用这种方法检查管子比较简单，但不够准确，且需在锅筒和集箱安装调整后进行，因此，此法不常采用。通常多采用校验平台进行校验。

检验管子所使用的平台，是用钢板搭设的平整的水平金属平台。检验前，先按照锅炉制造厂提供的锅炉本体图，将锅筒及弯曲管的侧截面图按实际尺寸绘制在平台上，并沿绘出线打上样冲眼，以保持图样长久。在管样图的适当位置焊上小角铁或扁钢短夹板，其距离在靠近锅筒处应与管孔直径相同，直管段处的变形范围应符合相应的规定。

（二）胀管工作

锅炉的水冷壁管和对流管束与锅筒和集箱的连接，常采用焊接进行连接。一般工业锅炉，管子或锅炉的连接多采用胀接，与集箱的连接多采用焊接。

1. 胀管原理和胀管器

（1）胀管原理。

胀接是将管端插入锅筒的管孔内，用胀管器使管端扩大，利用管子的塑性变形和锅筒管孔的弹性变形，使管子和锅筒紧密地连接起来。

锅筒的管孔比管子外径大，当管端伸入管孔时，管子与管孔间有一定的间隙，胀管器插入管端后，转动胀杆，随着胀杆的深入，胀珠便对管端内壁施加径向压力，使管径渐渐扩大产生变形。由于孔壁的阻碍，管子扩大到与管孔壁接触后，如继续施加压力，则管壁被压变薄，产生塑性（永久）变形，与管孔形成严密无间的接口。

管孔壁受力后只产生弹性变形，在撤出胀管器后，管孔壁回弹收缩，使胀口更加牢固。胀接口的严密性与许多因素有关：胀管的扩张程度、管子与管孔壁之间的间隙数值、接触表面的状况、胀管的方法及胀管器的质量、操作者的技术水平和熟练程度等。为了保证胀管的质量。对于上述各种因素都应加以重视。

（2）胀管器

进行胀管工作的工具是胀管器。根据胀杆的推进方式，胀管器可分为螺旋式和自进式两种；根据胀杆推动力的来源，也可分为手动胀管器和机械胀管器两种。目前常用的胀管器为手动自进式胀管器。

自进式胀管器分为初胀胀管器和翻边胀管器两种。初胀胀管器又称为固定胀管器，是用来将管子固定在锅筒上的，称作挂管；翻边胀管器用于复胀，并将管端翻边，完成胀管工作。

初胀胀管器和翻边胀管器的结构大致相同，只是后者多了一个翻边胀珠。在胀管器外壳上，沿圆周方向每相隔120°有一个胀珠巢，每个巢内放置一个胀珠（或连同翻边胀珠）。胀杆和胀珠均为锥形，胀杆的锥度为 1/20 ~ 1/25，胀珠的锥度为胀杆的一半，因此在胀接过程中，胀珠与管子内壁接触线总是与管子轴线平等，管子呈圆柱状扩张，不会有锥形出现。翻边胀珠与管子的锥度较大，能使管口翻边后形成12° ~ 15°的斜角。

在自进式胀管器中，胀珠巢的中心线与外壳的中心线之间有一夹角，因此，胀珠与胀杆中心线之间也产生一夹角，当胀杆压紧胀珠使胀珠与管壁和胀杆具有一定摩擦力时，旋转胀杆就能自己开始"进入"，并且自动向前推进而不需要施于其上的径向外力。由于胀杆自己推进，胀管过程中胀珠压力的增长是逐渐的、均匀的和不间断的，因而这种胀管器的胀接质量良好，加上其结构简单、使用方便，因此得到广泛的应用。

为保证胀接质量，胀管器在使用之前应进行严格的检查。首先胀管器的适用范围应能满足管子终胀内径的要求；胀杆和胀珠不得弯曲，且圆锥度应相配（即胀珠的圆锥度为胀杆的一半）；各胀珠的巢孔斜度应相等，底面应在同一截面上；各胀珠在巢孔中的间隙不得过大，其轴向间隙应小于2mm，翻边胀珠与直胀珠串联时，该轴向间隙应小于1mm；胀珠不得自巢孔中向外掉出，并且当胀杆放入至最大限度时，胀珠应能自由转动。

胀管器在使用时，胀杆和胀珠上要抹适量的黄油，并在每胀15 ~ 20个胀口后，用煤油清洗一次，重新加黄油后使用，但应防止黄油流入管子与管孔之间。

2. 胀管的准备工作

（1）管端退火。

胀管工作是将管端在锅筒管孔内冷态扩张。为保证管端有良好的塑性，防止胀管时产生裂纹，在胀管前管端进行退火。退火工作一般应在锅炉制造厂进行，在出厂证明书中应有明确的记载。无明确记载者，一般采用抽样试胀法进行检查，根据试胀结果决定是否需要退火。另外可通过硬度试验来确定是否需要退火，当管端的硬度大于170HB时或不小于管孔壁的硬度时，必须进行退火。

管端退火可采用炉内直接加热法或铅浴法。目前多采用铅浴法，因这种方法加热均匀，温度稳定，操作方法简单且容易掌握。由于铅熔化后产生的气体对人身健康有害，目前逐步推广电加热（包括红外线）的热处理技术。

采用铅浴法退火时，先做一个长方形的化铅槽，槽深约400mm，槽底面积可根据每次插入槽内的管子根数决定。槽内一角上方可焊一短管，用作插热电偶温度计。化铅槽要用较厚的钢板焊制，槽底的厚度一般不小于12mm，以保证能在灼热状态下承受铅液和管子的全部质量，防止产生严重变形和破裂。退火时，将化铅槽放在地炉上加热，用热电偶温度计测温，使温度控制在600～650℃范围内，严禁加热至700℃。无热电偶温度计时，可用铝导线插入铅液内检查温度，待铝导线熔化时，证明铅液温度已达到658℃。退火长度应为100～150mm，因此铅液的深度要经常保证在150mm左右，表面盖上一层10～20mm厚的煤灰或石棉灰，这样既可起到保温作用，又可防止铅液氧化和飞溅。管子在退火前，应将管端内外脏物清理干净并保持干燥，另一端应用木塞塞紧，防止空气在管内流动而影响退火质量。管端插入槽内要垂直于槽底，并有秩序地排列，另一端要稳定地放在预先制备好的管架上。加热时间为10～15min。管端从铅槽内取出后应立即插入干燥的石灰或石棉灰中，缓慢地冷却降温，当降至常温后即可分类堆放。退火应在正常环境下进行，严禁在有风、雨、雪的露天条件下工作。

（2）管端与管孔的清洗。

管子的胀接端退火后，表面上的氧化层、锈点、斑痕、纵向沟纹等，在胀管前应打磨干净，直至发出金属光泽。打磨长度应比锅筒厚度长出约50mm。打磨后管壁厚度不应小于规定壁厚的90%，表面不得有纵向沟纹。手工打磨管子时，先将管子夹在龙门压力钳上，为避免夹伤管子，可在管子表面包以破布。用中粗平锉沿圆弧形走向打磨，将管端表面的锈层、斑点、沟纹等锉掉，然后再用细平锉将遗留下的小点锉掉，最后用细砂布沿圆弧方向精磨，使管端表面全部露出金属光泽。

机械打磨管端时，将管端插入由电动机带动的打磨机磨盘内，磨盘上有3块砂轮块，由机械夹持固定管子，当磨盘转动时因离心力的作用使配重块向外运动，迫使砂轮块紧靠在管子上打磨管子。停车后，由于离心力的消失，在弹簧拉力作用下使砂轮块离开管子。操作人员根据经验随时停车检查打磨程度，认为合格后即可取出管子。尚存的小斑点，人工用细平锉锉掉，并用细砂布精磨，直至发出金属光泽。机械打磨省力、效率高，但应严格要求打磨程度，并注意人身安全，磨盘外应加防护罩，以免砂轮块飞出伤人。为了便于控制启动和停车，宜采用脚踏式开关。

经过打磨的管端表面仍要保持圆形，不得有小棱角和纵向沟纹。打磨管子时，在保证磨出金属光泽的条件下，应尽量减少管子的打磨量，以保证管壁的厚度不小于规定数值。管端内壁75～100mm长度范围内，需用钢丝刷或刮刀将毛刺、锈层、铅迹等污物刷刮干净，以免沾污胀管器而加速磨损。打磨后的光洁管端应用牛皮纸包裹，严防生锈，应尽早安装。

锅筒和集箱上的管孔，在胀管前应先擦去防锈油和污垢，然后用砂布沿圆周方向将毛刺和铁锈擦掉，并打磨出金属光泽。如有纵向或螺旋形沟纹，可用刮刀按圆弧走向刮掉，但应保证不出现椭圆、锥形等现象。用时应检查管孔是否符合规范规定的质量标准。

（3）管子和管孔的选配。

为了提高胀管的质量，管子与管孔间的间隙，应根据不同管外径选配相适应的管孔，使全部管子与管孔间的间隙都比较均匀。选配前，先用游标卡尺测量打磨过的管端外径和内径，并列表登记，与管孔图上的数据进行比较。选配时，将较大外径的管端与相应管排中的较大管孔相配。这样胀管的扩大程度就相差不大，便于控制胀管率，保证胀管的质量。

管子胀接端与管孔间的间隙，一般不宜超过以下数值：管子外径为 32 ~ 42mm 的管，间隙为 1.0mm；外径 51 ~ 60mm 的管为 1.2mm；外径 76mm 的管为 1.5mm；外径 89mm 的管为 1.8mm；外径 108mm 的管为 2.0mm。

3. 胀管

（1）固定胀接。

将管子用初胀胀管器初步固定在锅筒上，称为固定胀管，又叫作挂管或初胀。为了使挂管工作顺利进行，保证对流管束安装整齐，在大量炉管安装前，应在上、下锅筒的两端部，各紧固一列管束，这两列管束的管子间距、垂直度、伸入锅筒内的长度等，均应在允差范围之内，以此作为整台锅炉对流管束胀管安装的基准管。

管子在插入管孔前，应将管孔内的油污、脏污，用蘸过汽油的棉纱或白布擦抹干净，管子的胀接端可用砂布打磨并用抹布擦净。

管子胀接端伸入管孔时，应能自由伸入，当发现有卡住或偏斜现象时，应校正后再装。如锅炉配的管子太长，可将长出部分锯掉，但锯口面与管子轴心线应垂直，且倾斜度不应大于管外径的 2%。每挂一根管都要进行试装、测量和锯断，不得以一根管为样板将同类管子一次锯完，以免因锅筒安装不准或曲率不同等因素，使管子伸入管孔的长度不一致，甚至超出规定偏差而报废。

挂管时应先挂中间排，后挂两侧排，上、下锅筒内胀管工人应相互配合，锅筒外要有专人负责找正、指挥及观察胀管程度，使管子排列整齐，纵横成直线，伸进上下锅筒的长度应一致。隔火墙两边的管子应更加严格注意间距和直线排列，以免给砌筑隔火墙造成困难。每根管子均应按选配时的编号与相应的管孔装配，将管子上端先插入管孔，然后在不加外力的情况下将下端插入管孔，调整排管的间距、排列和伸入锅筒的长度。间距和直线排列的调整，可采用拉线法（以基准排管为准）和木制梳形槽板进行调整。为保证伸入上下锅筒管子的长度相等，避免胀管时管子向下窜动，待上、下锅筒内的操作人员调整好管子的长度时，锅筒外的人可用特制的扁钢卡具将管子夹紧，托放在下锅筒上。

固定胀管时，先固定上端，后固定下端。将固定胀管器插入管内，其插入深度应使胀壳上端与管端距离保持 10～20mm，然后推进并转动胀杆，使管子扩大，待管子与管孔间的间隙消失后，再扩大 0.2～0.3mm，管子便可固定。胀管程度的控制，常根据操作人员的经验，按用力大小或外观观察，以判断是否符合要求。如果缺少经验，可由锅筒外的人员用游标卡尺测量管外径，与管孔相比较以取得经验。

（2）翻边胀管。

翻边胀管又称复胀，是固定胀管完成后，将管子进一步扩大并翻边，使其与管孔紧密结合。这是锅炉安装中最为关键的一道工序，它关系整个锅炉的安装质量和使用寿命，因此应特别加以重视。复胀工作要在固定胀管完成后尽快进行，避免因间隙生锈而影响胀接质量。胀管时的环境温度应在 0℃以上，以防温度过低而脆裂。

（3）受热面管子的焊接。

管子的对接焊缝应在管子的直线部分，焊缝到弯曲点的距离，不应小于 50mm，同一根管子上的两焊缝间距不应小于 300mm；长度不大于 2m 的管子，焊接不应多于一个；大于 2m 不大于 4m 的管子，焊接不能多于 2 个；大于 4m 不大于 6m 的管子，焊接不应多于 3 个。依此类推。

第二节　静置设备安装工程施工技术

一、金属储油罐的种类和特点

金属储油罐在石油化工储存石油和石油产品及其他液体化学产品中的应用越来越广泛，它与非金属储油罐比较具备以下优点：①结构简单，施工方便；②运行、检修方便，劳动、卫生条件好；③不易泄漏；④与混凝土储油罐相比，加热温度一般不受限制；⑤投资小；⑥灭火条件较同容量的混凝土储油罐好；⑦占地面积小。

缺点是热损失较大，金属耗费较多。

由于金属储油罐储存的介质种类很多，对储存条件的要求也多样化，因此到目前为止，出现了很多类型的金属储油罐。

金属储油罐的形式是金属储油罐设计必须首先考虑的问题，它必须满足给定的工艺要求，根据场地条件（环境温度、雪载荷、风载荷、地震载荷、地基条件等）、储存介质的性质、容量大小、操作条件、设置位置、施工方便程度、造价、耗钢量等有关因素来决定。金属储油罐通常按几何形状和结构形式可分为固定顶储油罐、浮顶储油罐、悬链式无力矩储油罐、套顶储油罐。

金属储油罐由罐体（罐体由罐底、罐壁、罐顶组成，包括内部附件）、附件（指焊到罐体上的固定件，如梯子、平台等）、配件（指与罐体连接的可拆部件，如安装在罐体上的液面测控计量设备、消防设施），以及有关防雷、防静电、防安全措施等组成。

（一）固定顶储油罐

1. 锥顶储油罐

锥顶储油罐又可分为自支承锥顶罐和支承式锥顶罐两种。

自支承锥顶罐的罐顶是一种形状接近于正圆锥体表面的罐顶，锥顶载荷靠锥顶板周边支承于罐壁上。

锥顶储油罐的罐顶是一种形状接近于正锥体表面的罐顶。罐顶载荷主要由梁和柱上的檩条或置于有支柱或无支柱的桁架上的檩条来承担，一般用在容量大于1000m³的金属储油罐。梁柱式锥顶罐不适用于会有不均匀下沉的地基上或地震载荷较大的地区。

锥顶储油罐与相同容量的拱顶储油罐相比，可以设计成气体空间较小的小坡度锥顶，"小呼吸"时损耗少，锥顶制造和施工较容易，但耗钢较多。目前自支承式锥顶罐（中、小型罐）在我国设计建造中的应用越来越多，在锥顶上操作（罐顶坡度小）比在拱顶上操作安全，国外在石油化工产品的储存方面采用锥顶储油罐较多。

2. 拱顶储油罐

拱顶储油罐可分为自支承拱顶罐和支承式拱顶罐两种。

自支承拱顶罐的罐顶是一种形状接近于球形表面的罐顶，它是由4~6mm的薄钢板和加强筋（通常用扁钢）组成的球形薄壳。拱顶载荷靠拱顶板周边支承于罐壁上。支承式拱顶是一种形状接近于球形表面的罐顶，拱顶载荷主要靠罐顶桁架支承于罐壁上。拱顶储油罐是我国石油和化工部门广泛采用的一种金属储油罐结构形式。拱顶储油罐与相同容量的锥顶储油罐相比较耗钢量少，能承受较高的剩余压力，有利于减少储液蒸发损耗，但罐顶的制造施工较复杂。

3. 自支承伞形储油罐

自支承伞形储油罐的罐顶是一种修正的拱形罐顶，其任何水平截面都具有规则的多角形，它和罐顶板数有同样多的棱边，罐顶载荷靠拱顶板支承于罐壁上，因此是自支承拱顶的变种。伞形罐顶是锥形顶和拱形顶之间的一种折中结构形式，伞形罐顶的强度接近于拱形顶，但安装较容易，因为罐顶板仅在一个方向弯曲。

（二）浮顶储油罐

1. 普通浮顶储油罐

普通浮顶储油罐的浮顶是一个漂浮在储液表面上的浮动顶盖，随着储液液面上下浮动。浮顶与罐壁之间有一个环形空间，在这个环形空间中有密封元件，使得环形空间中的储液与大气隔开，浮顶和环形空间中的密封元件一起形成了储液表面上的覆盖层，使得罐内的储液与大气完全隔开，从而大大减少了储液在储存过程中的蒸发损失，而且还可以保证安全，减少大气污染。采用普通浮顶储油罐储存油品时与固定顶储油罐相比可减少油品损失 80% 左右。

普通浮顶储油罐浮顶的形式很多，如单盘式浮顶罐、双盘式浮顶罐、浮子式浮顶罐等。

（1）双盘式浮顶罐。从强度来看，双盘式浮顶罐是安全的，并且上下顶板之间的空气层有隔热作用。为了减少对浮顶的热辐射，降低油品的蒸发损失，以及由于构造上的原因，我国普通浮顶储油罐系列中有容量为 $1000m^3$、$2000m^3$、$3000m^3$、$5000m^3$ 四种，普通浮顶汽油罐采用双盘式浮顶。双盘式浮顶材料消耗和造价都较高，不如单盘式浮顶经济。

（2）单盘式浮顶罐。考虑到经济合理性，容量为 $10000 \sim 50000m^3$ 的普通浮顶储油罐采用单盘式浮顶。普通浮顶储油罐容量越大，浮盘强度的校核计算越要严格。

（3）浮子式浮顶。主要用于较大容量的金属储油罐（如 $100000m^3$ 以上），一般情况下，金属储油罐容量越大，这种形式越省料。

综上所述，普通浮顶储油罐因无气相存在，几乎没有蒸发损耗，只有周围密封处的泄漏损耗。罐内没有危险性混合气存在，不易发生火灾，故与固定顶储油罐比较，主要有蒸发损耗少、火灾危险性小和不易被腐蚀等优点。在一般情况下，原油、汽油、溶剂油及重整原料油，以及需控制蒸发损失及大气污染、控制放出不良气体、有着火危险的产品都可采用普通浮顶储油罐。

2. 内浮顶储油罐

美国石油学会（API）定义内浮盘为钢盘的浮顶储油罐为"带盖的浮顶储油罐"，而把内浮盘为铝或非金属盘的浮顶储油罐称为"内浮顶储油罐"，我国均统称为"内浮顶储油罐"。

内浮顶储油罐是在固定顶储油罐内部再加上一个浮动顶盖的新型金属储油罐，主要由罐体、内浮盘、密封装置、导向和防转装置、静电导线、通气孔、高液位警报器等组成。

内浮顶储油罐与普通浮顶储油罐储液的收发过程是一样的，但内浮顶储油罐不是固定顶储油罐和普通浮顶储油罐结构的简单叠加，它具有独特的优点。概括起来，内浮顶储油罐与固定顶储油罐比较有以下优点：（1）大量减少蒸发损失，内浮盘漂浮于液面上，使液面上无蒸发空间，可减少蒸发损失85%～90%；（2）由于液面上有内浮盘的覆盖，使储液与空气隔开，故大大减少了空气污染，减少了着火爆炸的危险，易于保证储液的质量，特别适用于储存高级汽油和喷气燃料，亦适合储存有毒的石油化工产品；（3）由于液面上没有气体空间，故减轻了罐顶和罐壁的腐蚀，从而延长了金属储油罐的寿命，特别是对于储存腐蚀性较强的储液，效果更为显著；（4）在结构上可取消呼吸阀、喷淋等设备，并能节约大量冷却水；（5）易于将已建拱顶储油罐改造为内浮顶储油罐，投资少，见效快。

虽然在有些情况下可以采用普通浮顶储油罐来代替拱顶储油罐，但内浮顶储油罐与普通浮顶储油罐比较仍具有以下优点。（1）因上部有固定顶，能有效地防止风沙、雨雪或灰尘污染储液，在各种气候条件下都能正常操作，在寒冷多雪、风沙较盛及炎热多雨地区，储存高级汽油喷气燃料等严禁污染的储液特别有利。可以绝对保证储液的质量，有"全天候金属储油罐"之称。（2）在密封相同的情况下与普通浮顶储油罐相比，可以进一步降低蒸发损耗，这是由于固定顶盖的遮挡以及固定顶盖与内浮盖之间的空气层比双盘式浮顶具有更为显著的隔热效果。（3）由于内浮顶储油罐的浮盘不像普通浮顶储油罐那样上部是敞开的，因此不可能有雨雪载荷，浮盘上负荷小、结构简单、轻便，同时在金属储油罐构造上可以省去中央排水管、转动浮梯、挡雨板等，易于施工和维护。密封部分的材料可以避免由于日光照射而老化。（4）节省钢材。容量在10000m³以下的金属储油罐，内浮顶储油罐要比普通浮顶储油罐的耗钢量少。

（三）悬链式无力矩储油罐

悬链式无力矩储油罐是根据悬链曲线理论，用薄钢板制造的顶盖和中心柱组成。无力矩顶盖的一端支承在中心柱顶部的伞形罩上，另一端支承在圆周装有包边角钢或刚性环上形成一悬链曲线。在这种曲线下，钢板仅在拉力作用下工作，不出现弯曲力矩，钢材得到充分利用，从而可节省钢材，钢材耗量比拱顶储油罐要少15%左右。这种金属储油罐的另一优点是对降低储液蒸发损耗有利和安装方便，但近年建造的较少，因为悬链式无力矩储油罐（特别是大容量的）有以下缺点：1.顶板大且薄，有弧垂，易积雨水腐蚀顶板，且量液操作行走不便；2.罐内气体腐蚀顶板，板薄易穿孔，人上罐顶有发生人身事故的危险；3.装有呼吸阀的金属储油罐白天与黑夜温度变化较大，罐内压力发生变化，特别是夏天顶板易反复发生凹凸现象，易疲劳破裂；4.结构的抗震性差。

悬链式无力矩储油罐的使用情况，在我国也因地区和油品的腐蚀性不同而有区别。如北方大庆地区由于地基条件好，油品腐蚀性较小，雨量少且较干燥，使用良好；但在南方广东茂名地区，由于油品腐蚀性较大，且高温、多雨、潮湿，顶板寿命很短。

（四）套顶储油罐

套顶储油罐是一种可变化气体空间的金属储油罐，可减少蒸发损耗。常采用的有湿式升降顶储油罐和干式升降顶储油罐两种。湿式升降顶储油罐用的密封液为水、轻油或其他非冻液，顶的升降范围为 1.2 ~ 3.0m，或更大一些。干式升降顶储油罐承压能力一般为 900 ~ 2300Pa。还有一种顶部带有挠性薄膜储气囊的升降顶储油罐。

二、金属储油罐的安装施工方法

（一）正装法

正装法的特点就是把钢板从罐底部一直到顶部逐块安装起来。它在浮顶储油罐的施工安装中用得较多，即所谓"充水正装法"。它的安装顺序是在罐底及第二层圈板安装后，开始在罐内安装浮顶、临时的支承腿。为了加强排水，罐顶中心要比周边浮筒低，浮顶安装好以后，装上水，除去支承腿，浮顶即作为安装操作平台，每安装一层后，将水上升到下一层工作面，继续进行安装。提前充水和渐渐地增加水量，目的是让罐底下的土壤慢慢地沉降，这种方法比罐建成后再充水试验节约时间。

（二）倒装法

倒装法就是先从罐顶开始从上往下安装，将罐顶和上层第 I 罐圈在地面上装配、焊好之后，将第 II 罐圈钢板围在第 I 罐圈的外围，以第 I 罐圈为胎具，对中、点焊成圆圈后，将第 I 罐圈及罐顶盖部分，整体起吊至第 I、II 罐圈相搭接的位置（留下搭接压边，且不要脱边）停下点焊，然后再焊死环焊缝。按同样方法，把第 III 罐圈钢板围在第 II 罐圈的外围，对中、点焊成圆圈后，再将已焊好的罐顶和第 I、II 罐圈部分整体起吊至第 II、III 罐圈相搭接的位置停下，压边点焊并焊死环向焊缝。如此一层层罐圈继续接高，直到罐下部最后一层罐圈拼接后，与罐底板以角接缝焊死。近几年来，我国已成功地采用了气吹倒装施工法，并用于大型拱顶储油罐及浮顶储油罐的施工安装中。气吹倒装施工法是先组装拱形罐顶，并进行下一层围板作业，将罐四周所有缝隙分别用胶皮板密封。启动离心式鼓风机，使罐体浮升。当罐体上升到要求高度时，控制风门闸板，使风机鼓入罐内的空气流量和罐内往外泄漏的空气流量相等，保持罐体不动，预先布置在罐周围的铆工和电焊工立即进行环缝的组对和点焊。全罐的环缝点焊完毕后，停止进风，进行下一层围板的焊接。

（三）卷装法

卷装法就是将罐体先预制成整幅钢板，然后用胎具将其卷成卷筒再运至金属储油罐基础。将卷筒竖起来，展开成罐体，装上顶盖，封闭安装缝而建成。

（四）优缺点比较

对于固定顶储油罐的安装，正装法由于是把钢板从金属储油罐底部一直到顶部逐块安装起来的，因此它存在较多的缺点。例如，高空作业量大，要有脚手架的装卸工序，增加了辅助工时；钢板要吊到高空去安装，不仅操作不方便、不易保证质量、费时间，同时薄钢板悬在高空中还易变形；工序限制很死，作业面窄，各工种互相制约，造成安装工序烦琐，施工速度很慢，也不安全。所以正装法在施工安装固定顶储油罐中很少采用（除非对金属储油罐各圈罐壁要求对接焊时）。

倒装法的实现，是由于充分利用了金属储油罐施工本身所具有的下列特点：1. 金属储油罐外形规整，可以分段吊装；2. 金属储油罐的高度和直径相差不大，起吊时不会造成过分晃动。

倒装法比起正装法来，最显著的优点是把大量的高空作业变成低空作业，这样，不仅减少了有关脚手架的工序及原材料的消耗，且由于低空拼焊操作方便，质量易于保证，加快了安装速度。同时，每拼装成一圈之后再起吊，比起逐块起吊就减少了起吊次数，且每次是起吊一个罐圈的高度，所以每次起吊的高度也变小了。

此外，倒装法施工中，可将各层罐圈的拼装与焊接工序分开，扩大了施工作业面，各工种可混合使用，减少了各工种互相制约的现象。因此，节约了劳动力，大大缩短了施工周期。

卷装法充分利用了金属储油罐壁薄容易变形，且罐身为圆筒形，刚好与卷筒变形规律相符的这些内在条件。在卷装施工中，由于拼焊工作都在地平面上进行，故可采用自动焊接，以提高速度和质量，同时整体竖装还可以大大加快安装的速度。

对浮顶储油罐的安装，充水正装施工方法国内采用较为普遍，颇受欢迎。因为在有水源的条件下，充水正装法是一种较好的、稳妥可靠的施工方法，它具有以下优点：1. 施工时罐壁和浮顶的受力状态与使用时的受力状态基本上是一样的，因而不会在施工过程中影响罐体；2. 整个充水正装的施工过程，是对金属储油罐基础逐步增加载荷的过程，也是对金属储油罐各部分的检验过程，比较易于保证质量；3. 施工用料较少；虽然高空作业较多，但罐内可以在浮船上操作；罐外吊篮较宽，外侧有栏杆，内侧靠罐壁，只要吊篮各部分牢固可靠，还是较安全的。

第三节　防腐蚀与绝热工程施工技术

一、管道防腐

（一）油漆简介

油漆是指涂刷于物体表面后，能最后形成一种固着于物体表面、对物体起装饰与保护等作用的工程材料。由于过去涂刷所使用的涂料都是以植物油和天然树脂为主要原料的，故有"油漆"之称。

油漆实际上也是一种有机高分子胶体混合物的溶液或粉末，涂于物体表面上，能形成一层附着坚固的涂膜，这层涂膜首先使被涂物件的表面与周围的阳光、空气、水分及各种腐蚀性物质等隔绝起来，起到一种封闭作用，因此，又叫涂料。

涂料对金属材料的保护性所起的作用是极为重要的，因为金属材料制作的物件大多数是暴露在阳光下、空气中或埋在地下的，这样就会受到大气中所含的水分、气体、微生物、紫外线和地下水等的侵蚀而逐渐被毁坏。因此，需要通过涂料的保护作用延长其使用寿命。

（二）涂料的组成、分类

1.涂料的组成

涂料由主要成膜物质、次要成膜物质和辅助成膜物质等组成。涂料的组成成分按其性能和形态，可分为油料、树脂、颜料、稀料、催干剂及其他辅助材料。

2.涂料的分类

我国目前有近百种标准型号的涂料及众多的辅助涂料。按组成形态分类，有清漆、色漆、调和漆等；按施工方式分类，有喷漆、烘漆、抄白漆、色漆、罩光漆和揩漆等；按涂料的作用分类，有防锈漆、底漆、耐高温漆、耐腐蚀性漆等；按使用对象分类，有汽车磁漆，冰箱漆等；按漆膜的外表颜色及光泽分类，有大红漆、黄漆、天蓝漆、透明漆、不透明漆等。但没有统一的分类标准，这些分类方法不能使人明确涂料的真正成分，因而对其性能及调配方法等问题表达不清，给使用者带来不便。为了克服以上缺陷，使使用者能更容易地了解各种涂料的性能、用途，便于对涂料的鉴定及保管，为此，我国化工行业对涂料的分类做了统一规定，制定了以涂料基料中主要成膜物质为基础的分类原则。若主要成膜物质由两种以上的树脂混合组成，则以在成膜物质中起决定作用的一种树脂为基础作为分类的依据。

（三）管道涂漆的一般规定

涂漆施工一般应在管道试压合格后进行。未经试压的大口径钢板卷管如需涂漆应留出焊缝部位及有关标记。管道安装后不易涂漆的部位，应预先涂漆。涂漆的种类、层数、颜色、标记等应符合设计要求和《工业设备、管道防腐蚀工程施工及验收规范》的规定，并参照涂料产品说明书进行施工。一般应用防锈漆打底，调和漆罩面。涂料应有制造厂合格证明书，过期的涂料必须重新检验，确认合格后方可使用。用多种油漆调和配料时，应注意性能适应、配比适当、搅拌均匀，并稀释至适宜稠度，不得有漆皮等杂物。调成的漆料应及时使用，余料应密封保存。

涂漆前应清除被涂表面的铁锈、焊渣、毛刺、油脂、泥沙、水分等污物。有色金属、不锈钢、镀锌钢管和铝皮、镀锌铁皮等一般不宜涂漆。涂漆施工宜在 5～40℃ 的环境温度下进行，并应有防火、防冻、防雨措施。现场施工一般是任其自然干燥，多层涂刷的前后间隔时间，应保证漆膜干燥、涂层未经充分干燥，不得进行下一工序的施工。管道涂漆可采用刷涂或喷涂法施工，但应保证涂层均匀，不得漏涂，色环要求间距均匀，宽度一致。

涂层质量合格标准如下：1.涂层均匀，颜色一致；2.漆膜附着牢固，无剥落、皱纹、气泡、针孔等缺陷；3.涂层完整、无损坏、无漏涂。

（四）涂刷油漆的方法

1.表面清理

通常金属制品表面上总是含有各种杂物，如金属氧化物、油脂、尘土及各种污物等。这些杂物的存在，会影响油漆层与金属表面的结合，因此金属制品在涂刷油漆前应该去掉这些杂物。表面清理常用的方法有机械法清理和化学法清理。

（1）机械法清。

可分为人工除锈、除锈机除锈和喷砂除锈 3 种，施工时可根据施工条件选用。金属表面油污较多时，可先用汽油或 5% 热苛性钠溶液清洗，待干燥后再除锈。

①人工除锈

金属表面浮锈较厚时，先用手锤轻轻敲掉锈层。锈蚀不厚时，可直接用钢丝刷、钢锉刀、砂布擦拭表面，直至露出金属本色，再用棉纱擦净。清除管道内壁表面时，常用圆钢丝刷，将两端用铁丝扎紧，在管腔内来回拉刷，直至露出金属本色，再用棉纱拉刷干净。

②除锈机除锈

把需要除锈的管子放在专用的架子上，用外圆除锈机及软轴内圆除锈机清除管子内外壁的铁锈。

③喷砂除锈

它不但能去掉金属表面的锈、氧化皮及其他污物，还能去掉旧的漆层。金属表面经过喷砂处理后变得粗糙而又均匀，能增强油漆层对金属表面的附着力，所以喷砂在实际施工中应用较广。喷砂就是用压力为 0.35 ~ 0.5MPa 的压缩空气，把粒度为 1 ~ 2mm 的石英砂通过喷嘴喷射到预先经过干燥的工件表面上，靠砂子撞击金属表面去掉锈、氧化皮等杂物。

（2）化学法清理。

金属表面的锈及氧化物常用酸的溶液浸蚀除掉，故又称酸洗。钢铁的酸洗一般可用硫酸或盐酸；铜和铜合金及一些有色金属常使用硝酸进行酸洗。

酸洗的方法是先将水注入酸槽中，再将酸以细流的方式慢慢注入水中（切不可先加酸后加水，这样易溅出酸液伤人），并不断搅拌，当加热到适当温度后，将管材放入酸洗槽中，同时掌握适当的酸洗时间，避免清理不净或浸蚀过度的现象。酸洗后立即将管材放入中和槽用稀碱液（氢氧化钠或碳酸钠稀溶液）中和，然后再将管材取出放入热水槽内用热水洗涤，使其完全保持中性，清洗后要干燥。酸洗、碱洗、热水洗、干燥、刷油漆等操作应该连续进行，以免继续生锈。

酸洗的速度取决于氧化物的组成、酸的种类、酸的浓度与温度。一般来讲，酸的浓度升高可以加速酸洗速度，但是硫酸的浓度高容易产生浸蚀过度现象（即发生过多的金属溶解）。

另外，硫酸浓度超过 25% 时，酸洗速度反而下降，所以实际使用的硫酸浓度应不超过 20%。

温度升高，酸洗速度可大大增加。但实际操作中，盐酸的温度不高于 40℃，硫酸的温度不高于 60℃。

2. 涂刷油漆

油漆层防腐的原理是：油漆层能使金属表面与外界的介质严密隔绝，以保护金属免受外界介质的浸蚀。因此，要求油漆层与介质接触后应该保持稳定，同时要求油漆层能形成连续无孔的膜，不透气、不透水，对金属表面有牢固的附着力，有一定的机械强度和弹性。此外，还应满足某些情况下的特殊要求，如耐酸、耐碱等。

常用的涂刷油漆的方法有人工涂刷和机械喷涂两种。涂刷油漆时的环境温度一般不应低于 5℃，否则应采取适当的防冻措施，以保证施工质量。雨、雾、露、霜及大风时，不宜进行室外施工。漆层在干燥过程中应防止冻结、撞击、振动和温度急剧变化。油漆的涂层一般都在两层或两层以上，在涂漆时，必须等前一层干透以后再涂下一层，每层的厚度应当均匀。

3. 埋地管道的绝缘防腐

地下管道会受到地下水和各种盐类、酸和碱的腐蚀及电化学腐蚀，所以要做特殊的防腐处理。要求这种防腐层强度较高，不易受到损伤，能保证它的完整性，而且还具有一定的绝缘性能。

这种防腐层常采用石油沥青和矿物填料及各种防水卷材（塑料布、石油沥青防水毡、玻璃布和牛皮纸等）来制作，这些材料的防腐性能好，取材容易，造价也较低廉。

根据钢管在不同土质中所受的腐蚀程度不同，其绝缘防腐层常分为3类，埋地管道穿越河流、铁路、公路、山洞、盐碱沼泽地、靠近电气车辆路线等地段的管道，一般包加强防腐层；穿越电气铁路和有轨电车线路的管道应包特加强防腐层。

（1）绝缘防腐层材料。

常用的材料有以下几种：

①沥青底漆（又叫冷底子油）

为了加强沥青与钢管表面的黏结力，应在涂刷第一层沥青前，先涂一层沥青底漆（涂刷时温度为 $20 \sim 30℃$）。它是用与沥青层同类的沥青及不加铅的车用汽油或工业溶剂汽油配制而成的，配合比按沥青：汽油 $=1 :$（$2.5 \sim 3.0$）（体积比）配制的，其密度为 $0.8 \sim 0.82kg/m^3$。配制方法是：先将沥青打成小块，放入锅中加热熔化至 $170 \sim 200℃$，然后将熔化的沥青倒入桶内，冷却至 $60℃$ 时，一面用木棒搅拌，同时将汽油慢慢倒入，直至完全混合为止。

②石油沥青

目前，在管道防腐中一般都是采用石油建筑沥青或专用沥青。埋地管道防腐层所用沥青，根据实践经验，其软化点应至少比管道输送介质的温度高 $45℃$，才能保证足够的热稳定性。一般常根据输送介质的温度，选用 30 号、10 号、30 号与 10 号调配、2 号、3 号石油沥青，或使用专用改性沥青，这种沥青可在 $-25 \sim 70℃$ 时使用。另外为改善沥青的耐寒性，还可以加入橡胶、树脂类添加物或采用配制的专用沥青玛碲脂（质量配合比为 4 号沥青：高岭土（石棉灰）$=3 : 1$）。

③玻璃布

为了提高沥青防腐绝缘层的强度和热稳定性，在沥青层中间包扎两层或多层玻璃布，与沥青构成一体作为加筋材料。玻璃布宜选用网状结构，含碱量低，其宽度应根据管径而定。

④塑料布

沥青层外包上塑料布，可提高沥青防腐绝缘层的强度和热稳定性，减少及缓和防腐绝缘层的机械损伤和热变形。同时，它本身是绝缘材料，与沥青层结合在一起，还可以在一定程度上提高整个绝缘层的防腐绝缘性能和耐寒性能。目前一般均采用聚氯乙烯工业薄膜或农业薄膜，民用薄膜因耐老化性能较低，不宜使用。最好使用防腐专用聚氯乙烯塑料布作外包材料，它耐热 70℃，耐寒 -40℃，不易脆裂。产品规格为：宽 400 ~ 800mm，厚 0.15 ~ 0.2mm，卷装带心轴。

（2）操作方法。

用前述表面清理方法清除管子表面的污垢、铁锈和灰尘等杂物，使表面全部呈洁净的铁灰色，并使其干燥，再将配制好的沥青底漆刷均匀。接着涂热石油沥青，涂抹应均匀并保证其厚度要求。玻璃布应成螺旋形缠于热石油沥青上，并全部紧密结合，接头搭接宽度为 40 ~ 60mm，并用热熔石油沥青黏合。按照设计要求将石油沥青和玻璃布涂刷和缠绕到规定的层数，最外面的外壳保护层可用塑料布、石油沥青防水毡或牛皮纸包扎。

二、管道绝热

（一）绝热材料、辅助材料及选择

1. 绝热材料的分类及选择

（1）绝热材料的分类。

绝热材料按材质可分为九大类：珍珠岩类、玻璃纤维类、蛭石类、泡沫敷料类、软木类、硅藻土类、石棉类、矿渣棉类和泡沫混凝土类。

绝热材料一般应满足下列要求：①热导率低，一般热导率不大于 0.12kcal/（m·h·℃）；②耐热或耐冷的温度应符合流体温度的要求；③密度小，一般要低于 600kg/m³；④耐振动，有一定的强度，一般能承受 0.3MPa 以上的压力；⑤吸水性能低，可燃物与水分的含量极小；⑥化学稳定性好，对金属无腐蚀作用。用于奥氏体不锈钢的管道，应不含氯化物；⑦使用寿命长、来源广、造价低、施工方便。

（2）绝热材料的选择。

①用于保温的绝热材料，推荐采用各种膨胀珍珠岩制品、有碱玻璃纤维制品、有碱超细玻璃棉毡和蛭石制品。②用于保冷的绝热材料，推荐采用可发性自熄聚苯乙烯泡沫塑料制品、自熄聚氨酯硬质泡沫塑料、软木制品。③用于加热保护的绝热材料、夹套管可选用保温用各种绝热材料；伴管推荐采用有碱超细玻璃棉毡。④用于真空隔热的填充物，推荐采用散料膨胀珍珠岩及脲醛泡沫塑料。

2. 绝热施工用辅助材料

（1）铁皮或铝皮。

铁皮或铝皮用作绝热工程中的保护层；常用铁皮的厚度为 0.25～0.5mm；铝皮的厚度一般为 0.5～1mm。

（2）包扎用铁丝网。

绝热工程中一般采用热镀锌六角铁丝网进行包扎。网眼规格为：公称直径等于或小于 150mm 的管道和设备，推荐用 19.05mm（3/4m）；公称直径大于 150mm 的管道、设备及平壁，推荐采用 25.4mm（1m）。

（3）绑扎用铁丝。

铁丝一般采用镀锌铁丝，公称直径等于或小于 100mm 的管道和设备，推荐采用 20 号铁丝；公称直径为 125～600mm 的管道和设备，推荐采用 18 号铁丝；公称直径 600mm 以上的管道、设备及平壁，推荐采用 14 号铁丝。

（4）石油沥青油毡。

绝热工程中采用粉毡最好。用于保护层时采用 200 号；用作防潮层时采用 350 号。

（5）玻璃布。

一般绝热工程中采用有碱平纹玻璃布，常用厚度 0.1mm，用作保护层时采用细格；用作防潮层时采用粗格。

（二）保温结构

1. 保温结构的组成

保温结构一般由绝热层和保护层两部分组成。易燃、易爆、剧毒、强腐蚀、地下或低温、空气潮湿环境中的各种工业管道对保温要求比较高，其结构组成如下。

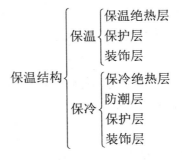

2. 对保温结构的要求

正确选择保温结构直接关系到保温效果、投资费用、能量耗损、使用年限及外观整洁美观等问题，因此对保温结构有如下要求。（1）保证热损失不超过标准值。

（2）保温结构应有足够的机械强度。（3）要有良好的保护层。（4）保温结构要简单；尽量减少材料的消耗量。（5）保温结构所需要材料应能就地取材、价格便宜。（6）保温结构应考虑施工简单、维修方便；保温结构外表应整齐美观。

（三）绝热工程施工

1. 一般规定

（1）管道的绝热工程应以设计规定的绝热种类和要求作为施工的依据，主要材料应有生产厂合格证明书或分析检验报告。（2）绝热施工顺序为：首先做好管道外表的防腐，然后依次敷设绝热层（如有加热保护设施的，应在敷设绝热层前施工完毕）、防潮层（对保冷或地沟保温而言）、保护层。各层均应按设计规定的形式、材质、要求分别选用适当的施工方法。非水平管道的绝热施工应自下而上进行。防潮层、保护层搭接时，其宽度应为 30～50mm。（3）各种加热保护夹套管的管径一律按物料管径加大一级选用。（4）在加热保护系统的周围，如果有蒸汽管道或输送介质有防火、防爆要求时，则应采用伴管或夹套管的类型。只有当加热保护系统周围无蒸汽管道，而且介质没有防火、防爆要求时，才可用电热带保护。（5）伴管与夹套管应按下列原则选用：输送凝固点低于 50℃ 或具有腐蚀性、热敏性介质的管道，一律采用伴管保护；输送凝固点高于 50℃ 的介质的管道，可以采用伴管或夹套管保护。当介质接触蒸汽会产生损害操作的事故时，则应选用伴管保护；对输送凝固点高于或等于 150℃ 的介质的管道，可采用联苯醚夹套管保护。（6）一般情况下，应在绝热施工前对管道进行强度试验和严密性试验。但如果在某些特殊情况下，一定要在试验前施工，那么所有试验时的检查部位，如焊缝、法兰、螺纹、阀门及其他各种配件处，都应露在外面，暂缓施工，以便试验时检查。（7）需要绝热施工的管道配件，不应和管道的管子包扎成一个整体，应在管子绝热施工完毕后，再对它们进行单独包扎，以便于检修或更换配件。管道上不绝热的支管及其他从绝热管道上伸出的金属件，它们的绝热长度为绝热层厚度的 4 倍，接管和阀门的绝热层厚度则按管子选用。阀门的绝热层敷设到阀盖法兰的上面，但不要妨碍填料的更换。当阀门和法兰有热紧或冷紧要求时，应在管道热、冷紧完毕后进行保温。绝热层结构应便于管道拆装，法兰一侧应有比螺栓长度大 25mm 的空隙，施工时采用缠包式或湿抹式两种方法单独包扎。（8）绝热层施工，除伴热管道外，一般应单根包扎。保温层厚度大于 100mm 和保冷层厚度大于 75mm 时应分层施工。（9）所有要进行绝热施工的管道及附件，其外表面应进行除锈、清理和干燥。对保温的管道要刷一层防锈底漆（高温管除外）；对于保冷的管道要刷一层沥青冷底子油（10 号石油沥青∶汽油 =1∶2）。（10）不适应潮湿环境的绝热材料，下雨天不可露天施工。

2. 保温、保冷结构及施工

（1）绝热层的施工。

绝热层施工按绝热材料特性可以分为以下几种形式：

①胶泥涂抹式

这种形式近年来随着新型材料的出现已较少采用，只有小型设备或临时性保温才使用。这种结构的施工方法是将管道、设备壁清扫干净，焊上保温钩（钩的间距为250～300mm），刷防腐漆后，再将已经拌好的保痕胶泥分层进行涂抹，第一层可用较稀的胶泥散敷，厚度为3～5mm，待完全干后，再敷第二层，厚度为10～15mm，第二层干后再敷第三层，厚度为20～25mm，以后分层涂抹，直至达到设计要求厚度为止。然后外包镀锌铁丝网一层，用镀锌铁丝绑在保温钩上；如果保温层厚度为100mm以上或形状特殊保温材料容易脱落的，可用两层铁丝网，外面再抹15～20mm保护层，保护层应光滑无裂缝。

②填充式

填充式一般采用圆钢或扁钢做支承环，将环套在或焊在管道或设备外壁，在支承环外包镀锌铁丝网或镀锌铁皮，在中间填充疏松散状的保温材料。这种结构常用于表面不规则的管道、阀门、设备的保温，由于施工时难以保证质量，因此填充时填充材料要达到设计应有的容重，若填充不均匀，会影响保温效果。这种结构由于使用散料填充，粉尘易于飞扬，影响工人的健康。现除局部异形部件保温及制冷装置采用外，其余已很少采用。填充材料有矿渣棉、玻璃棉、超细玻璃棉及珍珠岩散料等。

③包扎式

包扎式是利用毡、席、绳或带之类半成品保温材料，在现场剪成所需要的尺寸，然后包扎于管道或设备上，用铁丝扎紧包扎，一层材料达不到设计厚度时，可以包两层或三层。包扎时要求接缝严密，厚薄均匀，保温层外面用玻璃布缠绕扎紧。包扎结构材料有矿渣棉毡或席、玻璃棉毡、超细玻璃棉毡、石棉布等。

④复合式

复合式适用于较高温度（如650℃以上）的设备及管道的保温。施工时将耐热度高的材料作为里层，耐热度低的材料作为外层的双层或多层复合结构，既满足保温要求，又可以减轻保温层的质量。如温度高于450℃的物体，以膨胀珍珠作为第一层保温后，可使第一层保温层外表面的温度降低到250℃左右，再以超细玻璃棉毡作为第二层保护层，这种结构对高温设备及管道特别适用。

⑤浇灌式

浇灌式是将发泡材料在现场浇灌到需要保温的管道或设备的模壳中，经现场发泡成保温层结构。这种结构过去常用于地沟内的管道，在现场浇灌泡沫混凝土保温层。近年来，随着泡沫塑料工业的发展，对管道、阀门、管件、法兰及其他异形部件的保冷常用聚氨酯泡沫塑料原料在现场发泡以生成良好的保冷层。

⑥喷涂式

喷涂为近年来发展起来的一种新的施工方法，这种结构是将聚氨酯泡沫塑料原料在现场喷涂于管道、设备外壁，使其瞬时发泡，形成闭孔泡沫塑料保冷层。这种结构施工方便，但要注意生产安全。

⑦预制块式

预制块式是将保温材料预制成硬质或半硬质的成型制品，如管壳、板、块、砖及特殊成形材料，施工时将成型预制块用钩钉或铁丝捆扎在管道或设备壁上构成保温层。如果设计厚度较厚时，可以分两层或多层捆扎，预制块的安装、上块与下块的接缝、内层接缝与外层的接缝要错开，每块预制块至少要有两处用镀锌铁丝捆扎，每处铁丝至少要绕两圈；热保温的预制块接缝间隙应不大于5mm；保冷预制块的接缝间隙应不大于1mm；凡是保温层之间的缝隙（包括伸缩缝）必须填密；伸缩缝要采用柔质保温材料的散料进行填充，保冷结构当填缝后，在缝隙上必须再用密封材料填密；保冷层的结构端部也应密封，密封剂的涂敷长度从末端起至少再延长50mm，涂敷厚度约为1.5~3mm，多层保冷时，接头密封仅在外层。

聚苯乙烯泡沫塑料的胶黏剂采用206胶（白胶水）或用醋酸丁酯、聚氨酯泡沫塑料及泡沫玻璃采用铁锚牌104超低温发泡型胶黏剂黏合。

立式和倾角超过45°、长度超过6m的管道和设备应按保温材料的容重设置不同数量的支承环：当密度大于200kg/m³时，每隔3~5m设一道；密度小于200kg/m³时，每隔6~8m设计一道，支承环的宽度为保温层宽度的1/2~3/4。采用珍珠岩、蛭石等硬质保温材料应每隔3~5m留一条20~30mm宽的伸缩缝；设有支承环的管道、设备在支承环下部留有伸缩缝，弯头的中部也留有伸缩缝。管道的弯头部分采用珍珠岩、蛭石等硬质材料时，采用成型预制块，可将预制的管壳切割成虾米弯进行小块拼装，并在保温层外面用六角铁丝网包扎。

（2）防潮层的施工。

对保冷结构，在绝热层外必须加防潮层。对保温和加热保护结构，除埋地敷设的管道必须用防潮层外，一般不予设置。

防潮层有两种形式：一种为石油沥青油毡内、外各涂一层沥青玛蹄脂；一种为玻璃布内外各涂一层沥青玛蹄脂。推荐采用玻璃布的防潮层。

（3）保护层的施工。

凡绝热管路与设备必须设置保护层，无防潮层的绝热结构，保护层在保温层外，有防潮层的绝热结构，保护层在防潮层外。保护层的设置，必须有利于排水、防水。

保护层有下述几种形式。

①铁皮（铝皮）保护层

在保温层或防潮层外紧贴一层石油沥青油毡，用铁丝捆扎平整，油毡接口处至少搭接50mm，接口尽可能朝下（水平管路）。

铁（铝）皮下料后用压边机压边，或再用滚圆机滚圆。将其紧贴在油毡外面，环向和纵向接口都至少搭接50mm，对水平管路，环向搭接缝宜顺管路坡向，纵向搭接缝宜置于管路两侧且接口朝下。搭接处应严密、平整，用手枪式电钻钻孔。自攻螺钉紧固，自攻螺钉为M4×10时，钻头直径用3.2mm。禁止采用冲孔或其他方式打孔。铁皮外表面应在除锈后刷底漆（红丹）一遍、醇酸磁漆两遍（铝皮不刷）。

②玻璃布保护层

在保温层或防潮层外紧贴一层石油沥青油毡，油毡接口处至少搭接50mm，接口尽可能朝下（水平管路）。

油毡外紧贴一层铁丝网，铁丝网接口处也要搭接至少75mm，用铁丝绑扎平整，然后在铁丝网上涂覆湿沥青橡胶粉玛蹄脂，厚度约2~3mm，要涂刷均匀，务必使铁丝网完全覆盖。

③石棉水泥保护层

在保温层或防潮层外紧贴一层石油沥青油毡，油毡外包一层铁丝网，用铁丝捆扎平整，油毡、铁丝网都要搭接至少50mm。然后在铁丝网外抹石棉水泥，抹时应注意使石棉水泥挤进网眼把铁丝网完全覆盖，表面应抹平。

（4）防腐保温复合结构。

国内常用的复合结构是聚氨酯硬质泡沫塑料与聚氯乙烯或聚乙烯等复合，即在钢管外表面包敷（或喷涂）三层材料，第一层、第三层是聚氯乙烯或聚乙烯，起防腐作用，第二层是聚氨酯硬质泡沫塑料，起保温作用，目前在石油行业已系列化，从DN32mm到DN720mm的钢管都可用这种方法施工，并实现了工厂化。管子在防腐保温厂内保温防腐时，管子两端应各留50~100mm不防腐保温，等运到现场组对、试压、清洗合格后，再对焊口及管端末防腐保温部分进行防腐保温。这种结构俗称"黄甲克"。

3. 加热保护的施工

（1）蒸汽伴管。

与水平主管平行敷设的伴管，应敷设在主管下半部45°范围以内。

输送腐蚀性或热敏性介质的管道不可与伴管直接接触，在它们之间要加隔离物（如石棉纸或石棉板）；但对输送一般介质的管道，伴管与主管应贴紧，在个别地方允许有不超过 10mm 的间隙；除用并联外，还可以采用回折一次（即串联）的方法；缠绕式伴管不可用于水平的物料管道，一般多用于立式设备。伴管的材质必须符合蒸汽压力、温度的要求。蒸汽压力小于或等于 0.3MPa（表压）的伴管可采用水煤气管，大于 0.3MPa（表压）的伴管则应采用无缝钢管。伴管的管径一般选用公称直径为 15mm 的管子，必要时，可以适当加大，但公称直径不宜超过 40mm。

伴管与物料管同样要考虑热膨胀，设置合适的补偿器。对垂直敷设的物料管，当伴管为 1 根时，可设置在该物料管的任意侧，2 根或 2 根以上时，可沿物料管对称或均匀布置。为了排除冷凝水，蒸汽应从上部引入，下部排出。对水平敷设的物料管，伴管应在物料管的下侧。蒸汽流向尽可能与物料流向相反，以加强伴热效果。伴管的固定，可每隔 1m 用 14 号镀锌铁丝绑扎，或用 25mm×4mm 扁钢管卡固定在物料管上，在弯头处，这样的固定至少应有 3 处。为了便于安装和检修，伴管通过物料管的法兰或阀门时，应在物料管的法兰或阀门的外侧设置法兰或活接头。

伴管的供汽一般是先从蒸汽总管上引出分汽管，然后再从分汽管上引出伴管，均应从主管的顶面或侧面引出。可能的话，汽源点或分配管的标高要高于配备伴管的设备或管路的伴热部分的最高点。伴管和分汽管在邻近主管处，每根都要设置阀门，阀门一律用闸阀。

对不能自泄或不能完全自泄的伴管（包括并联的支管），必须设置各自的疏水器。疏水器的选用与蒸汽背压有关，当疏水器的背压等于或小于其入口压力的 55% 时，可采用热动力式疏水器；当背压超过入口压力的 50% 但小于 95% 时，若冷凝水回路低于疏水器安装标高时，采用桶式疏水器，若冷凝水回路高于疏水器安装标高时，采用恒温疏水器。桶式疏水器和恒温疏水器都应水平安装。

（2）夹套管。

上文已经讲了夹套管的预制。所谓夹套管，就是在物料管的外面再安装一个套管。在两管之间的空隙中通入热水、热油、水蒸气等，对物料进行加热，使管内物料保持一定温度或提高到一定温度。夹套管可分为两种形式，一种是内外管都焊在法兰上，另一种是外管用管帽形式直接焊在内管管壁上。前一种施工复杂，不论直管段上还是三通、弯头处，都要求外管预留 1~2 处两半壳位置，以便于内管试压后再焊接外管预留处的两半壳管。后一种施工简单，不需要预留管段。内管的焊缝泄漏可以随时发现，外管的热应力可以分段吸收，但效率不如前一种高。

夹套管水平敷设时蒸汽流向应与物料相反，蒸汽由套管一端上方引入，冷凝水从另一端下方排出；垂直敷设时，为了便于冷凝水排除，蒸汽应从上部引入，冷凝水从下部排出。为了便于拆卸、检修，两个夹套之间的蒸汽连通管上应设活接头或法兰。蒸汽夹套管的冷凝水除单个夹套管或串联的两个夹套管可直接排往一个单独的疏水器外，一般皆排往冷凝水集合管。夹套管施工完毕，试压清洗合格后，再进行防腐绝热施工。

（3）电热带。

电热带的效率可达到 80% ~ 90%，是热效率最高的一种加热保护装置。它具有运行可靠、不需经常维修等优点，但是也存在因电阻变化而断路的缺点，而且这种断路的可能性随着电热带长度的增加而增加，断路处往往不容易寻找。电热带保温时，一般采用超细有碱玻璃棉作保温材料拿绝缘层，外壳采用铁皮保护。

第五章　建筑电气与建筑供配电系统

第一节　建筑电气基础知识

一、建筑电气的定义

建筑电气是指为建筑物和人类服务的各种电气、电子设备，提供用电系统和电子信息系统。

建筑电气系统包括电力系统和智能建筑系统两部分。

（一）电力系统

电力系统指电能分配供应系统和所有电能使用设备与建筑物相关的电气设备，主要用于电气照明采暖通风、运输等。向各种电气设备供电需要通过供配电系统，一般是从高压或中压电力网取得电力，经变压器降压后，用低压配电柜或配电箱向终端供电。有的建筑物还有自备发电机或应急电源设备。对于供电不能间断的设备，需要配备不间断电源设备。

供配电设备包括变配电所、建筑物配电设备、单元配电设备、电能计量设备、户配电箱等。

电能使用设备包括电气照明、插座、空调、热水器、供水排水、家用电器等。

为了保证各种设备的安全可靠运行，电力系统需要采用防雷、防雷击电磁脉冲、接地、屏蔽等措施。

（二）智能建筑系统

1. 建筑物自动化系统

建筑物自动化系统包含建筑物设备的控制系统、家庭自动化系统、能耗计量系统、停车库管理系统，还可以包括火灾自动报警和消防联动控制、安全防范系统。安全防范系统可包含视频监控系统、出入口控制系统、电子巡查系统、边界防卫系统、访客对讲系统。住宅可以包括水表、电表、燃（煤）气表、热能（暖气）表的远程自动计量系统。

2. 通信系统

通信系统包含电话系统、公共（有线）广播系统、电视系统等。

3. 办公自动化系统

办公自动化系统包含计算机网络、公共显示和信息查询装置，是为物业管理或业主和用户服务的办公系统。办公自动化系统可分为通用和专用两种。住宅可以包括住户管理系统、物业维修管理系统。

二、电气基础知识

智能建筑是在建筑平台上实现的，脱离了建筑这个平台，智能建筑也就无法实施。建筑电气系统是现代建筑实行智能化的核心，它对整个建筑物功能的发挥、建筑的布局、结构的选择、建筑艺术的体现、建筑的灵活性及建筑安全保证等方面，都起着十分重要的作用。建筑电气信号系统是建筑电气系统中专门用于传输各类信号的弱电系统。智能建筑中弱电系统的设备、缆线安全必须依靠电气技术，如电源技术、防雷与接地技术、防谐波技术、抗干扰技术、屏蔽技术、防静电技术、布线技术、等电位技术等众多的电气技术来支持方可奏效。建筑电气信号系统主要有消防监测系统、闭路监视系统、计算机管理系统、共用电视天线系统、广播系统和无线呼叫系统等。这部分内容在前面部分已有介绍，这里不再赘述。

三、电力系统概述

电力系统是由发电、变电、输电、配电和用电等环节组成的电能生产与消费系统。它的功能是将自然界的一次能源通过发电动力装置（主要包括锅炉、汽轮机、发电机及电厂辅助生产系统等）转化成电能，再经输、变电系统及配电系统将电能供应到各负荷中心。由于电源点与负荷中心多数处于不同地区，也无法大量储存，电能生产必须时刻保持与消费平衡。因此，电能的集中开发与分散使用，以及电能的连续供应与负荷的随机变化，就制约了电力系统的结构和运行。

（一）电力系统的组成

发电厂是将一次能源转换为电能的工厂。按照一次能源的不同，可分为火力发电厂、水力发电厂、核能发电厂、风能发电厂、太阳能发电厂等。

发电厂发出的电能通过变电所、配电所将其变化为适当的电压进行输送，以便减少线路输送损耗。变电所有升压变电所、降压变电所等。输送电能的电力线路有输电线路、配电线路。电能最后被送到用户处，用于动力、电热、照明等。

（二）对电力系统的要求

对电力系统的要求是其要具有可靠性和经济性。可靠性指故障少、维修方便。要达到经济性，可以采用经济运行，如按照不同季节安排各种发电厂、适当调配负荷、提高设备利用率、减少备用设备等。

（三）电力系统的参数

电力系统的参数有电力系统电压、频率。目前我国电力系统电压等级有220V、380V、3kV、6kV、10kV、35kV、220kV、500kV 等。我国电力系统的额定频率为50 Hz。

（四）建筑物供电

建筑物的供电有直接供电或变压器供电两种方式。

①直接供电用于负荷小于100kW 的建筑物。由电力部门通过公用变压器，直接以220 V/380V 供电。

②对于规模较大的建筑物，电力部门以高压或中压电源，通过专用变电所降为低压供电。按照建筑物规模不同可以设置不同的变压器。如对于一般小型民用建筑，可以用10kV/0.4kV 变压器；对于较大型民用建筑，可以设置多台变压器；而对于大型民用建筑用35kV/10kV/0.4kV 多台变压器。

（五）变、配电所类型

变电所有户外变电所、附属变电所、户内变电所、独立变电所、箱式变电所、杆台变电所等类型。

配电所有附属配电所、独立配电所和变配电所等类型。

四、电子信息系统概述

（一）电子信息系统定义及构成

电子信息系统是按照一定应用目的和规则对信息进行采集、加工、存储、传输、检索等处理的人机系统，由计算机、有（无）线通信设备、处理设备、控制设备及其相关的配套设备、设施（含网络）等的电子设备构成。信息技术指信息的编制、储存和传输技术。

（二）信号的形式、参数及电平

1. 信号形式

一般来说，信号有模拟信号和数字信号两种形式。

（1）模拟信号。

模拟信号指信号幅值可以从 0 到其最大值连续随时变化的信号，如声音信号。

（2）数字信号。

数字信号指信号幅值随时变化，但是只能为 0 或其最大值的信号，如数字计算机的信号。

因模拟信号的处理比较复杂，所以常将其转化为数字信号处理。

2. 信号参数

信号参数有周期、频率、幅值等。

（1）周期。

周期指信号重复变化的时间，单位为秒（s）。

（2）频率。

频率指信号每秒变化的次数，单位为赫兹（Hz）。

（3）幅值。

幅值指数字信号的变化值。

（4）位。

数字信号的幅值变化一次称为位。

（5）传输速率。

数字信号的传输速率单位为位 / 秒（bit/s）、千位 / 秒（kbit/s）、兆位 / 秒（Mbit/s）。

3. 信号电平

分贝表示无线信号从前端到输出口，其功率变化很大。这样大的功率变化范围在表达上或运算时都很不方便，因此通常都采用分贝来表示。系统各点电平即为该点功率与标准参考功率比的分贝数，也叫"分贝比"。分贝用"dB"表示。

（1）分贝毫瓦（dBm）。

规定 1mW 的功率电平为 0 分贝，写成 0 dBm 或 0 dBms。不同功率下的 dBm 值可进行简单换算。

（2）分贝毫伏（dBmV）。

规定在 750 阻抗上产生 1mV 电压的功率作为标准参考功率，电平为 0 分贝，写成 0 dBms。

（3）分贝微伏（dBμV）。

规定在750阻抗上产生1p电压的功率为标准参考功率。

（4）每米分贝微伏（dBV/m）。

在表示信号电场强度（简称场强）大小时常用dBV/m，它指开路空间电位差，在每米1μV时为0dB。假设在城市中接收甚高频和特高频的电波场强为3.162 mV/m。

（5）功率通量密度。

对于空间中的电波，人们感兴趣的是信号场强和功率通量密度。由于接收点离卫星或者广播电视发射塔很远，所以可以近似地把广播电视的电波看成平面电磁波。

（三）电子器件

电子器件有电子管和半导体等。目前常用的是半导体电子器件。电子管是一种真空器件，它利用电场来控制电子流动。

半导体是利用电子或空穴的转移作用，产生漂移电流或扩散电流而导电的材料。它的导电功能是可以控制的。半导体有本征半导体和杂质半导体两种。

1. 半导体器件

常用半导体器件有二极管、三极管、场效应管和晶闸管等。

（1）二极管。

二极管是利用半导体器件的单向导电性能制成的器件。二极管一般用作整流器。

（2）三极管。

三极管是利用半导体器件的放大性能制成的器件，它有三个极，分别为发射极、基极和集电极。三极管一般用作放大器。

（3）场效应管。

场效应管是利用电场效应控制电流的半导体器件，又称为单极型晶体管。

（4）晶闸管。

晶闸管是利用半导体器件的可控单向导电性能制成的器件。一般作为可控整流器。

2. 集成电路

集成电路是用微电子技术制成的各种二极管、三极管等器件的集成器件，具有比较复杂的功能。集成电路按照器件类型可分为以下两类。

（1）双极型晶体管—晶体管逻辑电路（TTL）。

由于该电路的输入和输出均为晶体管结构，所以称为晶体管—晶体管逻辑电路。

（2）单极型金属氧化物半导体。

其简称单极型MOS，按照集成度可分为以下4类：小规模集成电路、中规模集成电路、大规模集成电路、超大规模集成电路。

按照功能可分为以下2类。

①集成运算放大器。其是采用集成电路的运算放大器，可以对微弱的信号放大。

②微处理器。其是具有中央处理器、存储器、输入/输出装置等功能的集成电路。

3. 显示器件

常用显示器件有以下3种。

(1) 半导体发光二极管。

半导体发光二极管是一种将电能转换为光能的电致发光器件。

(2) 等离子体显示器。

等离子体显示器是用气体电离发生辉光放电的器件。

(3) 液晶显示器。

液晶显示器是利用液晶在电场、温度等变化作用下的电光效应的器件。

五、计算机概述

作为20世纪最重要的技术成果之一，计算机技术在人们的日常生活中无处不在，成为各行各业专业技术人员不可或缺的必备工具。在计算机大幅度普及与计算机网络高度发展的今天，计算机的应用已经渗透到社会、生活的各个领域，有力地推动了信息社会的发展。

(一) 电子计算机

电子计算机是利用电子器件进行逻辑运算的设备。电子计算机有模拟和数字两种。目前常用的是数字计算机。数字计算机是目前人机交互作用和进行数据处理的主要设备，一般采用二进制。

1. 计算机的分类

(1) 按计算机的原理划分。

从计算机中信息的表示形式和处理方式（原理）的角度来进行划分，计算机可分为数字电子计算机、模拟电子计算机和数字模拟混合式计算机三大类。

在数字电子计算机中，信息都是以0和1两个数字构成的二进制数的形式，即不连续的数字量来表示。在模拟电子计算机中，信息主要用连续变化的模拟量来表示。

(2) 按计算机的用途划分。

计算机按其用途可分为通用机和专用机两类。

①通用计算机：适于解决多种一般性问题，该类计算机使用领域广泛，通用性较强，在科学计算、数据处理和过程控制等多种用途中都能使用。

②专用计算机：用于解决某个特定方面的问题，配有为解决某问题的软件和硬件。

（3）按计算机的规模划分。

计算机按规模即存储容量、运算速度等可分为7大类：巨型机、大型机、中型机、小型机、微型机、工作站和服务器。

巨型计算机即超级计算机，它是计算机中功能最强、运算速度最快、存储容量最大的一类计算机，多用于国家高科技领域和尖端技术研究，是国家科技发展水平和综合国力的重要标志。

微型计算机采用微处理器芯片，微型计算机体积小、价格低、使用方便。

工作站是以个人计算机环境和分布式网络环境为前提的高性能计算机，工作站不仅可以进行数值计算和数据处理，而且支持人工智能作业和作业机，通过网络连接包含工作站在内的各种计算机可以互相进行信息的传送，资源和信息的共享及负载的分配。

服务器是在网络环境下为多个用户提供服务的共享设备，一般分为文件服务器、打印服务器、计算服务器和通信服务器等。

2.计算机的组成

计算机由硬件和软件组成。

（1）硬件。

硬件主要为键盘、鼠标、显示器、中央处理器、存储器、硬盘和网络接口等。

（2）软件。

软件是人们为了告诉计算机要做什么事而编写的计算机能够理解的一系列指令，有时也叫代码或程序。根据功能的不同，计算机软件可以粗略地分成4个层次，即固件、系统软件、中间件和应用软件。

（二）计算机网络

计算机网络是计算机技术和通信技术相互渗透不断发展的产物，是使分散的计算机连接在一起进行通信的一套系统。

1.计算机网络的域

根据网络的服务范围，计算机网络可分为局域网和广域网两种。

（1）局域网。

局域网指连接2台以上计算机的网络。虚拟局域网是用软件实现划分和管理的，用户不受地理位置的限制。

（2）广域网。

广域网指连接广范围或多个计算机的网络，目前已经出现了专门用于网络应用的网络计算机和网络个人计算机。

2. 网络的拓扑结构

网络的拓扑结构是指网络电缆布置的几何形状，目前主要有下列 3 种。

①线性总线拓扑结构。

②环形拓扑结构，其网络为环状。

③星形拓扑结构，其中央站通过集线器或交换机放射形连到各分站。

3. 局域网

（1）以太网。

以太网是使用载波侦听、多路访问 / 冲突检测访问控制方式，工作在线性总线上的计算机网络。它可以采用交换器或集线器作为网络通信控制器。

交换局域网是以太网的一种，主要采用交换机。交换机有静态和动态交换两种。交换机的实现技术主要有存储转发技术和直通技术两种。交换局域网的数据传输速率可以达到 10 Gbit/s。

（2）快速局域网。

快速局域网指传输速率达 100Mbit/s 或更高的网络，主要有以下 5 种。

①光纤分布式数字接口是一种环形布局的光纤电缆连接的网络，数据传输速率可以达到 100Mbit/s，最大站间距离可达 2km（多模光纤）或 100km（单模光纤）。

②快速以太网。目前，快速以太网（100 Base-T）数据传输速率可以达 100 Mbit/s，最大传输距离 20km。

③千兆以太网，如采用光纤的 1000 BaseX sFP、1000 Base-SX、1000 Base-LX 和采用双绞线的 1000Base-X、1000 Base-Tx，数据传输速率可以达 1Gbit/s。最大传输距离 5km。10Gbit/s 快速以太网也在发展。

④异步传输模式。

⑤高速局域网（100 Base-vg），是基于 4 对线应用的需求优先级网络。

（3）其他网络。

①综合业务数字网。这是一种数字电话技术，支持通过电话线传输语音和数据。目前主要是利用基本速率接口（BRI）也称"2B+D"（2 个 B 通道用于信息，1 个 D 通道用于信令），使用 4 线电话插座，带宽 128 kbit/s。宽带 ISDN（B-ISDN）的带宽 150kbit/s，使用异步传输模式，适合多媒体应用。

②帧中继。这是一种广域网标准，它在网络数据链路层提供称为永久虚电路的面向连接的服务，能够提供高达 155Mbit/s 的远程传输速率。

4. 网络管理协议

（1）ISO/OSI 开放系统。

互连参考模型或 OSI/RM 模型。由国际标准化组织提出，由 7 层组成，从低到高分别是物理层、数据链路层、网络层、传送层、会话层、表达层和应用层，是点到点的传输。

（2）IEEE 802 标准。

它是国际电子工程学会（IEEE）制定的一系列局域网络标准。

（3）TCP/IP 参考模型与协议。

由于历史的原因，现在得到广泛应用的不是 OSI 模型，而是 TCP/IP 协议。TCP/IP 协议最早起源于 1969 年美国国防部赞助研究的网络世界上第一个采用分组交换技术的计算机通信网。它是网络采用的标准协议。网络的迅速发展和普及，使得 TCP/IP 协议成为全世界计算机网络中使用最广泛、最成熟的网络协议，并成为事实上的工业标准。TCP/IP 协议模型从更实用的角度出发，形成了具有高效率的 4 层体系结构，即网络接口层、网络互联层、传输层和应用层。这里简单地说一下各层的功能。

①网络接口层：这是模型中的最低层，它负责将数据包透明传送到电缆上。

②网络互联层：这是参考模型的第二层，它决定数据如何传送到目的地，主要负责寻址和路由选择等工作。

③传输层：这是参考模型的第三层，它负责在应用进程之间的端与端通信。传输层主要有两个协议，即传输控制协议 TCP 和用户数据报协议 UDP。

④应用层：其位于 TCP/IP 协议中的最高层次，用于确定进程之间通信的性质以满足用户的要求。

5. 网络设备

（1）局域网的层．

网络一般分为核心层（骨干层）、汇聚层和接入层，分别有不同的交换设备。

①核心层。其将多个汇聚层连接起来，为汇聚层网络提供数据的高速转发的同时实现与骨干网络的互联，有高速 IP 数据出口。核心层网络结构重点考虑可靠性、可扩展性和开放性。

②汇聚层。本层完成本地业务的区域汇接，进行带宽和业务汇聚、收敛及分发，并进行用户管理，通过识别定位用户，实现基于用户的访问控制和带宽保证，以及提供安全保证和灵活的计费方式。

③接入层。本层通过各种接入技术和线路资源实现对用户的覆盖，并提供多业务的用户接入，必要时配合完成用户流量控制功能。

（2）网络交换机

网络交换机的形式有多种，常用的有以下 5 种。

①可堆叠式。其指一个交换机中一般同时具有"UP"和"DOWN"堆叠端口。当多个交换机连接在一起时，其作用就像一个模块化交换机一样。堆叠在一起的交换机可以当作单元设备来进行管理。一般情况下，当有多台交换机堆叠时，其中存在一个可管理交换机，利用可管理交换机可对此可堆叠式交换机中的其他"独立型交换机"进行管理。

②模块化交换机。模块化交换机就是配备了多个空闲的插槽，用户可任意选择不同数量、不同速率和不同接口类型的模块，以适应千变万化的网络需求的交换机。模块化交换机的端口数量取决于模块的数量和插槽的数量。在模块化交换机中，为用户预留了不同数量的空余插槽，以方便用户扩充各种接口。预留的插槽越多，用户扩充的余地就越大，一般来说，模块化交换机的插槽数量不能低于 2 个。可按需求配置不同功能类型的模块，如防火墙模块、入侵检测模块、VPN 模块、SSL 加速模块、网络流量分析模块等。

③智能交换机。与传统的交换机不同的是，智能交换机支持专门的具有应用功能的"刀片"服务器，具有协议会话、远程镜像及内网文件和数据共享功能。智能交换机有很多不同的体系结构，从具有对每个端口的额外处理能力以及刀片服务器间距大、带宽高度集成的体系结构，到相对简单的每个服务器都配备专用的处理器、内存和用于各个端口之间通信的输入 / 输出功能的体系结构。

④可网管网络型交换机。网管型交换机的任务是使所有的网络资源处于良好的状态。网管型交换机产品提供了基于终端控制口、基于 Web 页面以及支持 Telnet 远程登录网络等多种网络管理方式。它可以被管理，并具有端口监控、划分 VLAN 等许多普通交换机不具备的特性。

（3）网络互联设备。

根据开放系统互连参考模型，网络互联可以在任何一层进行，相应设备是中继器、网桥、路由器和网关。

①中继器。在物理层实现网络互联的设备是中继器。

②网桥。在数据链路层实现网络互联的设备称为网桥。

③路由器。在网络层实现网络互联的设备称为路由器。

④网关。支持比网络层更高层次上的网络互联的设备称为网关或网间连接器，特别用于应用层。

（4）无线网络。

一般架设无线网络的基本配备是一片无线网络卡及一台无线接入点（WAP），这样就能以无线的模式，配合既有的有线架构来分享网络资源。

①无线接入点或无线路由器。其用于室内或室外无线覆盖的设备。

②无线网桥。其作用是连接同一网络的两个网段。

（5）服务器。

服务器指的是在网络环境中为客户机提供各种服务的、特殊的专用计算机。在网络中，服务器承担着数据的存储、转发、发布等关键任务，是各类基于客户机/服务器（C/S）模式网络中不可或缺的重要组成部分。对于服务器硬件并没有一定硬性的规定，特别是在中小型企业，它们的服务器可能就是一台性能较好的个人计算机（PC），不同的只是其中安装了专门的服务器操作系统，使得这样一台个人计算机就担当了服务器的角色，俗称个人计算机服务器，由它来完成各种所需的服务器任务。

（6）网络安全设备。

网络安全设备主要有防火墙、入侵防御系统、应用控制网关、异常流量检测设备等。

①防火墙。防火墙有提高外部攻击防范、内网安全、流量监控、网页过滤、运用层过滤等功能，可保证网络安全。同时可提供虚拟专用网络（VPN）、防病毒安全、网络流量分析等功能。

②入侵防御系统。可提供入侵防御与检测、病毒过滤、带宽管理、URL过滤等功能。

③应用控制网关。能够对网络带宽滥用、网络游戏、多媒体应用、网站访问等进行识别和控制。

④异常流量检测设备。可及时发现网络异常流量等安全威胁，提供流量清洗等安全功能。

（7）信号传输介质。

①双绞线。双绞线有非屏蔽型和屏蔽型两种。非屏蔽型双绞线成本低，布线方便，数据传输速率可以达到1Gbit/s，甚至更高。

②同轴电缆。抗干扰性强，信息传输速度高，频带宽，连接也不太复杂。

③光纤电缆。有单模光纤、多模光纤两种。成本高，布线和连接不方便，数据传输率可以达1000 Mbit/s或更高。

（三）计算机网络系统的发展

目前计算机网络系统的发展很快，主要表现在以下五个方面。

1. 因特网

因特网是全世界最大的计算机网络，它起源于美国国防部高级研究计划局（ARPA）主持研制的用于支持军事研究的计算机实验网阿帕网（ARPANET）。阿帕网建网的初衷旨在帮助为美国军方工作的研究人员通过计算机交换信息。它的设计与实现是基于这样的一种指导思想：网络要能够经得住障阵的考验而维持正常工作，当网络的一部分因受攻击而失去作用时，网络的其他部分仍能维持正常通信。

因特网的网络互联是多种多样、复杂多变的，其结构是开放的，并且易于扩展。开放性的结构将 ISP（因特网业务提供商）、ICP（因特网内容提供商）、IDC（因特网数据中心）等用户连接起来，这种连接是通过电信网络作为承载网络连接起来的，因此因特网已离不开电信网络而独立存在。

因特网由众多的计算机网络互连组成，主要采用 TCP/IP 协议组，采用分组变换技术，由众多路由器通过电信传输网连接而成的一个世界性范围信息资源网。

2. 内部网络

内部网络是因特网技术在一个企业中的应用，是实现企业内部信息传输的有效手段。在内部网络上采用 TCP/TP 作为网络传输协议，利用因特网的 Web 模型作为标准平台，使用 HTML、SMTP 等开放的基于因特网的标准来表示和传递信息。防火墙把内部网络和因特网分隔开，其网络资源完全为内部所有。

3. 无线网络

无线网络是移动通信和计算机网络的结合，通过无线方式向移动用户提供信息访问和服务，采用无线通信协议。

4. 计算机协同工作

计算机协同工作是指地域分散的一个群体通过计算机网络的联系来共同完成一项工作，如工作流管理、多媒体计算机会议、协同编写和协同设计等。

5. 虚拟局域网

虚拟局域网是一种将局域网（LAN）设备从逻辑上划分（注意，不是从物理上划分）成一个个网段（或者说是更小的局域网），从而实现虚拟工作组（单元）的数据交换技术。

虚拟局域网这一新兴技术主要应用于交换机和路由器中，目前主流应用是在交换机中。但不是所有交换机都具有此功能，只有三层以上交换机才具有，这一点可以查看相应交换机的说明书。虚拟局域网的优点主要有以下 3 个。

（1）端口的分隔。

即便在同一个交换机上，处于不同虚拟局域网的端口也是不能通信的。这样一个物理的交换机可以当作多个逻辑的交换机使用。

（2）网络的安全。

不同虚拟局域网不能直接通信，杜绝了广播信息的不安全性。

（3）灵活的管理。

更改用户所属的网络不必换端口和连线，只更改软件配置就可以了。虚拟局域网技术的出现，使得管理员根据实际应用需求，把同一物理局域网内的不同用户逻辑地划分成不同的广播域，每一个虚拟局域网都包含一组有着相同需求的计算机工作站，与物理上形成的局域网有着相同的属性。由于它从逻辑上划分，而不是从物理上划分，所以同一个局域网内的各个工作站没有限制在同一个物理范围中，即这些工作站可以在不同的物理局域网网段。由虚拟局域网的特点可知，一个虚拟局域网内部的广播和单播流量都不会转发到其他虚拟局域网中，从而有助于控制流量、减少设备投资、简化网络管理、提高网络的安全性。虚拟局域网除了能将网络划分为多个广播域，从而有效地控制广播风暴的发生，以及使网络的拓扑结构变得非常灵活外，还可以用于控制网络中不同部门、不同站点之间的互相访问。

6. 光纤同轴电缆混合网

光纤同轴电缆混合网是一种以模拟频分复用技术为基础，综合应用模拟和数字传输技术、光纤和同轴电缆技术、射频技术及高度分布式智能技术的宽带接入网络，是有线电视（CATV）和电话网结合的产物，也是将光纤逐渐推向用户（FTTH）的一种新的经济的演进策略，这种方式兼顾了宽带业务和建立网络的低成本，目前已经在国内外广泛应用。

混合光纤同轴电缆网（HFC）的传输链路主干线是光纤，接入部分是同轴电缆，是一种多传输介质、数字和模拟信号共存的复杂网络，说明对 HFC 网络的管理要比传统的计算机网络或电信网络的管理更为复杂。HFC 网络发展的历史原因和继承性，使得 HFC 网络管理存在许多弊病，已经不适应现代宽带接入网发展的要求，特别是 HFC 接入网处于多系统运营商的管理之下，其兼容性和互操作性是一个很大的问题，急需完善可靠、经济的 HFC 网络管理系统，最终实现对 HFC 网络的全面管理，如失效管理、配置管理、安全管理、性能管理和计费管理等。当前，对 HFC 网络的管理基本集中在网络维护的网元管理层，对更高层（网络层、业务层、企业级）的管理，尤其是对接入网的高层管理还是一个有待发展的课题。在物理层，HFC 网络管理功能包括差错检测、噪声系数、放大器增益、信号电平和电源电压；在数据层（数据链路层及以上），HFC 网络管理功能包括对网络及其组件的配置管理、故障管理和性能管理。

7. 以太无源光纤网

它是 PON 技术中最新的一种，由 IEEE 802.3EFM 提出。EPON 采用点到多点的网络结构、无源光纤传输方式，也是一种能够提供多种综合业务的宽带接入技术。

EPON 是一种结合了以太网和 PON 的宽带接入技术。众所周知，以太网简单易用，安装方便，运用广泛，但是一直也存在一些问题，如传输距离短、采用共享工作方式等，特别是在大规模使用时，这些问题更加明显。因此通信业界推出了一系列的解决方案，包括 EPON、RPR、MSTP 等。

EPON 接入系统具有如下特点。

（1）局端（OLT）与用户（ONU）之间仅有光纤、光分路器等光无源器件，无须租用机房，无须配备电源，无须有源设备维护人员，因此，可有效节省建设和运营维护成本。

（2）EPON 采用以太网的传输格式，同时也是用户局域网/驻地网的主流技术，二者具有天然的融合性，消除了复杂的传输协议转换带来的成本因素；采用单纤波分复用技术（下行 1490nm，上行 1310 nm），仅需一根主干光纤和一个局端，传输距离可达 20km。在用户侧通过光分路器分送给最多 32 个用户，因此可大大降低局端和主干光纤的成本压力。

（3）上下行均为千兆速率，下行采用针对不同用户加密广播传输的方式共享带宽，上行利用时分复用（TDMA）共享带宽。高速宽带充分满足了接入网客户的带宽需求，并可方便灵活地根据用户需求的变化动态分配带宽。

（4）点对多点的结构，只需增加用户数量和少量用户侧光纤即可方便地对系统进行扩容升级，充分保护运营商的投资。

（5）EPON 具有同时传输 TDM、IP 数据和视频广播的能力。其中 TDM 和 PP 数据采用 IEEE 8023 以太网的格式进行传输，辅以电信级的网管系统，足以保证传输质量。通过扩展第三个波长（通常为 1550 nm）即可实现视频业务广播传输。

8. 光纤到户

FTTH 接入技术主要有两大类，即基于无源光网络接入技术的 EPON、GPON 和基于小区有源交换接入的 Fiber P2P 技术。

AON 网络主要由放置于地区机房的光线路终端光交换机和放置于用户侧的光网络单元组成。传输媒介是单模光纤，可以选择单光纤，也可以选择双光纤。

9. 综合业务宽带光接入系统网络工程

四网合一综合业务宽带光接入系统网络工程是通过"室内外光纤复合电力线"和系列的光/电复合接插、交换、汇接设备使光纤到达用户家庭和计算机桌面的，能高质量地为用户同时提供电力、电话、有线电视、高速数据 4 种服务。

六、自动控制概述

（一）自动控制系统概念

自动控制系统是指应用自动化仪器仪表或自动控制装置代替人自动地对仪器设备或工程生产过程进行控制，使之达到预期的状态或性能指标。对传统的工业生产过程采用自动控制技术，可以有效提高产品的质量和企业的经济效益。对一些恶劣环境下的控制操作，自动控制显得尤其重要。在已知控制系统结构和参数的基础上，求取系统的各项性能指标，并找出这些性能指标与系统参数之间的关系就是对自动控制系统的分析，而在给定对象特性的基础上，按照控制系统应具备的性能指标要求，寻求能够全面满足这些性能指标要求的控制方案并合理确定控制器的参数，则是对自动控制系统的分析和设计。

如温度自动控制系统通过将实际温度与期望温度的比较来进行调节控制，以使其差别很小。在自动控制系统中，外界影响包含室外空气温度、日照等室外负荷的变动及室内人员等室内负荷的变动。如果没有这些外界影响，只要一次把（执行器）阀门设定到最适当的开度，室内温度就会保持恒定。然而正是由于外界影响而引起负荷变动，为保持室温恒定就必须进行自动控制。当设定温度变更或有外界影响时，从变更变化之后调节动作执行到实际的室温变化开始，有一个延迟时间，这个时间称作滞后时间。而从室温开始变化到达设定温度所用时间称为时间常数。对于这样的系统，要求自动控制具有可控性和稳定性。可控性指尽快地达到目标值，稳定性指一旦达到目标值后，系统能长时间保持设定的状态。

（二）自动控制设备

自动控制设备有传感器、自动控制器和执行器等。

1. 传感器

传感器是感知物理量变化的器件。物理量分为电量和非电量。电量如电压、电流、功率等。非电量如温度、压力、流量、湿度等。电量或非电量通过变送器变换成系统需要的电量。

2. 自动控制器

自动控制器或调节器由误差检测器和放大器组成。自动控制器将检测出的通常功率很低的误差功率放大，因此，放大器是必需的。自动控制器的输出是供给功率设备，如气动执行器或调节阀门、液压执行器或电机。自动控制器把对象的输出实际值与要求值进行比较，确定误差，并产生一个使误差为零或微小值的控制信号。

自动控制器产生控制信号的作用叫作控制，又叫作反馈控制。

3. 执行器

执行器是根据自动控制器产生控制信号进行动作的设备。执行器可以推动风门或阀门动作。执行器和阀门结合就成为调节阀。

（三）自动控制器的分类

1. 按照工作原理分类

自动控制器按照其工作原理可分为模拟控制器和数字控制器两种。

①模拟控制器采用模拟计算技术，通过对连续物理量的运算产生控制信号，它的实时性较好。

②数字控制器采用数字计算技术，通过对数字量的运算产生控制信号。

2. 按照基本控制作用分类

自动控制器按照基本控制作用可以分为定值控制、模糊控制、自适应控制、人工神经网络控制和程序控制等种类。

（1）定值控制

其目标值是固定的。自动控制器按定值控制作用可分为双位或继电器型控制（on/of，开关控制）、比例控制（P）、积分控制（I）、比例—积分控制（PI）、比例—微分控制（PD）、比例—积分—微分控制（PID）等。它们之间的区分如下。

①双位或继电器型。在双位控制系统中，许多情况下执行机构只有通和断两个固定位置。双位或继电器型控制器比较简单，价格也比较便宜，所以广泛应用于要求不高的控制系统中。

双位控制器一般是电气开关或电磁阀。它的被调量在一定范围内波动。

②比例控制。采用比例控制作用的控制器，输出与误差信号是正比关系。它的系数叫作比例灵敏度或增益。

无论是哪一种实际的机构，也无论操纵功率是什么形式，比例控制器实质上是一种具有可调增益的放大器。

③积分控制。采用积分控制作用的控制器，其输出值是随误差信号的积分时间常数而成比例变化的。它适用于动态特性较好的对象（有自平衡能力、惯性和迟延都很小）。

④比例—积分控制。比例—积分控制的作用是由比例灵敏度或增益和积分时间常数来定义的。积分时间常数只调节积分控制作用，而比例灵敏度值的变化同时影响控制作用的比例部分和积分部分。积分时间常数的倒数叫作复位速率，复位速率是每秒钟的控制作用较比例部分增加的倍数，并且用每秒钟增加的倍数来衡量。

⑤比例—微分控制。比例—微分控制的作用是由比例灵敏度、微分时间常数来定义的。比例—微分控制有时也称为速率控制，它是控制器输出值中与误差信号变化的速率成正比的那部分。微分时间常数是速率控制作用超前于比例控制作用的时间间隔。微分作用有预测性，它能减少被调量的动态偏差。

⑥比例—积分—微分控制。比例控制作用、积分控制作用、微分控制作用的组合叫比例—积分—微分控制作用。这种组合作用具有三个单独的控制作用。它由比例灵敏度、积分时间常数和微分时间常数所定义。

（2）模糊控制。

模糊控制是目标值采用模糊数学方法的控制，是控制理论中的一种高级策略和新颖技术，是一种先进实用的智能控制技术。

在传统的控制领域中，控制系统动态模式的精确与否是影响控制优劣的关键因素，系统动态的信息越详细，越能达到精确控制的目的。然而，对于复杂的系统，由于变量太多，往往越难以正确地描述系统的动态，于是工程师便利用各种方法来简化系统动态，以达成控制的目的，但效果却不尽理想。换言之，传统的控制理论对于明确系统有强有力的控制能力，对于过于复杂或难以精确描述的系统则显得无能为力。因此，人们开始尝试以模糊数学来处理这些控制问题。

（3）自适应控制。

在日常生活中，所谓自适应是指生物能改变自己的习性以适应新的环境的一种特征。因此，直观地讲，自适应控制器应当是这样一种控制器，即能修正自己的特性以适应对象和扰动的动态特性的变化，它是一种随动控制方式。自适应控制的研究对象是具有一定程度不确定性的系统。这里所谓的不确定性，是指描述被控对象及其环境的数学模型不是完全确定的，其中包含一些未知因素和随机因素。

（4）人工神经网络控制。

人工神经网络控制是采用平行分布处理、非线性映射等技术，通过训练进行学习，能够适应与集成的控制系统。

（5）程序控制。

程序控制是按照时间规律运行的控制系统。

3. 按照控制变量数目分类

自动控制按照控制变量的数目可分为单变量控制和多变量控制。单变量控制的输入变量只有一个；多变量控制则有多个输入变量。

4. 按照动力种类分类

自动控制器按照在工作时供给的动力种类，可分为气动控制器、液压控制器和电动控制器。也可以几种动力组合，如电动—液压控制器、电动—气动控制器。多数自动控制器应用电或液压流体（如油或空气）作为能源。采用何种控制器，必须由对象的安全性、成本、利用率、可靠性、准确性、质量和尺寸大小等因素来决定。

（四）数字控制系统

1. 数字控制系统的定义

数字控制系统用代表加工顺序、加工方式和加工参数的数字码作为控制指令的数字控制系统，数字控制系统简称数控系统。在数字控制系统中通常配备专用的电子计算机，反映加工工艺和操作步骤的加工信息用数字代码预先记录在穿孔带、穿孔卡、磁带或磁盘上。系统在工作时，读数机构依次将代码送入计算机并转换成相应形式的电脉冲，用以控制工作机械按照顺序完成各项加工过程。数字控制系统的加工精度和加工效率都较高，特别适合于工艺复杂的单件或小批量生产。它广泛用于工具制造、机械加工、汽车制造和造船工业等。

2. 数字控制系统的组成

数字控制系统由信息载体、数控装置、伺服系统和受控设备组成。信息载体采用纸带、磁带、磁卡或磁盘等，用以存放加工参数、动作顺序、行程和速度等加工信息。数控装置又称插补器，根据输入的加工信息发出脉冲序列。每一个脉冲代表一个位移增量。插补器实际上是一台功能简单的专用计算机，也可直接采用微型计算机。插补器输出的增量脉冲作用于相应的驱动机械或系统，用于控制工作台或刀具的运动。如果采用步进电机作为驱动机械，则数字控制系统为开环控制。对于精密机床，需要采用闭环控制的方式，以伺服系统为驱动系统。

3. 数字控制系统的优势

①能够达到较高的精度，能进行复杂的运算。

②通用性较好，要改变控制器的运算，只要改变程序就可以。

③可以进行多变量的控制、最优控制和自适应控制。

④具有自动诊断功能，有故障时能及时发现和处理。

4. 数字控制系统的发展

早期多采用固定接线的硬线数控系统，用一台专用计算机控制一台设备。后来采用微型计算机代替专用计算机，编制不同的程序软件实现不同类型的控制，可增强系统的控制功能和灵活性，称为计算机数控系统（CNC）或软线数控系统。后来又发展成为用一台计算机直接管理和控制一群数控设备，称为计算机群控系统或直接数控系统（DNC）。进一步又发展成由多台计算机数控系统与数字控制设备和直接数控系统组成的网络，实现多级控制。到了20世纪80年代，则发展成将一群机床与工件、刀具、夹具和加工自动传输线相配合，由计算机统一管理和控制，构成计算

机群控自动线，称为柔性制造系统（FMS）

数字控制系统的更高阶段是向机械制造工业设计和制造一体化发展，将计算机辅助设计（CAD）与计算机辅助制造（CAM）相结合，实现产品设计与制造过程的完整自动化系统。

（五）建筑自动化系统

建筑自动化系统或建筑设备监控系统，一般采用分布式系统和多层次的网络结构，并根据系统的规模、功能要求及选用产品的特点，采用单层、两层或三层的网络结构。注意不同网络结构均应满足分布式系统集中监视操作和分散采集控制（分散危险）的原则。

大型系统宜采用由管理、控制、现场设备三个网络层构成的三层网络结构。

中型系统宜采用两层或三层的网络结构，其中两层网络结构宜由管理层和现场设备层构成。

小型系统宜采用以现场设备层为骨干构成的单层网络结构或两层网络结构。

各网络层功能分为以下3点。

①管理网络层应完成系统集中监控和各种系统的集成。

②控制网络层应完成建筑设备的自动控制。

③现场设备网络层应完成末端设备控制和现场仪表设备的信息采集和处理。

（六）现场总线

现场总线是近年来迅速发展起来的一种工业数据总线，它主要解决工业现场的智能化仪器仪表、控制器、执行机构等现场设备间的数字通信及这些现场控制设备和高级控制系统之间的信息传递问题。由于现场总线简单、可靠、经济实用等一系列突出的优点，因而受到了许多标准团体和计算机厂商的高度重视。

它是一种工业数据总线，是自动化领域中底层数据通信网络。简单地说，现场总线就是以数字通信替代了传统4~20mA模拟信号及普通开关量信号的传输，是连接智能现场设备和自动化系统的全数字、双向、多站的通信系统。

1.现场总线的特点

（1）系统的开放性。

传统的控制系统是个自我封闭的系统，一般只能通过工作站的串口或并口对外通信。在现场总线技术中，用户可按自己的需要和对象，将来自不同供应商的产品组成大小随意的系统。

（2）可操作性与可靠性。

现场总线在选用相同的通信协议情况下，只要选择合适的总线网卡、插口与适配器即可实现互连设备间、系统间的信息传输与沟通，大大减少接线与查线的工作量，有效提高控制的可靠性。

（3）现场设备的智能化与功能自治性。

传统数控机床的信号传递是模拟信号的单向传递，信号在传递过程中产生的误差较大，系统难以迅速判断故障而带故障运行。而现场总线中采用双向数字通信，将传感测量、补偿计算、工程量处理与控制等功能分散到现场设备中完成，可随时诊断设备的运行状态。

（4）对现场环境的适应性。

现场总线是作为适应现场环境工作而设计的，可支持双绞线、同轴电缆、光缆、射频、红外线及电力线等，其具有较强的抗干扰能力，能采用两线制实现送电与通信，并可满足安全及防爆要求等。

2. 现场总线控制系统的组成

它的软件是系统的重要组成部分，控制系统的软件有组态软件、维护软件、仿真软件、设备软件和监控软件等。选择开发组态软件、控制操作人机接口软件。通过组态软件，完成功能块之间的连接，选定功能块参数，进行网络组态。在网络运行过程中对系统实时采集数据，进行数据处理、计算。

（1）现场总线的测量系统。

其特点是，多变量高性能测量，使测量仪表具有计算能力等更多功能，由于采用数字信号，具有高分辨率，准确性高，抗干扰、抗畸变能力强，同时还具有仪表设备的状态信息，可以对处理过程进行调整。

（2）设备管理系统。

可以提供设备自身及过程的诊断信息、管理信息、设备运行状态信息（包括智能仪表）、厂商提供的设备制造信息。例如，费希尔—罗斯蒙特（Fisher-Rousemount）公司，推出应用管理系统（AMS），它安装在主计算机内，由它完成管理功能，可以构成一个现场设备的综合管理系统信息库，在此基础上实现设备的可靠性分析及预测性维护。将被动的管理模式改变为可预测性的管理维护模式。应用管理系统是以现场服务器为平台的 T 型结构，在现场服务器上支撑模块化，功能丰富的应用软件为用户提供一个图形化界面。

（3）总线系统计算机服务模式。

客户机 / 服务器模式是较为流行的网络计算机服务模式。服务器表示数据源（提供者），应用客户机则表示数据使用者，它从数据源获取数据，并进一步进行处理。

客户机运行在个人计算机或工作站上。服务器运行在小型机或大型机上，它使用双方的智能、资源、数据来完成任务。

（4）数据库。

它能有组织地、动态地存储大量有关数据与应用程序，实现数据的充分共享、交叉访问，具有高度独立性。工业设备在运行过程中参数连续变化，数据量大，操作与控制的实时性要求很高。因此就形成了一个可以互访操作的分布关系及实时性的数据库系统，市面上成熟的供选用的如关系数据库中的 Oracle、sybas、Informix、SQL Server，实时数据库中的 Infoplus、PI、ONSPEC 等。

（5）网络系统的硬件与软件。

网络系统硬件有系统管理主机、服务器、网关、协议变换器、集线器、用户计算机及底层智能化仪表。网络系统软件有网络操作软件，如 NetWarc、LAN Mangger、Vines；服务器操作软件如 Lenix、os/2、Window NT、应用软件数据库、通信协议、网络管理协议等。

七、建筑工程的类型

（一）按照用途分类

1. 民用建筑

（1）办公建筑。

办公建筑包含商务办公建筑、行政办公建筑、金融办公建筑等，又可分为专用办公建筑和出租办公建筑。专用办公建筑指行政办公建筑、公司办公建筑、企业办公建筑、金融办公建筑；出租办公建筑指业主租给各种公司办公用的商务办公建筑。办公建筑主要提供完善的办公自动化服务、各种通信服务并保证有良好的环境。

（2）商业建筑。

商业建筑包含商场、宾馆等。随着旅游业务国际化的到来，人们对旅游建筑也提出多功能、高服务质量、高效率、安全性增强等要求。智能旅游建筑则要求有多种用于提高其舒适度、安全性、信息服务能力、效率等的设施。商业建筑主要提供商业和旅游业务处理以及安全保卫、设备管理等功能。

（3）文化建筑。

文化建筑指图书馆、博物馆、会展中心、档案馆等。文化建筑主要提供各种业务处理和安全保卫、设备管理等功能。

（4）媒体建筑。

媒体建筑包含剧（影）院、广播电视业务建筑等。

（5）体育建筑。

体育建筑包含体育场、体育馆、游泳馆等。

（6）医院建筑。

医院建筑主要是指提供医疗服务的各类建筑，并应实现医疗网络化的信息系统建设。综合医疗信息系统可用于医疗咨询、远程诊断、病历管理、药品管理等。

（7）学校建筑。

学校建筑包含普通高等学校和高等职业院校、高级中学和高级职业中学、初级中学和小学、托儿所和幼儿园等开展教学的相关建筑。

（8）交通建筑。

交通建筑包含空港航站楼、铁路客运站、城市公共轨道交通站、社会停车库（场）等。

（9）住宅建筑。

住宅建筑包含住宅和居住小区。住宅是供家庭使用的建筑物，又称居住建筑。住宅形式多种多样，有低层住宅、多层住宅、小高层住宅、高层住宅、别墅、家居办公（SOHO）、排屋等。居住小区或住区是由多栋住宅组成的小区。其中住区包含道路、园林、休闲设施、商业、教育设施等。

2. 工业建筑

（1）专用工业建筑指发电厂、化工厂、制药厂、汽车厂等生产某种产品的工业建筑。

（2）通用工业建筑指一般的机械、电器装配厂。

（二）按照规模分类

建筑工程按照规模大小可分为大型、中型和小型建筑。

1. 大型建筑工程：指面积在 20000m² 以上的建筑。

2. 中型建筑工程：指面积为 5000 ~ 20000m² 的建筑。

3. 小型建筑工程：指面积在 50m² 以下的建筑物。

（三）按照高度分类

建筑物按照高度可分为单层、多层、高层、超高层建筑。

1.1 ~ 3 层为低层住宅。

2.4 ~ 6 层为多层住宅。

3.7 ~ 9 层为中高层住宅。

4.10 层以上为高层住宅。

八、智能建筑概念

智能建筑的概念起源较早，按照 IBI 机构的定义，智能建筑是通过优化结构、系统、服务和管理 4 个基本元素来提供有效和舒适的环境。国内学术界将智能建筑定义为利用系统集成方法，将智能型计算机技术、通信技术、信息技术与建筑艺术有机结合，通过对设备的自动监控，对信息资源的管理和对使用者的信息服务及其与建筑的优化组合，所获得的投资合理，适合信息社会需要并且具有安全、高效、舒适、便利和灵活特点的建筑物。智能建筑的本质就是为人们提供一个优越的工作和生活环境，这种环境具有安全、舒适、便利、高效与灵活的特点。

(一) 智能建筑的特点

智能建筑的特点是具有多种内部及外部信息交换能力，能对建筑物内机械、电气设备进行集中自动控制及综合管理，能方便地处理各种事务，具有舒适的环境和易于改变的空间。

1. 具有良好的信息通信能力，提高了工作效率。智能建筑通过建筑内外四通八达的电话、电视、计算机局域网、因特网等现代通信手段和各种基于网络的业务办公自动化系统，为人们提供了一个高效便捷的工作、学习和生活环境。

2. 提高了建筑物的安全性，如对火灾及其他自然灾害、非法入侵等可及时发出警报并自动采取措施排除及制止灾害蔓延。智能建筑确保了人、财、物的高度安全，具有对灾害和突发事件的快速反应能力。

3. 具有良好的节能效果。通过对建筑物内空调、给排水、照明等设备的控制不但提供了舒适的环境，还有显著的节能效果。建筑物空调与照明系统的能耗很大，约占总能耗的 70%。在满足使用者对环境要求的前提下，智能建筑应通过其智能，尽可能利用日光和大气能量来调节室内环境，以最大限度地减少能源消耗。按事先在日历上确定的程序，区分"工作"与"非工作"时间，对室内环境实施不同标准的自动控制，下班后自动降低室内照度与温度、湿度控制标准，已成为智能建筑的基本功能。利用空调与控制等行业的最新技术最大程度地节省能源是智能建筑的主要特点之一，它的经济性也是智能建筑得以迅速推广的重要原因。

4. 节省运行维护的人工费用。根据美国有关单位统计，一座建筑物的生命周期为 60 年，启用后 60 年内的维护及营运费用约为建造成本的 3 倍；再依据日本的统计，建筑物的管理费、水电费、煤气费、机械设备及升降梯的维护费，占整个大厦营运费用支出的 60% 左右，且其费用还将以每年 4% 的速度增加。所以通过智能化系统的管理功能，可降低机电设备的维护成本。同时由于操作和管理高度集中，人员安排得更合理，使得人工成本降到最低。

5. 采用信息技术改进建筑物的管理，为用户提供优质服务。智能建筑提供室内适宜的温度、湿度和新风，以及多媒体音像系统、装饰照明、公共环境背景音乐等，可大大提高人们的工作、学习和生活质量。

（二）智能建筑的构成

智能建筑与一般建筑不同，它除了一般的电力、给排水、空气调节、采暖、通风等机电设施，还配置了信息处理及自动控制系统。

现代智能建筑一般配置有通信自动化系统（CAS）、办公自动化系统、建筑自动化系统（BAS）三大系统。这三个系统中又包含各自的子系统，按照其功能可细分为十多个子系统。

1. 通信自动化系统

通信自动化系统是在保证建筑物内语音、数据、图像传输的基础上，同时与外部通信网（如电话网、计算机网、数据网、卫星以及广电网）相连，与世界各地互通信息的系统。通信自动化系统主要由程控数字用户交换机网和有线电视网两大网构成。通信自动化系统按功能划分为以下 8 个子系统。

（1）固定电话通信系统。

（2）声讯服务通信系统（语音信箱和语音应答系统）。

（3）无线通信系统，具备选择呼叫和群呼功能。

（4）卫星通信系统，楼顶安装卫星收发天线和 VAST 通信系统，与外部构成语音和数据通道，实现远距离通信的目的。

（5）多媒体通信系统。

（6）视讯服务系统。

（7）有线电视系统。

（8）计算机通信网络系统。

2. 办公自动化系统

办公自动化系统或信息化应用系统是智能建筑基本功能之一。智能建筑办公自动化系统应该能够对来自建筑物内外的各种信息予以收集、处理、储存、检索等综合处理。通用办公自动化系统提供的主要功能有文字处理、模式识别、图形处理、图像处理、情报检索、统计分析、决策支持、计算机辅助设计、印刷排版、文档管理、电子账务、电子邮件、电子数据交换、来访接待、电子黑板、会议电视、同声传译等。另外，先进的办公自动化系统还可以提供辅助决策功能，提供从低级到高级的为办公事务服务的决策支持系统。

专用型办公自动化系统能提供特定业务的处理，如物业管理、酒店管理、商业经营管理、图书档案管理、金融管理、交通票务管理、停车场计费管理、商业咨询、购物引导等方面的综合服务。

办公自动化系统的主要硬件是网络交换机、服务器和终端设备。

3. 建筑自动化系统

建筑自动化系统或建筑设备管理系统采用现代传感技术、计算机技术和通信技术，对建筑物内所有机电设施进行自动控制。建筑自动化系统可控制的机电设施包括变配电、给水、排水、空气调节、采暖、通风、运输等，还包括公共安全、火灾自动报警等，用计算机实行全自动综合监控管理。

建筑自动化系统一般包含以下子系统。

（1）环境控制管理子系统。

该系统主要对建筑物设备进行检测、控制和管理，保证建筑物有良好的环境，同时节能。控制管理的设备有变配电及自备电源、电力、照明、空调通风、给排水、运输设备。

（2）防灾与保安子系统。

①火灾自动报警与消防联动控制系统。其提供火灾监测告警、定位、隔离、通风、排烟灭火等功能。

②安全防范系统，也称为公共安全系统。其是为维护公共安全，综合运用现代科学技术，以应对危害社会安全的各类突发事件而构建的技术防范系统或保障体系。该系统的功能是防止非法入侵、窃取，保护人身和财物。可以配置视频监视、出入口控制、身份识别、防盗防抢、保巡查、保安对讲系统。其他还有结构及地震监视与报警、煤气警、水灾报警等功能。

4. 结构化综合布线系统

结构化综合布线系统（SCS）又称综合布线系统，是建筑物或建筑群内部之间的传输网络。它把建筑物内部的语音交换、智能数据处理设备及其广义的数据通信设施相互连接起来，并采用必要的设备同建筑物外部数据网络或电话局线路相连接。该系统包括所有建筑物与建筑群内部用以连接以上设备的电缆和相关的布线器件。

（三）智能建筑的发展趋势

当前，智能建筑直接利用的技术是建筑技术、计算机技术、网络通信技术、自动化技术。在21世纪的智能建筑领域里新技术不断涌现，如信息网络技术、控制网络技术、智能卡技术、可视化技术、移动办公技术、家庭智能化技术、无线局域网技术（含蓝牙技术）、数据卫星通信技术、双向电视传输技术等，都将会有更加深入广泛的应用。

　　智能建筑的发展，带动了建筑设备智能化技术的快速发展。近年来空调、制冷机组、电梯、变配电、照明等系统与设备的控制系统的智能化程度越来越高建筑智能化的外延也在扩展，如智能化的建筑材料（自修复混凝土、光纤混凝土）、智能化的建筑结构。国内近几年智能建筑的发展，已经带动和促进了相关行业的发展，成为高新技术产业的重要组成部分。一方面为智能建筑功能的提高提供了有力的技术支持；另一方面也促进了相关行业产品技术水平的不断提高和产品的更新换代。

　　智能建筑中各个系统向开放性和集成化方向发展，特别是开放性控制网络技术正在向标准化、广域化、可移植、可扩展和互可操作方向发展。由于智能建筑系统是多学科、多技术的系统集成整体，因而开放式可互操作系统技术的规范化、标准化，就成为实现智能建筑及其产品设备与系统的产业化技术水平的核心关键。智能建筑中各种系统、网络正在相互融合、简化，如智能建筑的发展推动了移动办公的发展，使办公不再受地域的限制，减少了交通开支。"可持续发展技术"是智能建筑技术发展的大方向。新兴的环保生态学、生物工程学、生物电子学、仿生学、生物气候等学科和技术，正在深入渗透建筑智能化多学科多技术领域中，促进人类实现聚居环境的可持续发展目标。在国际上也形成了所谓的"可持续发展技术产业"。目前，欧洲、美国、日本等发达国家和地区也在尝试运用高新技术有规模地建设智能型绿色建筑、智能型生态建筑。

　　智能建筑的概念也在发展，目前智能建筑正和节能建筑、环保建筑、生态建筑、绿色建筑、信息建筑、数字建筑、网络建筑相结合发展。

　　智能建筑正在从单体向建筑群和数字化社区、数字化城市发展。智能建筑（群）和具备智能建筑特点的现代化居住小区，虽然都建设了自己独具特色的综合信息系统，但从整个城市来讲，它们仍只是一个个功能齐全的"信息孤岛"。如何将这些"信息孤岛"有机地联系起来，更大地发挥它们的功能和作用，进而将整个城市推向现代化、信息化和智能化，是一个关键问题。在这样的条件下，"数字城市"的概念应运而生。可以说，"数字城市"是智能建筑概念的一个具有特殊意义的扩展。可以设想，将住宅、社区、医院、银行、学校、超市、购物中心等所有智能建筑通过信息网络能够连接形成"数字城市"信息平台之上的智能建筑、智能小区、智能住宅。这些可以预见的前景，预示着智能建筑具有极其广阔的发展领域。

　　随着科学技术的发展以及人类越来越强调人与自然的和谐相处，未来的智能建筑必然是技术和生态的结合。智能建筑向数字智能化方向发展的同时也向着绿色环保的生态方向发展。智能和生态是如今社会对建筑的两大需求，在实际中必须配合互补，不能顾此失彼，智能建筑设计要同时考虑智能和生态两个功能的协调，创造出一种全新的生态智能建筑。这应该是智能建筑发展史上的一个新阶段，也是 21 世纪世界建筑与建材的发展趋势。今后的建筑不仅要求智能化，而且要求体现民族的文化特色，智能建筑的将来一定是各国文化的一种体现。

第二节 建筑供配电系统

一、电力系统和电力

一切用电部门，如果没有自备发电机，差不多都是由电力系统供电的。由于发电厂往往距负荷中心较远，从发电厂到用户只有通过输电线路和变电所等中间环节，才能把电力输送给用户。同时，为了提高供电的可靠性和实现经济运行，常将许多发电厂和电力网连接在一起并联运行。由发电厂、电力网和用户组成的统一整体称为电力系统。

（一）电力系统和电力网

电力系统由发电、输电和配电系统组成。电力系统是把各类型发电厂、变电所和用户连接起来组成的一个发电、输电、变电、配电和用户的整体，主要目的是把发电厂的电力供给用户。因此电力系统又常称为输配电系统或供电系统。

输、配电线路和变电所是连接发电厂和用户的中间环节，是电力系统的一部分，称为电力网。电力网常分为输电网和配电网两大部分。由 35 kV 及以上的输电线路和与其连接的变电所组成的网络称为输电网。输电网的作用是将电力输送到各个地区，或直接送给大型用户，因此输电网又称为区域电力网或地方电力网，是电力系统的主要网络。

在电力系统中，直接供电给用户的线路称为配电线路。如果是 380 V/220 V，则称为低压配电线路。把电压降为 380 V/220 V 的用户变压器称为用户配电变压器。如果用户是高压电气设备，这时的供电线路称为高压配电线路；连接用户配电变压器及其前级变电所的线路也称为高压配电线路。

以上所指的低压，是指 1 kV 以下的电压。1 kV 及以上的电压称为高压。一般还把 3 kV、6 kV、10 kV 等级的电压称为配电电压，把高压为这些等级的电压的降压变压器称为配电变压器；接在 35 kV 及其以上电压等级的变压器称为主变压器。因此配电网是由 10 kV 及以下的配电线路和配电变压器所组成的，它的作用是将电力分配到各类用户。

（二）电力网的电压等级

电力网的电压等级比较多。从输电的角度看，电压越高则输送的距离越远，传输的容量也越大，电能的损耗就越小；但电压越高，要求绝缘水平也高，因而造价也越高。电压的等级也不宜太多，否则输变电容量重复太多，也不易实现电机、变压器及其他用电设备的生产标准化，电网的接线也比较复杂零乱。目前，我国电力网的电压等级主要有 0.22 kV、0.38 kV、3 kV、6 kV、10 kV、35 kV、110 kV、220 kV、330 kV 和 550 kV 共 10 级。

按照技术经济原则，根据我国国民经济的发展情况，国家对电压等级做了统一规定，称为额定电压等级。额定电压就是用电设备、发电机和变压器正常工作时具有最好技术经济指标的电压。显然，对用电设备来说，额定电压应和网络的电压一致。但是，在传输负荷电流的过程中，电力网的电压是要变化的。

变压器二次线圈的额定电压也分上述两种情况，但首先要明确，变压器二次线圈的额定电压是指变压器一次线圈加上额定电压而二次侧开路的电压，即空载电压。在满载时二次线圈内有 5% 的电压降。

（三）用电负荷的分类

电力网上用电设备所消耗的功率称为用户的用电负荷或电力负荷。用户供电的可靠性等级是由用电负荷的性质决定的。《建筑电气设计技术规程》将用电负荷等级划分为 3 类，划分的标准如下。

1. 一级负荷

一级负荷的划定标准：

（1）中断供电将造成人员伤亡；

（2）中断供电将造成重大社会影响；

（3）中断供电将造成重大经济损失；

（4）中断供电将造成公共场所的秩序严重混乱。如主要交通枢纽、重要通信设施、重要宾馆、监狱、重要医院、重要科研场所及实验室、电视电信中心等。对一级负荷，要采用两个独立的电源，一备一用，保证对一级负荷连续供电。

2. 二级负荷

二级负荷的划定标准：

（1）中断供电将造成较大社会影响；

（2）中断供电将造成较大经济损失；

（3）中断供电将造成公共场所秩序混乱，如大型体育馆、大型影剧院等。对于二级负荷，要求采用双回路供电，即有两条线路供电，一备一用。在条件不允许采用双回路时，则允许采用6 kV以上专用架空线路供电。

3. 三级负荷

不属一级和二级负荷者都是三级负荷。一般民用建筑均属于三级负荷，但也应尽可能提高供电的可靠性。

二、变电所和配电所

（一）变电所、配电所的分类

1. 变、配电所的类型

（1）变电所。

①户外变电所

变压器安装于户外露天地面上，不需要建造房屋，所以通风良好，造价低，在建筑平面布置许可的条件下广泛采用。

②附设变电所

即变电所与建筑物共享一面墙或几面墙壁。此种变电所虽比户外变电所造价高，但供电可靠性好。

③独立变电所

变电所设置在离建筑物有一定距离的单独建筑物内。此种变电所造价较高，适用于对几个用户供电，但又不便于附设在某一个用户侧。

④变台

这是将容量较小的变压器安装在户外电杆上或者台墩上。

（2）配电所。

①附设配电所

把配电所附设于某建筑物内，造价低，较多采用。

②独立配电所

配电所不受其他建筑物的影响，布置方便，便于进出线，但造价较高。

③配变电所

即带变电所的配电所，也分为附设式和独立式。

2. 变配电所的位置确定

在规划设计中，合理确定变、配电所的位置和数量需要掌握以下原则：

（1）接近负荷中心，进出线方便；

（2）尽量避免设在多尘和有腐蚀气体的场所；

（3）避免设在有剧烈震动的场所和低洼积水地区；

（4）尽可能结合土建工程规划设计，以减少建造投资和电能损耗，节约有色金属的消耗等。

（二）变、配电所的电气接线图

1. 电气接线图的分类

电气接线图可分为主接线图和副接线图两种。电气主接线图又称一次接线图，是表示电能传送和分配路线的接线图。它是由各种主要电气设备——变压器、高压开关、高压熔断器、低压开关、互感器等电气设备，按一定顺序连接而成。一次接线图中的所有电气设备称为一次电气设备。

由于交流供电系统通常是三相对称的，故可用一根线来表示三相线路。用这种形式表示的接线图称为电气主接线单线接线图，简称电气主接线图。副接线图又称二次接线图，是表示测量、控制、信号显示、保护和自动调节一次设备运行的电路。与二次接线图相连的所有测量仪表、保护继电器等电气设备称为二次电气设备。二次接线与一次接线之间是由电压互感器和电流互感器相联系的。互感器的一次侧接于主电路（一次接线图），二次侧接于辅助电路（二次接线图）。互感器是一次设备。

电气主接线是研究的重点。电气主接线单线图应按国家标准规定的图形符号、文字绘制。为了阅读方便，常在图上标明主要电气设备的类型和技术参数。

2. 电气主接线图的设计原则

变、配电所的电气主接线直接影响变、配电所的技术经济性能和运行质量。民用建筑设施的变、配电所的电气主接线应满足下列要求：

（1）按照用电负荷的要求，保证供电可靠性；

（2）接线图力求简明，便于运行操作和迅速消除故障；

（3）应保证操作时的人身安全和在安全条件下进行维修工作；

（4）留有发展余地；

（5）节省建设投资。

在满足上述一般要求的前提下，还必须考虑以下几个问题。

（1）备用电源需要双电源供电的一级负荷的变电所必须有两个独立电源。对二级负荷，在可能情况下，也应有低压备用电源。

（2）电源进线方式进线可用架空线进线和电缆线进线。一般可采用架空导线，当环境要求较高时，应采用电缆进线。

（3）功率因数补偿必须保证功率因数 $\cos\phi$ 不低于 0.85，若达不到这个要求，则应在变电所内集中安装补偿电容器。

（4）电能计量方式对容量在 560kVA 以下的变压器，经电业部门同意，可在低压计量；对容量较大的变压器，原则上在高压计量。

3. 配电所主接线举例

高压配电所的进出线数与供电可靠性、输送容量和电压等级有关。如果有一、二级负荷应采用双回路电源进线。高压母线采用隔离开关分段，有较高的供电可靠性。此种情况下，不论哪一条供电线路发生故障，都可闭合母线联络开关，使两段母线均不致停电，保证了重要用户不中断供电。如果其中任一段母线发生故障或停电检修时，也只有一段母线上的用电设备断电。

（三）变电所和配电所的主要电气设备

在 6～10kV 的民用建筑供电系统中，常用的高压一次电气设备有高压熔断器、高压隔离开关、高压断路器、高压开关柜等。常用的低压一次电气设备有低压闸刀开关、低压负荷开关、低压自动开关、低压熔断器、低压配电屏等。互感器属高压一次设备。

1. 高压一次设备

（1）高压断路器。

在 6～10kV 高压熔断器中，户内广泛采用 RN1、RN2 型管式熔断器，户外则广泛采用 RW4 型跌落式熔断器。

RN1 型和 RN2 型的结构基本相同，都是户内用的。在其密封瓷管内，有并行的几根低熔点的工作熔体，熔体四周充满了石英砂。当短路电流或过负荷电流通过熔管时，熔体熔断，接着指示熔体熔断的指示器弹出。

RW4 型户外高压跌落式熔断器，熔断器的熔管由酚醛纸管做成，里面密封着熔丝。正常运行时该熔断器串联在线路上，当线路发生故障时，故障电流使熔丝迅速熔断。熔丝熔断后，熔管下部触头因失去张力而下翻，在熔管自重作用下跌落，形成明显的断开间隙。这种熔断器适用于周围没有急剧震动的场所，既可做 6～10kV 交流电力线路和电力变压器的短路保护，又可在一定条件下直接用绝缘钩棒操作熔管的开合，以断开或接通小容量的空载变压器、空载线路和小负荷电流。

（2）高压隔离开关。

按安装地点高压隔离开关分为户内式和户外式两大类。

高压隔离开关的作用主要是隔断高压电源，并造成明显的断开点，以保证其他电气设备安全进行检修。因为隔离开关没有专门的灭弧装置，所以不允许带负荷断开和合入，必须等高压断路器切断电路后才能。隔离开关闭合后高压断路器才能接通电路。但是激磁电流不超过 2A 的空载变压器、电容电流不超过 5A 的空载线路及电压互感器和避雷器等，可以用高压隔离开关切断。

（3）高压负荷开关。

高压负荷开关具有灭弧装置，专门用在高压装置中通断负荷电流。但是这种开关只考虑通断一定的负荷电流，所以它的断流能力不大，不能用它来切断短路电流。它必须和高压熔断器串联使用，短路电流靠熔断器切断。

高压负荷开关也分为户内式和户外式两大类。我国自行设计的 FN3-10RT 型户内压气式高压负荷开关，从外形上看，它同一般户内式高压隔离开关很相似，断路时也具有明显的断开间隙，因此它也能起隔离电源的作用。但是负荷开关与隔离开关有原则区别，即隔离开关不能带负荷操作，而负荷开关是能带负荷操作的。

（4）高压断路器。

高压断路器又叫高压开关，它具有相当完善的灭弧结构和足够的断流能力。它的作用是接通和切断高压负荷电流，并在严重的过载和短路时自动跳闸，切断过载电流和短路电流。

常用的有高压油断路器，按用油量分类，又可分为高压少油断路器（也叫高压少油开关）和高压多油断路器（也叫高压多油开关）两类。少油断路器的油量很少，只有几公斤，它的油只用来灭弧，不是用来绝缘的，所以外壳一般是带电的；多油断路器的油量较多，它的油除了用来灭弧，还要用作相对地（外壳），甚至相与相之间的绝缘，外壳是不带电的。一般 6～10kV 的户内高压配电装置中都采用少油断路器。

（5）高压开关柜。

高压开关柜是一种柜式的成套配电设备，它按一定的接线方案将所需的一、二次设备（如开关设备、监察测量仪表、保护电器）及一些操作辅助设备组装成一个总体，在变、配电所中作为控制电力变压器和电力线路之用。这种成套配电设备结构紧凑、运行安全、安装和运输方便，同时具有体积小、性能好、节约钢材和缩小配电室空间等优点。JYN2-10 型移开式交流金属封闭开关设备，适用于 3～10kV 系统中作为一般接受和分配电能并可对线路进行控制、保护、监测的户内式高压开关设备。由于采用手车式结构，不仅便于维修，并可大幅缩短因断路器检修而造成的停电时间。

2. 低压一次设备

低压一次设备包括低压熔断器、刀开关、负荷开关和自动开关及低压配电屏等。低压配电屏是按一定的接线方案将低压开关电器组合起来的一种低压成套配电装置，用在 500 V 以下的供电系统中，作动力和照明配电之用。

低压配电屏按维护的方式分有单面维护式和双面维护式两种。单面维护式基本上靠墙安装(实际离墙 0.5m 左右),维护检修一般都在前面。双面维护式是离墙安装,屏后留有维护通道,可在前后两面进行维修。国内生产的双面维护的低压配电屏主要系列型号有 GGD、GDL、GHL、JK、MNS、GCS 等。

(四)变、配电所的布置、结构及对土建设计的要求

当变、配电所的位置确定下来后,就要随之确定变、配电所本身的布置方案。

1. 涉及土建方面的应满足以下要求:

(1)要考虑运行安全,变压器室的大门不应朝向露天仓库和堆放杂物的地方;

(2)在炎热地区,变压器室应避免日晒的阳光;

(3)变、配电所各室的大门都应朝外开,以便在紧急情况时室内人员可迅速外撤;

(4)变、配电所的方位应便于室内进出线,因为变压器的低压出线一般是采用矩形裸母线,所以变压器一般宜靠近低压配电室;

(5)为了节约占地面积和建筑费用,值班室可与低压配电室合并,但低压配电屏的正面或侧面离墙的距离不得小于 3m,当少量的高压开关柜与低压配电屏布置在同一室内时,两者之间的距离不得小于 2m;

(6)变、配电所的总体布置方案应该因地制宜、合理设计。

变电所的结构设计应整体考虑。下面只介绍 6~10kV 供电系统中的变压器室、高压配电室及低压配电室的结构类型。

变压器室的结构类型决定于变压器类型、容量、安放方向、进出线方位和电气主接线方案等。

2. 为了保证安全经济运行,在设计变压器室时对土建方面有以下基本要求:

(1)一个变压器室内只允许安放一台三相油浸式变压器;

(2)变压器的外壳与变压器四壁的距离不应小于下列数值:

至侧壁和后壁净距 600~800mm;

至大门净距 600~1000mm;

(3)变压器室属一级耐火等级的建筑物,所以门窗材料应满足相应的防火要求;

(4)凡油量在 350kg 以上的变压器,下面应有卵石集油坑及排油沟;

(5)变压器在室内安放的方向有宽面推进和窄面推进之分,所以变压器室的宽度应按推进面的外壳尺寸加上适当的裕度(一般不小于 0.5m)设计(变压器室宽面推进和窄面推进两种类型的布置结构);

(6)变压器室不设采光窗,只设通风窗,进风窗和出风窗一般情况下采用金属百叶窗,并应有防止小动物进入的措施,出风窗上还应有防止雨水淋入的措施;

（7）变压器室的地坪分为抬高和不抬高两种，地坪抬高通风好，但造价高；

（8）设计变压器安放场地时，无论室内还是室外，都应考虑留有变压器吊芯检修的空间；

（9）在露天或半露天变电所的变压器四周，应设1.7m以上高度的固定围栏，变压器外壳与围栏（或建筑物外墙）间的净距离不得小于0.8m，变压器底部离地面不得小于0.3m。相邻变压器外壳之间的净距不得小于1.5m。

3. 高压配电室的结构类型主要决定于以下因素

高压开关柜的数量和类型，运行维护时的安全和方便，降低建筑造价和减小占地面积。

（1）高压配电室的房屋属于二级耐火等级建筑物，可采用木门或铁门，当配电室的长度超过7m时，应在配电室的两端设门，其中一个门的尺寸应考虑开关柜进出；

（2）应有较好的通风和自然采光，在炎热和潮湿地区，应开设进、出风百叶窗，并在窗内侧加装10mm×10mm的金属网；

（3）在开关柜下设电缆沟，沟内不应渗透进水；

（4）配电室的空间距离与高压开关柜的类型及进出线方式有关，与开关柜在室内的布置方式有关。

对低压配电室，除了建筑物的具体尺寸不同，其他结构尺寸的要求与高压配电室基本相同。

低压配电室的高度应与变压器室综合考虑，要便于变压器低压出线。当配电室与抬高地坪的变压器室相邻时，配电室高度不应小于4m；与不抬高地坪的变压器室相邻时，配电室高度不应小于3.5m。为了布线需要，低压配电屏下面也应设电缆沟。

低压配电室建筑的耐火等级不应低于三级。低压配电室中配电屏也分单列布置和双列布置。对于装有GGD等型低压配电屏的配电室，当配电屏单列布置时，维护通道不应小于1.5m；双列布置时，维护通道不应小于2.0m。为了维护方便，配电屏背面和侧面离墙不应小于0.8m。

三、低压配电

（一）低压配电方式

低压配电方式可分为放射式、树干式和混合式3类。

放射式配电是一独立负荷或一集中负荷均由一个单独的配电线路供电，它一般用在下列场所。

1. 供电可靠性高的场所；

2. 只有一个设备且设备容量较大的场所；

3. 设备比较集中、容量较大的地方。

例如电梯容量不大，亦宜采用一回路供一台电梯的接线方式，以保证供电可靠性。

对于大型消防泵、生活水泵和中央空调机组，一是供电可靠性要求高，二是单台机组容量较大，因此也应考虑放射式供电。对于楼层用电量较大的大厦，有的也采用一回路供一层楼的放射式供电方案。

树干式配电是一独立负荷或一集中负荷按它所处的位置依次连接到某一条配电干线上。树干式配电所需配电设备及有色金属消耗量较少，系统灵活性好，但干线故障时影响范围大，一般适用于用电设备比较均匀、容量不大、无特殊要求的场合。

国内外高层建筑低压配电方案基本上都采用放射式，楼层配电则为混合式。混合式即放射—树干的组合方式，有时也称混合式为分区树干式。

在高层住宅中，住户配电箱多采用单极塑料小型开关和自动开关组装的组合配电箱。对一般照明及小容量插座采用树干式接线，即住户配电箱中每一分路开关带几盏灯或几个小容量插座；而对电热水器、窗式空调器等大宗用电量的家电设备，则采用放射式供电。

(二) 用电负荷分组配电

高层建筑中的用电量大，用电负荷种类繁多，但并不是所有的用电负荷都必须在任何情况下保证供电，也就是说可以把用电负荷分成保证负荷和非保证负荷。保证负荷包括一级负荷和那些在非消防停电时仍要求保证或可能投入保证负荷母线的负荷，其余则为非保证负荷或一般负荷。

按照《高层建筑设计防火规范》的规定，属于一类建筑的消防控制室、消防水泵、消防电梯、防排烟设施、火灾自动报警、自动灭火装置、火灾事故照明、疏散指示标志和电动防火门窗、卷帘、阀门等消防用电设备为一级负荷。对于这些消防负荷应由两个回路供电，并在末级配电箱内实现自动切换。

用电负荷分组配电的常见方案：在市电停供时，供一般负荷的各分路开关均因失压而脱扣，这时备用发电机组应启动 (一般在 10～15s)，以供保证负荷。为了避免火灾发生时切除一般负荷出现误操作，一级负荷可集中一段母线供电，这样做可提高供电可靠性。如果一级负荷母线与一般负荷母线之间加防火间隔，还可减小相互影响。

用电负荷分组配电方案常见有以下几种。

1. 负荷不分组方案。这种方案是负荷不按种类分组，备用电源接至同一母线上，非保证负荷采用失压脱扣方式甩掉。

2. 一级负荷单独分组方案。这种方案是将消防用电等一级负荷单独分出，并集中一段母线供电，备用柴油发电机组仅对此段母线提供备用电源，其余非一级负荷不采取失压脱扣方式。

3. 负荷按三种不同类型分组方案。这种方案是将负荷分组，按一级负荷、保证负荷及一般负荷三大类来组织母线，备用电源采用末端切换。

（三）常用低压电器及其选择

建筑低压配电的任务是对各类用电设备供电。而低压电器主要对配电线路及用电设备进行控制和保护。

1. 常用低压电器

在民用建筑低压配电线路中，常用的低压电器主要有熔断器、自动开关及漏电保护开关等。

（1）熔断器。

熔断器分高压和低压两类，民用建筑中使用的主要是低压熔断器。低压熔断器是低压电路中用来保护电气设备和配电线路免受过载电流和短路电流损害的保护电器。

熔断器的保护作用是靠熔体完成的。熔体是由低熔点的铅锡合金或其他材料制成的，一定截面的熔体只能承受一定值的电流。当通过的电流超过此规定值时，熔体将熔断，从而起到保护作用。熔体熔断所需的时间与电流的大小有关。这种关系通常用安秒特性曲线表示。

所谓安秒特性，就是指熔体熔化电流与熔化时间的关系。

当负载发生故障时，有很大的短路电流通过熔断器，熔体很快熔断，迅速切除故障，从而有效地保护未发生故障的线路和设备。但是要明确，熔断器只能作短路保护，而不能准确地保护一般过负荷。常用的低压熔断器有插入式、螺旋式和管式等。

插入式熔断器有 RC1A 等系列。RC1A 为瓷插入式熔断器，主要用于交流50 Hz、380V（或220V）的低压电路末端和作为电气设备的短路保护。螺旋式熔断器有 RL1 等系列，主要用于交流 50Hz 或 60Hz、额定电至 500V、额定电流至 200A 的电路中作为过载或短路保护。在熔断管的上盖中有一"红点"指示器，当电路分断时指示器跳出。管式熔断器有 RM10 和 RT0 型两种。RM10 是新型的无填料密闭管式熔断器，主要用于额定电压交流 500V 或直流 440V 的电网中和成套配电设备，作为短路保护和连续过载保护。RT0型为有填料密闭管式熔断器，用于具有较大短路电流的电力网或配电装置，作为电缆、导线及电气设备的短路保护和电缆、导线的过载保护。

（2）断路器。

断路器是一种自动切断电路故障的电器，主要用于保护低压交直流电气设备，使它们免遭过电流、短路和欠电压长等不正常情况的危害。断路器具有良好的灭弧性能，它能带负荷通、断电路，所以也可用于电路的不频繁操作。断路器主要由触头系统、灭弧系统、脱扣器和操作机构等部分组成。它的操作机构比较复杂，主触头的通、断可以手动，也可以电动，故障时自动脱扣。

按用途断路器可分为配电用断路器、电动机保护用断路器、照明用断路器；按结构可分为塑料外壳式、框架式、快速式、限流式等。但基本类型主要有万能式和装置式两种系列。塑料外壳式断路器属于装置式，是民用建筑中常用的。它具有保护性能好、安全可靠等优点。框架式断路器是敞开装在框架上，因其保护方案和操作方式比较多，故有"万能式"之称。快速断路器主要用于半导体整流器等设备过载、短路等快速切断之用。限流式断路器是用于交流电网的快速动作的自动保护，以切断短路电流。

（3）漏电保护开关。

漏电保护开关又称触电保安器，也是一种自动电器，广泛用于低压电力系统中，现要求民用建筑中必须使用。当在低压线路或电气设备上发生人身触电、漏电和单相接地故障时，漏电保护开关便快速自动切断电源，保护人身和电气设备的安全，避免事故扩大。

按照动作原理，漏电保护开关可分为电压型、电流型和脉冲型。按照结构，可分为电磁式和电子式。电压型和电流型这两种漏电保护开关均不具有区别漏电还是触电的能力，而脉冲型漏电保护开关，可以把人体触电时产生的电流突变量与缓慢变化的设备（线路）漏电电流区别开来，分别保护。电磁式漏电保护开关主要由检测组件、灵敏继电器组件、主电路开断执行组件以及试验电路等几部分构成。

漏电保护开关的保护方式一般分为低压电网的总保护和低压电网的分级保护两种。低压电网的总保护是指只对低压电网进行总的保护。一般选用电压型漏电保护开关作为配电变压器二次侧中性点不直接接地的低压电网的漏电总保护；选用电流型漏电保护开关作为配电变压器二次侧中性点直接接地的低压电网的漏电总保护。

低压电网的分级保护一般采用三级保护方式。其目的是缩小停电范围。第一级保护是全网的总保护，安装在靠近配电变压器的室内配电屏上，作用是排除低压线路上单相接地短路事故，如架空线断落或用电设备导体碰壳引起的触电事故等。此第一级一般设低压电网总保护开关和主干线保护开关。设主干线保护开关的目的之一是缩小事故时的停电范围。第二级保护是支线保护，保护开关设在一个部门的进户线配电盘上，目的是防止用户发生触电伤亡事故。第三级保护是线路末端及单机的保护，如电热设备、风机、手持电动工具以及各居民户的单独保护等。

多年来，国内外使用漏电保护开关的实践证明，电磁式漏电保护开关比电子式漏电保护开关的可靠性高。因为前者的动作特性不受电源电压波动、环境温度变化及缺相等因素的影响，抗磁干扰性能良好，寿命也比电子式的长3~4倍。国外许多国家，特别是西欧各国，对于使用在配电线路终端的、以防止触电为主的漏电保护开关，严格规定采用电磁式，不允许采用电子式。我国在新的《民用建筑电气设计规范》中也已强调"宜采用电磁式漏电保护器"，明确指出漏电保护装置的可靠性是第一位。这是关系生命安全的大事，设计人员切不能因为省钱而采用可靠性较差的产品。

在民用建筑电气设计中，除了应注意选用可靠性较高的电磁式漏电保护开关，还应正确测定或估算泄漏电流，以便确定漏电保护开关的动作电流值和灵敏度。为了能最大限度地保证供电的可靠性，要求漏电保护开关在首先保护人身安全的同时，尽量减小停电范围。因此应采用前述的分级保护方式。

近年来，国内有些厂家也从国外引进先进技术，生产了新型漏电保护开关，如FIN、FNP、FI/LS漏电保护开关。这些产品具有结构紧凑、合理、体积小、质量轻、性能稳定、可靠性高、使用安装方便(可采用导轨安装)等特点。这些产品都为电磁式电流动作型，内部采用了高可靠性的PKA脱扣器。这种脱扣器在漏电保护开关中主要起漏电脱扣作用。它的性能好坏直接影响开关的性能，是这种开关的关键性组件。该新型漏电保护开关主要用于交流380V/220V的线路中，额定电流有16A、25 A、40 A、63A等；额定漏电动作电流为0.03A、0.1A、0.3A、0.5A、极数有2极和4极。

2. 用电设备及配电线路的保护

为了提高供电可靠性，要对用电设备及其相应的配电线路进行保护。在民用建筑用电设备中，有些用电设备(如电梯等)是各种电器的组合。由于结构复杂，它自身已设有保护装置，因此在工程设计时不再考虑设置单独的保护，而将配电线路的保护作为它们的后备保护；而有些电气设备(如照明电器、小风扇等)由于结构简单，一般无须设单独的电气保护装置，而把配电线路的保护作为它的保护。

(1)照明用电设备的保护。

在民用建筑中，照明电器、风扇、小型排风机、小容量的空调器和电热水器等，一般均从照明支路取用电流，通常划归照明负荷用电设备范围，所以都可由照明支路的保护装置作为它们的保护。

照明支路的保护主要考虑对照明用电设备的短路保护。对于要求不高的场合，可采用熔断器保护；对于要求较高的场合，则采用带短路脱扣器的自动保护开关进行保护。这种保护装置同时可作为照明线路的短路保护和过负荷保护，一般只使用其中一种就可以。

（2）电力用电设备的保护。

在民用建筑中，常把负载电流为6A以上或容量在1.2kW以上的较大容量用电设备划归电力用电设备。对于电力负荷，一般不允许从照明插座取用电源，需要单独从电力配电箱或照明配电箱中单独供电。除了本身单独设有保护装置的设备，其余设备都在分路供电线路装设单独的保护装置。

对于电热电器类用电设备，一般只考虑短路保护。容量较大的电热电器，在单独分路装设短路保护装置时，可采用熔断器或断路器作为短路保护。

对于电动机类用电负荷，在需要单独分路装设保护装置时，除装设短路保护外，还需装设过载保护，可由熔断器和带过载保护的磁力启动器（由交流接触器和热继电器组成）进行保护，或由带短路和过载保护的断路器进行保护。

（3）低压配电线路的保护。

对于低压配电线路，一般主要考虑短路和过载两项保护。但从发展情况来看，过电压保护也不能忽视。

①低压配电线路的短路保护

所有的低压配电线路都应装设短路保护，一般可采用熔断器或断路器保护。由于线路的导线截面是根据实际负荷选取的，因此在正常运行的情况下，负荷电流是不会超过导线的长期允许载流量的。但是为了避开线路短时间过负荷的影响（如大容量异步电动机启动等），同时又能可靠地保护线路，当采用熔断器作短路保护时，熔体的额定电流应小于或等于电缆或穿管绝缘导线允许载流量的2.5倍；对于明敷绝缘导线，由于绝缘等级偏低，绝缘容易老化等原因，熔体的额定电流应小于或等于导线允许载流量的1.5倍。当采用断路器做短路保护时，由于过电流脱扣器可延时并且可调，可以避开线路短路时过负荷电流。所以，过电流脱扣器额定电流一般应小于或等于绝缘导线或电缆的允许载流量的1.1倍。

短路保护还应考虑线路末端发生短路时保护装置动作的可靠性。当上述保护装置作为配电线路的短路保护时，要求在被保护线路的末端发生单相接地短路以及两相短路时，短路电流值应大于或等于熔断器熔体额定电流的4倍；如用断路器保护，应大于或等于断路器过电流脱扣器整定电流的1.5倍。

②低压配电线路的过负荷保护

A. 不论在何种房间内，由易燃外层无保护型电线（如 BX、BLX、BXS 型电线等）构成的明配电线路；

B. 所有照明配电线路（但对于无火灾危险及无爆炸危险的仓库中的照明线路，可不装设过负荷保护）。

过负荷保护一般可由熔断器或断路器构成，熔断器熔体的额定电流或断路器过电流脱扣器的额定电流应小于或等于导线允许载流量的 0.8 倍。

③低压配电线路的过电压保护

对于民用建筑低压配电线路，一般只要求有短路和过载两种保护。但从发展情况来看，应考虑过电压保护。这是因为某些低压供电线路有时会意外地出现过电压，如高压架空线断落在低压线路上，三相四线制供电系统的零线断路引起中性点偏移，以及雷击低压线路等，可使接在该低压线路上的用电设备因电压过高而损坏。为了避免这种意外情况，应在低压配电线路上采取分级装设过压保护的措施，如在用户配电盘上装设带过压保护功能的漏电保护开关等。

④上下级保护电器之间的配合

在低压配电线路上，应注意上、下级保护电器之间的正确配合。这是因为当配电系统的某处发生故障时，为了防止事故扩大到非故障部分，要求电源侧、负载侧的保护电器之间具有选择性配合。配合情况如下：

A. 当上、下级均采用熔断器保护时，一般要求上一级熔断器熔体的额定电流比下一级熔体的额定电流大 2～3 级（此处的"级"系指同一系列熔断器本身的电流等级）；

B. 当上、下级保护均采用断路器时，应使上一级断路器的额定电流大于下一级脱扣器的额定电流，一般大于或等于 1.2 倍；

C. 当电源侧采用断路器、负载侧采用熔断器时，应满足熔断器在考虑正误差后的熔断特性曲线在断路器的保护特性曲线之下；

D. 当电源侧采用熔断器、负载侧采用断路器时，应满足熔断器在考虑了负误差后的熔断特性曲线在断路器考虑了正误差后的保护特性曲线之上。

（四）常用配电箱及其选择

电力配电箱、照明配电箱、各种计量箱和控制箱在民用建筑中用量很大。它们是按照供电线路负荷的要求，将各种低压电气设备构成一个整体。它们属于小型成套电气设备，国内有许多厂家生产。电力配电箱过去也叫动力配电箱，但由于后一种名称不太确切，所以在新编制的各种国家标准或规范中已统一称为电力配电箱。

按照结构，配电箱可分为板式、箱式和落地式。在工厂和大型公共民用建筑中，一般采用定型产品的配电箱；在一般民用建筑中以往常采用自制的木质或铁壳式配电箱；在住宅和小型建筑中，过去多采用自制的木质配电板（盘），现在已开始大量使用定型的铁制配电箱。配电箱还可分为户外式和户内式，在民用建筑中大量使用的是户内式。户内式配电箱有明装在墙壁上和暗装嵌入墙内两种。

各种配电箱内一般装有刀闸开关和熔断器，有的还有电度表等。控制单相电路的采用两极刀闸开关及单相电度表；控制三相线路的采用三极刀闸开关及三相电度表。按配电箱控制的用电设备和线路确定开关和熔断器等的容量和个数，然后依一定的次序均匀地排列在盘面。目前国内生产的电力配电箱和照明配电箱还分为标准式和非标准式两种。

1. 标准电力配电箱

标准电力配电箱是按实际使用需要，根据国家有关标准和规范，进行统一设计的全国通用的定型产品。普遍采用的电力配电箱主要有 XL（F）-14、XL（F）-15、XL（R）-20、XL-21 等型号。

刀开关额定电流一般为 400A，适用于交流 500V 以下的三相系统应用。XL(R)-20型采取挂墙安装；XL-21 型除装有断路器外，还装有接触器、磁力启动器、热继电器等，箱门上还可装操作按钮和指示灯。其一次线路方案灵活多样，采取落地式靠墙安装，适合于各种类型的低压用电设备的配电。

2. 标准照明配电箱

照明配电箱一般有挂墙式与嵌入式两种。

标准照明配电箱也是按国家标准统一设计的全国通用的定型产品。通常采用的有 XM-4 和 XM（R）-7 等型号。

照明配电箱内主要装有控制各支路用的刀闸开关或断路器、熔断器，有的还装有电度表、漏电保护开关等。XM4 型照明配电箱适用于交流 380V 及以下的三相四线制系统中，用作非频繁操作的照明配电，具有过载和短路保护功能。XM（R）-7型照明配电箱适用于一般工厂、机关、学校和医院，用来控制 380V/220V 及以下电压，具有接地中性线的交流照明回路。XM-7 型为挂墙式安装，XM（R）-7 型为嵌入式安装。XM-4 型和 XM（R）-7 型的技术参数可查阅有关手册。

3. 非标准配电箱

所谓非标准配电箱，是指那些箱体尺寸和结构等均未按国家规定的通用标准进行统一设计的非定型产品。在这些配电箱中，有些是参照国家有关标准而设计的，但只在某一地区通用；有些是根据用户的某些要求进行非标准设计生产的。非标准配电箱大致可分为木制明装和暗装、铁制明装和暗装、铁木混合制作等种类。非标准配电箱的特点是设计人员可根据不同需要进行设计，可用木板、钢板、塑料板等材料制作。有些常用的非标准配电箱虽然是非标准的，但也有规定的型号。常用的型号及其含义为这些配电箱主要用于民用建筑和中小型企业厂房内部的 380V/220V 电力或照明配电。

4. 配电箱的选择

（1）根据负荷性质和用途，确定是照明配电箱、电力配电、计量箱或是插座箱等；

（2）根据控制对象负荷电流的大小、电压等级以及保护要求，确定配电箱内主回路和各支路的开关电器、保护电器的容量和电压等级；

（3）应从使用环境和使用场合的要求出发选择配电箱的结构形式，例如确定选用明装式还是暗装式，以及外观颜色、防潮、防火等要求。

在选择各种配电箱时，一般应尽量注意选用通用的标准配电箱，以便于设计和施工。但当建筑设计需要时，也可根据设计要求向生产厂家订货，加工非标准配电箱。

第六章　楼宇智能化

第一节　楼宇智能化建筑概述

一、楼宇智能化技术的基本概念

楼宇智能化技术是一门发展十分迅速的综合技术，它以现代建筑为平台，综合应用现代计算机技术、自动控制技术、现代通信技术和智能控制技术，对建筑机电设备进行控制和管理，使其实现高效、安全和节能运行。随着现代化相关技术日新月异的发展，楼宇智能化技术也在迅速地发展并不断增添新内容。

经过多年的发展，楼宇智能化技术已是一个新的综合应用技术学科。这一学科一方面面向实际工程需求；另一方面面向许多基础及应用基础的研究成果，这一学科有明确的行业和市场，是其他的学科所不能替代的。

（一）智能楼宇和楼宇智能化技术

智能楼宇和楼宇智能化技术是两个相互联系又有区别的概念。智能楼宇是指楼宇的整体，是建设目标。楼宇智能化技术是指建设智能楼宇所涉及的各种工程应用技术。

说到智能楼宇，我们应该多从它所具备的新功能上来理解，如智能化住宅小区、智能学校、智能医院等具备若干由楼宇智能化技术所产生的新功能。智能楼宇的概念不仅包括上述意义，还需要融合绿色建筑、生态建筑和可持续发展的含义。对其下一个准确的定义是困难的，而且也没有科学意义，这是因为，随着技术的飞速发展和生活水平的不断提高，人们对智能楼宇应具有何种功能的看法也在改变。

智能楼宇根据其应用的不同，在功能上也有所区别。例如，智能医院对空调系统的功能要求和智能学校对空调系统的功能要求就有很大区别。不仅如此，在相同应用的建筑物中，其智能化的程度也有高低之分。同样的智能学校，甲地的功能要求可能和乙地的有很大的不同。楼宇智能化的程度与当地的经济发展水平是相适应的。因此，我们要综合理解智能楼宇的概念，在智能楼宇的建设上遵循因地制宜、因用制宜的原则。那种不顾当地当时的实际情况，生搬硬套，盲目追求超前领先的做法是不适当的。

智能楼宇的下一步目标是建设绿色智能建筑。绿色建筑是指在建筑的全寿命周期内，最大程度地节约资源（节能、节地、节水、节材）、保护环境和减少污染，为人们提供健康、适用和高效的使用空间，与自然和谐共生的建筑。绿色建筑也称可持续建筑，是一种以生态学的方式和资源有效利用的方式进行设计、建造、维修、操作或再使用的建筑物。

绿色智能建筑也是智慧城市的有机组成部分，它将关键事件信息发给城市指挥中心，并接收来自城市指挥中心的指示，将智能建筑的运维与城市管理有机融合在一起，利用智能建筑的"智商"拉高整个城市的服务水准。楼宇智能化技术是不断发展的，其主要的技术支撑是计算机（软硬件）技术、自动化技术、通信与网络技术、系统集成技术。楼宇智能化技术不是上述技术的简单堆砌，而是在一个目标体系下的有机融合，现在已发展成为一个新型的应用学科。

（二）智能楼宇体系结构

智能楼宇系统，主要通过对建筑物的4个基本要素即结构、系统、服务、管理，以及其内在联系，通过合理组合优化，从而给予人们一个投资合理同时又拥有高效率、优雅舒适、便利快捷、高度安全的环境。这种系统属于时代的产物，代表着信息时代和计算机应用科学的技术发展优势，是现代高科技与建筑完美的结合，能帮助大厦的主人、财产的管理者、占有者等意识到他们在诸如费用开支、生活舒适程度、商务活动方便快捷、人身安全等各方面所获得的最大利益的回报。

1. 智能楼宇系统的一般组成

智能楼宇系统是智能化的综合电气、计算机系统，它的概念极其广泛，而且伴随着技术水平的发展，其内容也在不断扩充。

总的说来，不考虑最新技术，传统智能楼宇系统往往包含10个弱电子系统。它们分别是中央计算机及网络系统、保安管理系统、智能卡系统、火灾报警系统、内部通信系统、音视频及共用天线系统、停车场管理系统、综合布线系统、办公自动化系统和楼宇设备自控系统。按体系结构来说，智能大厦是由智能大厦集成管理系统通过综合布线系统将楼宇自动化系统（BAS）、通信自动化系统（CAS）和办公自动化系统（OAS）三要素连接起来并予以管理和控制的。

2. 智能大厦应用特性

智能大厦与传统建筑相比具有鲜明的特点：具有良好的信息接收及反应能力，能提高工作效率；有易于改变的空间和功能，灵活性大；适应变化能力强创造了安全、健康、舒适宜人的生活。

（三）楼宇智能化系统工程构架

楼宇智能化系统工程架构是开展智能化系统工程整体技术行为的顶层设计。楼宇智能化系统工程的顶层设计，是以智能楼宇的应用功能为起点，"由顶向下，由外向内"的整体设计，表达了基于工程建设目标的正向逻辑程序，不仅是工程建设的系统化技术路线依据，而且是工程建设意图和项目实施之间的"基础蓝图"。

楼宇智能化系统工程架构是一个层次化的结构形式，分别以基础设施层、信息服务设施层及信息化应用设施层分项展开。基础设施为公共环境设施和机房设施，与基础设施层相对应；信息服务设施为应用信息服务设施的信息应用支撑设施部分，与信息服务设施层相对应；信息化应用设施为应用信息服务设施的应用设施部分，与信息化应用设施层相对应。

一般建筑环境信息化应用设施层指导目标是，进行各智能化系统的分项配置及整体集成构架，从而实现建筑智能化信息一体化集成功能。智能化系统工程从基础系统开始，是一个"由底向上，由内向外"的信息服务及信息化应用功能。智能化系统工程系统配置分项如下。

1. 信息化应用系统

系统配置分项包括公共服务系统、智能卡系统、物业管理系统、信息设施运行管理系统、信息安全管理系统、通用业务系统、专业业务系统和满足相关应用功能的其他信息化应用系统等。

2. 智能化集成系统

系统配置分项包括智能化信息集成（平台）系统和集成信息应用。

3. 信息设施系统

系统配置分项包括信息接入系统、布线系统、移动通信室内信号覆盖系统、卫星通信系统、用户电话交换系统、无线对讲系统、信息网络系统、有线电视系统、卫星电视接收系统、公共广播系统、会议系统、信息导引及发布系统、时钟系统和满足需要的其他信息设施系统等。

4. 建筑设备管理系统

系统配置分项包括建筑设备监控系统和建筑能效监管系统等。

5. 公共安全系统

系统配置分项包括火灾自动报警系统、入侵报警系统、视频安防监控系统、出入口控制系统、电子巡查系统、访客对讲系统、停车库（场）管理系统、安全防范综合管理（平台）、应急响应系统和其他特殊要求的技术防范系统等。

6. 机房工程

智能化系统机房工程配置分项包括信息接入机房、有线电视前端机房、信息设施系统总配线机房、智能化总控室、信息网络机房、用户电话交换机房、消防控制室、安防监控中心、应急响应中心和智能化设备间（弱电间）等。

(四) 建筑信息模型技术

1. 建筑信息模型基本概念

所谓建筑信息模型（Building Information Modeling, BIM），是指通过数字信息仿真模拟建筑物所具有的真实信息，在这里，信息的内涵不仅仅是几何形状描述的视觉信息，还包含大量的非几何信息，如材料的耐火等级、材料的传热系数、构件的造价、采购信息等。实际上，BIM 就是通过数字化技术，在计算机中建立一座虚拟建筑，一个 BIM 就是提供了一个单一的、完整一致的、逻辑的建筑信息库。BIM 是全寿命期工程项目或其组成部分物理特征、功性及管理要素的共享数字化表达。BIM 技术是楼宇智能化工程设计建造管理的首选工具，通俗地理解，BIM 是用 3D 图形工具对建筑工程进行建模，类似于已经在机械工程中广泛应用的 3D 建模工具，相比机械工程 3D 建模，BIM 要复杂许多。

BIM 的技术核心是一个由计算机三维模型所形成的数据库，不仅包含了建筑师的设计信息，而且可以容纳从设计到建成使用，甚至是使用周期终结的全过程信息，并且各种信息始终是建立在一个三维模型数据库中。BIM 可以持续及时地提供项目设计范围、进度及成本信息，这些信息完整可靠并且完全协调。BIM 能够在综合数字环境中保持信息不断更新并可提供访问，使建筑师、工程师、施工人员及业主可以清楚全面地了解项目。这些信息在建筑设计、施工和管理的过程中能促使加快决策进度、提高决策质量，从而使项目质量提高，收益增加。BIM 的应用不仅局限于设计阶段，且贯穿于整个项目全生命周期的各个阶段，即设计、施工和运营管理阶段。

BIM 电子文件可在参与项目的各建筑行业企业间共享。建筑设计专业可以直接生成三维实体模型；结构专业则可取其中墙材料强度及墙上孔洞大小进行计算；设备专业可以据此进行建筑能量分析、声学分析、光学分析等；施工单位则可取其墙上混凝土类型、配筋等信息进行水泥等材料的备料及下料；发展商则可取其中的造价、门窗类型、工程量等信息，进行工程造价总预算、产品订货等；而物业单位也可以用之进行可视化物业管理。BIM 在整个建筑行业从上游到下游的各个企业间不断完善，从而实现项目全生命周期的信息化管理，最大化地实现 BIM 的意义。BIM 是以三维数字技术为基础，集成了建筑工程项目各种相关信息的工程数据模型，是对该工程项目相关信息的详尽表达。

BIM 是数字技术在建筑工程中的直接应用，以解决建筑工程在软件中的描述问题，使设计人员和工程技术人员能够对各种建筑信息做出正确的应对，并为协同工作提供坚实的基础。BIM 同时又是一种应用于设计、建造、管理的数字化方法，这种方法支持建筑工程的集成管理环境，可以使建筑工程在其整个进程中显著提高效率和大量减少风险。由于 BIM 需要支持建筑工程全生命周期的集成管理环境，因此 BIM 的结构是一个包含有数据模型和行为模型的复合结构。它除了包含与几何图形及数据有关的数据模型，还包含与管理有关的行为模型，两相结合通过关联为数据赋予意义，因而可用于模拟真实世界的行为，如模拟建筑的结构应力状况、围护结构的传热状况。当然，行为的模拟与信息的质量是密切相关的，可以支持项目各种信息的连续应用及实时应用，这些信息质量高、可靠性强、集成程度高且完全协调，大大提高了设计乃至整个工程的质量和效率，显著降低了成本。

应用 BIM，当下可以得到的好处是使建筑工程更快、更省、更精确，实现各工种更好的配合，减少图纸的出错风险，而长远得到的好处已经超越了设计和施工的阶段，惠及将来的建筑物的运作、维护和设施管理，可持续的节省费用。BIM 是应用于建筑业的信息技术发展到今天的必然产物，事实上，多年来国际学术界一直在对如何在计算机辅助建筑设计中进行信息建模进行深入的讨论和积极的探索。

2. BIM 软件

BIM 是一套社会技术系统，我国的建筑工程管理模式与国外不同。国内有相当数量的应用软件在我国工程建设大潮中已经被证明是有效的，离开这些软件，各类企业就无法正常工作。目前没有一个软件或一家公司的软件能够满足项目全寿命周期过程中的所有需求。无论是经济上还是技术上，建筑业企业都没有能力短期内更换所有专业应用软件。建立各任务目标软件技术标准及信息模型间数据直接互用标准，并按此标准改造国内外现有任务（专业和管理）应用软件，开发其他任务软件，逐步完善项目全寿命周期所需任务信息模型。

二、智能楼宇的功能特征

（一）智能楼宇具有完善的通信功能

随着世界经济竞争日趋激烈，不断发展的信息技术和通信网络已成为社会不可缺少的重要组成部分。人们提出信息社会的标准：连接所有村庄、社区、学校、科研机构、图书馆、文化中心、医院以及地方和中央政府，连接是信息生活的基础。智能楼宇是信息社会中的一个环节、一个信息小岛、一个节点，信息已成为国家经济发展的重要条件，生活信息化已成为历史的必然趋势。

(二) 智能楼宇具有自动监控设备运行的功能

将设备运行过程中的数据实时采集下来，存入数据库，形成系统的实时信息资源。对这些信息资源的统计、分析，能够对设备运行状况、设备管理等提供必要数据。同时，实时信息资源的功能是系统集成的基础。

具有建筑设备能耗监测的功能，能耗监测的范围包括冷热源、供暖通风和空气调节、给水排水、供配电、照明、电梯等建筑设备，能耗监测数据准确、实时，通过对纳入能效监管系统的分项计量及监测数据统计分析和处理，能控制建筑设备，优化协调运行。

所有的机电设备均可在计算机控制下自动运行，不需人工操作，既减轻了劳动强度、减少了操作人员，又消除了人为的操作失误。例如，供配电自动监测系统、智能照明系统、空调自动监控系统、冷热源自动监控系统、给排水自动监控系统等。

(三) 智能楼宇具有现代安防、现代消防和城市应急响应的功能

可以这样认为，除了地震、海啸等自然灾害对楼宇内人们的生命和财物的伤害，楼宇内火灾和未经许可的人员侵入对人们的安全威胁最大。智能楼宇更安全是因为具备了现代安防、现代消防和城市应急响应的功能，其具体体现在以下几个方面。(1)与其他系统的联动控制功能，使系统更加有效。例如，在火灾报警时，联动撤离通道的灯光和相关区域的广播，指导人员安全撤离。(2)现代安防系统提供了一个从防范、报警、现场录像保留证据的三级防范体系，最大程度保护了楼宇内的人身和财产安全。例如，指纹识别门禁、红外线探测报警等装置。(3)应急响应系统对自然灾害、重大安全事故、公共卫生事件和社会安全事件实现了就地报警和异地报警。能与上一级应急响应系统互联，直至构建智慧城市的综合应急响应系统。(4)现代消防系统更注重人的生命价值，智能火灾探测器(系统)可以更早期地发现火灾并报警，给楼宇内的人员安全撤离留有更多的时间。

(四) 智能楼宇具有现代管理的功能

现代管理的特征是信息化、计算机化、网络化。智能楼宇的现代管理功能通过系统集成产生，是一个人机合一的系统功能，其具体体现在以下几方面。(1)系统向管理者提供各类统计、分析、数据挖掘和手段设计的功能。(2)向社会提供信息的功能。顺应物联网、云计算、大数据、智慧城市等信息交互多元化和新应用的发展。(3)集中操作管理的功能，在一个终端上通过网络可以管理到全局。例如，在控制中心的工作站上可以查看所有安防探头的工作状态、所有灯具的照明工作状态或者调

整某一区域的空调温度等。

第二节　建筑设备控制

一、供配电系统

供配电系统是智能楼宇最主要的能源来源，一旦供电中断，建筑内的大部分电气化和信息化系统将立即瘫痪。因此，可靠和连续地供电是智能楼宇得以正常运转的前提。智能化的供配电系统应用计算机网络测控技术，对所有变配电设备的运行状态和参数进行集中监控，达到对变配电系统的遥测、遥调、遥控和遥信，实现变配电所无人值守的状态。同时其还具有故障的自动应急处理能力，能更加可靠地保障供电。

供配电计算机监控系统不但能提高供电的安全可靠性、改善供电质量，同时还能极大地提高管理效率和服务水准，提高用电效率，节约能源，减少日常管理人员数量及费用支出，这些是楼宇智能化的基本技术。

(一) 典型供配电系统方案

1. 低压配电方式

低压配电方式是指低压干线的配线方式。低压配电的接线方式可分为放射式和树干式两大类。放射式配电是一独立负荷或一集中负荷，均由一个单独的配电线路供电；树干式配电是一独立负荷或一集中负荷，按它所处的位置依次连接到某一条配电干线上。混合式即放射式与树干式的组合方式，有时也称其为分区树干式。

2. 供电系统的主结线

电力的输送与分配，必须由母线、开关、配电线路、变压器等组成一定的供电电路，这个电路就是供电系统的一次结线，即主结线。智能楼宇由于功能上的需要，一般都采用双电源进线，即要求有两个独立电源。

(二) 应急电源系统

1. 自备发电机组的容量选择

自备发电机组容量的选择，目前尚无统一的计算公式，因此在实际工作中所采用的方法也各不相同。有的简单地按照变压器容量的百分比确定，如用变压器容量的10% ~ 20%确定；有的根据消防设备容量相加；也有的根据业主的意愿确定。自备发电机的容量选得太大会造成一次投资的浪费；选得太小，在发生事故时一则满足不了使用的要求，二则大功率电动机启动困难。如何确定自备发电机的容量呢？应按自备发电机的计算负荷选择，同时用大功率电动机的起动来检验。在计算自备发电机容量时，可将智能建筑用电负荷分为以下三类。

（1）保障型负荷。

保障大楼运行的基本设备负荷，也是大楼运行的基本条件，主要有工作区域的照明，部分电梯、通道的照明等。

（2）保安型负荷。

保证大楼人身安全及大楼内智能化设备安全、可靠运行的负荷，有消防水泵、消防电梯、防排烟设备、应急照明及大楼设备的管理计算机监控系统设备、通信系统设备、从事业务用的计算机及相关设备等。

（3）一般负荷。

除上述负荷外的负荷，如舒适用的空调、水泵及其他一般照明电力设备等。

计算自备发电机容量时，第一类负荷必须考虑在内，第二类负荷是否考虑，应视城市电网情况及大楼的功能而定，若城市电网很稳定，能保证两路独立的电源供电且大楼的功能要求不太高，则第二类负荷可以不计算在内。虽然城市电网稳定，能保证两路独立的电源供电，但大楼的功能要求很高或级别相当高，那么应将第二类负荷计算在内，或部分计算在内。若将保安型负荷和部分保障型负荷相叠加来选择发电机容量，其数据往往偏大。因为在城市电网停电、大楼并未发生火灾时，消防负荷设备不启动，故自备发电机起动只需提供给保障型负荷供电即可。而发生火灾时，保障型负荷中除计算机及相关设备仍供电外，工作区域照明不需供电，只需保证消防设备的用电。因此要考虑两者不能同时使用，择其大者作为发电机组的设备容量。在初步设计时，自备发电机容量可以取变压器总装机容量的10%~20%。

2. 自备发电机组的机组选择

（1）启动装置。

由于这里讨论的自备发电机组均为应急所用，因此先要选有自起动装置的机组，一旦城市电网中断，应在15s内起动且供电。机组在市电停后延时3s开始启动发电机，起动时间约10s（总计不大于15s，若第一次起动失败，第二次再起动，共有自起动功能，总计不大于30s），发电机输出主开关合闸供电。当市电恢复后，机组延时2~15min（可调）不卸载运行，5min后，主开关自动跳闸组再空载冷却运行约10min后自动停车。

（2）自起动方式。

自起动方式尽量用电启动，起动电压为直流24V，若用压缩空气起动，需一套压缩空气装置，较自启动烦琐，尽量避免采用。

（3）外形尺寸。

机组的外形尺寸要小，结构要紧凑，质量要轻，辅助设备也要尽量减少，以缩小机房的面积和层高。

（4）发电机。

宜选用无刷型自动励磁的方式。

（5）冷却方式。

在有足够的进风、排风通道情况下，尽量采用闭式水循环及风冷的整体机组。这样耗水量很少，只要每年更换几次水并加少量防锈剂就可以了。在没有足够进、排风通道的情况下，可将发电机组运行排风机、散热管与柴油机主体分开，单独放在室外，用水管将室外的散热管与室内地下层的柴油主机相连接。

（三）供配电设备监控

供配电监控系统采用现场总线技术实现数据采集和处理，对供配电设备的运行状况进行监控，达到对变配电系统的遥测、遥调、遥控和遥信。对测量所得的数据进行统计、分析，以查找供电异常情况，并进行用电负荷控制及电能计费管理。对供电网的供电状况实时监测，一旦发生电网断电的情况，控制系统做出相应的停电控制措施，应急发电机将自动投入，确保重要负荷的供电。智能建筑设计标准规定，供配电监控系统应具有：①变压器温度监测及超温报警；②备用及应急电源的手动 / 自动状态、电压、电流及频率监测；③供配电系统的中压开关与主要低压开关的状态监视及故障报警；④中压与低压主母排的电压监测；⑤电流及功率因数测量；⑥电能计量；⑦主回路及重要回路的谐波监测与记录；⑧电力系统计算机辅助监控系统应留有通信接口等功能。

二、照明系统

（一）楼宇照明设计

1. 常用的光度量

常用的光度量有光通量、发光效率、色温、发光强度（光强）、照度、显色性指数等。

2. 照度标准

目前我国的照明设计标准是《建筑照明设计标准》，该标准规定了各种工业和民用建筑中各类场所的照度设计标准。降低照度设计标准意味着减少照明系统的负荷、降低照明系统的能耗，这是以降低视觉舒适性为代价的。在一些工作场所，长时间低照度的照明系统会对人的视觉造成疲劳或伤害。因此在条件允许的情况下，照度设计指标应尽量提高一些，对重要的场所还应留有充足的设计余量，照明系统的节能可以通过智能化的控制方法来解决。

（二）建筑照明设备

1. 照明光源

根据发光原理，照明光源可分为热辐射发光光源、气体放电发光光源和其他发光光源三大类。LED 光源是国家倡导的绿色光源，具有广阔的发展前景，它将大面积取代现有的白炽灯与节能灯而占领整个市场。

照明光源主要性能指标是光效、使用寿命、色温、显色指数、起动、再起动等。在实际选用时，一般应先考虑光效、使用寿命；再考虑显色指数、起动性能等。

2. 照明灯具

（1）美化环境作用。

灯具分功能性照明器具和装饰性照明器具。功能性主要考虑保护光源，提高光效，降低炫光，而装饰性应达到美化环境和装饰的效果，所以要考虑灯具的造型和光线的色泽。

（2）控光作用。

灯具如反射罩、透光棱镜、格栅或散光罩等将光源所发出的光重新分配，照射到被照面上，满足各种照明场所的光分布，达到照明的控光作用。

（3）安全作用。

灯具具有电气和机械安全性。在电气方面，采用符合使用环境条件如能够防尘、防水，确保适当的绝缘和耐压性的电气零件和材料，避免造成触电与短路；在灯具的构造上，要有足够的机械强度，有防风、抗雨雪的性能。

（4）保护光源作用。

保护光源免受机械损伤和外界污染；将灯具中光源产生的热量尽快散发出去，避免因灯具内部温度过高，使光源和导线过早老化和损坏。

（三）照明控制

1. 通/断控制

其主要有照明接触器、多极照明接触器（极数可达 12 极）、定时控制器、传感器（电传感器、超声波传感器、声音传感器、有源红外线传感器），可通过可编程控制器及建筑设备自动控制系统来实现节能管理。建筑设备自动化系统中的照明系统主要解决公共区照明控制问题：监视接触器触点的状态；通过时间设定接触器触点的分合；通过系统提供的控制信号控制接触器触点的分合，以实现节能管理，提高管理效率。楼宇设备自控系统通常是一个集散型或者是分布的开放型系统。目前建筑设备自动化系统采用分层分布式结构，第一层中央计算机系统，第二层区域智能分站（DDC 控制器），DDC 系统由被控对象、检测变送器、执行器和计算机组成。时钟模块 DDC 控制器可承担照明系统定时任务和复杂逻辑处理。照明系统监控设计可实现以下控制功能：庭院灯控制，泛光照明控制，门厅、楼梯及走道照明控制，停车场照明控制。第三层由数据采样与控制终端组成。照明数据采样前端设备有光照度传感器、开关状态、故障报警信号等。智能分站与楼宇设备自控系统以现场总线方式进行通信，系统中分散的智能分站的操作运行应是高度自治的，并不依赖系统监控软件。当系统通信故障时，智能分站仍然具有正常完成监测和控制的能力，同时也应采用分布式系统结构的原则，使各智能分站更具有分布性，也可减少各监控工作站与智能分站之间的通信量。

2. 调光控制

调光控制包括调光装置（数字、智能调光器）、计算机 / 微处理器调光控制装置等。调光控制智能地利用自然光、自动控光调光及自动实现合理的能源管理等功能，可节电 20% ~ 70%，实现照明管理智能化，对推动具有世界现代绿色照明效果的城市建设，有着极大的经济意义。调光器一般都按照预先设定的调光曲线来工作。所谓调光曲线就是调光过程中灯光亮度变化与调光器的控制电压的关系曲线。常用的调光曲线有线性、S 形、平方和立方曲线等。高精度的调光器还允许用户根据实际需要自定义调光曲线，以满足特殊灯光效果的需求。线性调光可以很容易地实现控制电压与光输出的比例变化，但是很多灯具并不能在全范围实现调光，而且灯具的功率输入与输出亮度之间一般都没有完全的线性关系。平方和立方曲线更适合人眼的特点，在低电压端灯具输出亮度变化缓慢，调光精度更高，受到影剧院照明设计者的青睐。再就是灯具开启之初往往需要一定的预热时间，平方和立方曲线可以很好地实现这种变化。S 形曲线也易被接受，它除了具有平方和立方曲线的一些特点，在高亮度范围内也可以实现精确的照明控制，从而扩大精确调光的范围。目前，大多数调光电路用线性的锯齿波与直流控制信号比较，实现了移相触发。通过控制导通角与控制电压成比例的改变，来控制电压变化。这样形成的调光曲线呈 S 形。S 形调光曲线可利用的调光范围为 5% ~ 95%，从而使灯具的亮度基本上可依靠调光台的输出线性变化。调光控制比较复杂，不同的光源它的发光机理和电气特性各不相同，因而必须根据不同光源附加一些控制部件，才能对灯进行调光。按照光源的负载特性可以分为电阻性、电容性和电感性三种。调光器的发展从最初机械式、电阻式的非电子调光，到后来的晶闸管（晶体管）元件构成的电子调光，现又进入电力电子器件与微处理器组合的数字调光。

三、空调与冷热源系统

（一）湿空气的物理性质

1. 湿空气的状态参数

湿空气的物理性质是由它的组成成分和所处的状态决定的，湿空气的状态通常可以用压力、温度量及焓等参数来描述，这些参数称为湿空气的状态参数。在热力学中，常温常压下的干空气可视为理想气体。所谓理想气体，就是假设气体分子是不占有空间的质点，分子相互之间没有作用力。因此，空调工程中的干空气也可看作理想气体。此外，湿空气中的水蒸气，比容大，也可近似看作理想气体。另外，空气中还含有不同程度的灰尘、微生物及其他气体等杂质。湿空气的状态可以用一些称为状态参数的物理量来表示，空气调节工程中常用的湿空气状态参数有温度、湿度、压力、焓、露点等。

2. 空气状态参数相互间的关系

空气的状态参数相互之间有关联，其中独立的状态参数是温度、含湿量、压力三个，其余的参数都可以从这三个参数中计算出来。在工程应用中，常用焓湿图来表示湿空气各种参数之间的关系。

（二）空气处理的方法和设备

1. 空气降温方法

空气的降温可以通过表冷器来实现。在表冷器表面温度等于或大于湿空气的露点温度，空气中的水蒸气不会凝结，因此其含湿量不变而温度降低，变化过程与空气加热器结构类似，表冷器也都是肋片管式换热器，它的肋片一般多采用套片和绕片，基管的管径也较小。表冷器内流动的冷媒有制冷剂和冷水（深井水、冷冻水、盐水等）两种。以制冷剂为冷媒的表冷器称为直接蒸发式表冷器（又称蒸发器），多用于局部的分体空调中。以冷水作为冷媒的表冷器称为水冷表冷器，多用于集中式空调系统和半集中式空调系统的末端设备中，表冷器与加热器的工作原理类似，当空气沿表冷器的肋片间流过时与冷媒进行热量交换，空气放出热量，温度降低，冷媒得到热量，温度升高。当表冷器的表面温度低于空气的露点温度时，空气中的一部分水蒸气将凝结出来，从而达到对空气进行降温减湿处理的目的。

表冷器的安装与以热水为媒的空气加热器安装方式基本相同，但表冷器下部应设积水盘，用于收集空气被表冷器冷却后产生的冷凝水。表冷器的调节方法有两种：一种是水量调节，另一种是水温调节。水量调节改变的是进入表冷器的冷水流量，水温不变，使表冷器的传热效果发生变化。水量减少，表冷器传热量降低，空气温降小，除湿量也少；反之，增大冷水量，空气经过表冷器后的温降大，降湿量也多。水温调节是在水量不变的条件下，通过改变表冷器进水温度，改变其传热效果。进水温度越低，空气温降越大，除湿量增加；反之，供水温度提高，空气温降减小，除湿量降低。该方式调节性能好，但设备复杂，运行也不太经济。水温调节一般多用于温度控制精度较高的场合。

2. 空气加热方法

空调系统中所用的加热器一般是以热水或蒸汽为热媒的表面式空气加热器和电热丝发热加热器。其温度增高而含湿量不变。

肋管式空气加热器原理，这是空调工程中最常见的一种加热器。热媒在肋管内流过，空气则在肋管外侧流过，同时与热媒进行热量交换。如果肋管内流过冷媒，则称为表面式空气冷却器。表面式空气冷却器与表面式空气加热器没有本质区别，只是管内流过的媒体不同，二者统称为表面式换热器。电加热器是通过电阻丝将电能转化为热能来加热空气的设备。它具有加热均匀、加热量稳定、效率高、结构紧凑和易于控制等优点，常用于各类小型空调机组内。在恒温恒湿精度较高的大型集中式系统中，常采用电加热器作为末端加热设备（或称为微调加热器，放在被调房间风道入口处）来控制局部加热。

3. 空气减湿方法

空调系统中所用空气减湿方法有冷却减湿、加热通风减湿。当表冷器的表面温度低于空气的露点温度时，就会产生减湿冷却过程空气中的一部分水蒸气将凝结出来，此时表冷器处于湿工况，从而达到对空气进行降温减湿处理的目的。

如果室外空气含湿量低于室内空气的含湿量，则可以将空气加热，使其相对含湿量降低后再送入室内，同时从室内排除同样数量的潮湿空气，以达到减湿的目的。

4. 空气加湿方法

在空调系统中一般均采用向空气中喷蒸汽的办法进行加湿，近似于等温加湿过程。常用的喷蒸汽加湿方法有干蒸汽加湿和电加湿两种。干蒸汽加湿是将由锅炉房送来的具有一定压力的蒸汽由蒸汽加湿器均匀地喷入空气中，而电加湿是用于加湿量较小的机组或系统中。

5. 空气净化处理设备

空气过滤器是空气净化的主要设备，按作用原理分为金属网格浸油过滤器、干式纤维过滤器和静电过滤器三类。

6. 喷水室

喷水室是一种多功能的空气调节设备，可对空气进行加热、冷却、加湿、减湿等多种处理。当空气与空气加热器结构类似，表冷器也都是肋片管式换热器时，肋片一般多采用套片和绕片，基管的管径也较小。表冷器内流动的冷媒有制冷剂和冷水（深井水、冷冻水、盐水等）两种。以制冷剂为冷媒的表冷器称为直接蒸发式表冷器（又称蒸发器），多用于局部的分体空调中。以冷水作为冷媒的表冷器称为水冷表冷器，多用于集中式空调系统和半集中式空调系统的末端设备中。表冷器与加热器的工作原理类似，当空气从表冷器的肋片间流过时与冷媒进行热量交换，空气放出热量，温度降低，冷媒得到热量，温度升高。当表冷器的表面温度低于空气的露点温度时，空气中的一部分水蒸气将凝结出来（此时称表冷器处于湿工况），从而达到对空气进行降温减湿处理的目的。

表冷器的安装与以热水为媒的空气加热器安装方式基本相同，但表冷器下部应设积水盘，用于收集空气被表冷器冷却后产生的冷凝水。表冷器的调节方法有两种：一种是水量调节，另一种是水温调节。

（三）冷热源系统

1. 冷源热泵技术

常用的冷源制冷方式主要有两类：压缩式制冷方式和溴化锂吸收式制冷方式。它们都是热泵的工作方式。所谓热泵是一种通过消耗一定量的高品位能量（电能），从自然界的空气、水或土壤中获取低品位热能，并提高其品位，提供可被人们所用的高品位热能的热力学装置。作为自然界的现象，正如水由高处流向低处那样，热量也总是从高温区流向低温区。但人们可以创造机器，如同把水从低处提升到高处而采用水泵那样，采用热泵可以把热量从低温抽吸到高温。所以热泵实质上是一种热量提升装置，其作用是从周围环境中吸取热量，并把它传递给被加热的对象（温度较高的物体）。

热泵的工作原理是，通过流动媒介（以前一般为氟利昂，现用氟利昂替代物）在蒸发器、压缩机、冷凝器和膨胀阀等部件中的气相变化（沸腾和凝结）的循环来将低温物体的热量传递到高温物体中去。制冷机可以理解为热泵的反向运行，即从被冷却的对象（温度较低的冷冻水）中吸取热量。

2. 热源

凡是采暖的地区，均离不开热源，供热大体有两种方式：一种是市政管网集中供热，其热源来自热电厂、集中供热锅炉厂等；另一种是由分散设在一个单位或一座建筑物的锅炉房或热水机组供热。这里的供热指的是热水和热蒸汽，一般用于生活热水和空调。

3.冷热源系统的监控

冷热源系统的监控，由冷却水系统、制冷机和冷冻水系统三大部分组成。冷冻水系统为闭路循环水，在系统最高点设有膨胀水箱，使冷冻水始终充满管路。

热源系统的监控采用市政热力网供热的系统，由一次侧热源、热交换器、热水系统组成。

冷量和热量计量集中。空调系统的冷量与热量计量和我国北方地区的调节阀采暖热计量一样。目前在许多建筑中，中央空调的锅炉、供热网等热水泵费按照用户承租建筑面积的大小一次侧热源（热蒸气收取），这种收费方法使用户产生了"不用白不用"的心理，使室内气温冬季过热、夏季过冷，造成能源浪费严重。合理的方法应是按用户实际用冷量和用热量来收费，它不仅能够降低空调运行能耗，也能够有效地提高公共建筑的能源管理水平。

（四）空气调节系统

1.空调系统的分类

（1）集中空调系统。

集中空调系统的所有空气处理设备（包括风机、冷却器、加热器、加湿器、过滤器等）都设在一个集中的空调机房内。其特点是经集中设备处理排风口空气的输送，用风道分送到各空调房间。空气处理的质量，如温度、湿度、准确度、洁净度等可以达到较高的水平。

（2）半集中空调系统。

在半集中空调系统中，除了集中空调机房，还设有分散在被调节房间的二次设备（又称末端装置）。空调机房处理风（空气），然后送到各房间，由分散在各房间的二次设备（如风机盘管）再进行二次处理。变风量系统、诱导器系统及风机盘管系统均属于半集中空调系统，这是智能建筑应用最广泛的空调系统方式。半集中空调系统末端装置所需的冷热源也是集中供给的，因此，集中和半集中空调系统又统称为中央空调系统。

（3）全分散空调系统。

全分散空调系统也称局部空调机组。这种机组通常把冷、热源和空气处理、输送设备（风机）集中设置在一个箱体内，形成一个紧凑的空调系统。通常的窗式空调器及柜式、壁挂式分体空调器均属于此类机组。它不需要集中的机房，使用灵活，直接将机组设置在要求空调的房间内。还有一类全分散空调系统——空调房间，它是集中供冷热／分散控制式空调系统，在一大型建筑群的空调系统中多有回风机应用。我国北方地区冬季集中供热系统多是这种方式。某大学城夏季制冷空调系统就采用了由冷冻站集中供冷/分散控制式空调系统。

2. 空调冷热水系统

（1）两管制式冷热水系统。

系统给末端空调机组/风机盘管输送冷、热水的管路只有供水和回水管路，系统不能同时给末端空调机组/风机盘管既输送冷水又输送热水，在某个时段只能单独供冷或供热，通过总管的阀门手动或自动切换。一般情况下，夏季供冷，冬季供热。末端空调机组/风机盘管的盘管为冷、热两用，其调节阀也要选用冷、热两用型的产品。两管制式系统投资少，在工程中大量使用。由于不能同时向末端空调机组/风机盘管提供冷、热源，因此在对空调要求很高的场合，两管制式冷热水系统就不能采用。

（2）四管制式冷热水系统.

系统给末端空调机组/风机盘管输送冷、热水的管路有4条总管，分别是供冷水管、回冷水管、供热水管、回热水管，系统能同时给末端空调机组/风机盘管既输送冷水又输送热水。末端空调机组/风机盘管的冷、热盘管分别设置，因此可以实现高精度的空气状态调节。四管制式系统投资大，在工程中使用较少。

3. 空调运行控制方式

（1）定风量（Constant Air Volume，CAV）控制方法。

定风量控制方法的系统送风量不变，通过调节送风的温湿度来满足室内负荷的变化，以维持室内空气状态在人们需求的范围。一次回风定风量控制系统是根据新风和回风的温湿度来调节表冷器以及加热器的温度、新风和回风阀门比例的。集中空调系统的定风量控制通常采用定露点送风加末端加热的方法，可以很好地适应不同空间的空调需求。

（2）变风量（Variable Air Volume，VAV）控制方法。

变风量控制方法通过调节送风量的多寡来满足室内负荷的变化，以维持室内空气状态在人们需求的范围。但是，仅靠调节风量不能对温度和湿度同时进行精确控制，所以变风量控制系统一般是用于舒适性空调系统。如果要同时满足温湿度指标，则可以采用变风量控温/变露点控湿或者变风量控湿/再热器控温的方法。应用现代测控技术，对空间的热湿负荷进行在线检测，在此基础上实现空调的自适应控制，其控制模型可以用变频调速风机和电动风门来实现，根据新风和回风的温度来调节风机转速或风门的开度、新风和回风阀门的比例。变风量控制系统在智能化楼宇空调尤其是内区空调中占了主导地位。根据末端风量的变化实时控制送风机，末端装置随室内负荷的变化自动调节风量维持室温。变风量控制系统比定风量控制系统节能效果好。由于空调系统在全年大部分时间里是在部分负荷下运行，且变风量空调系统是通过改变送风量来调节室温的，因此可以大幅度减少送风机的动力耗能。同时，变风量空调系统在过渡季节可大量使用新风作为天然冷源，相对于风机盘管系统，能大幅度减少制冷机的能耗，而且可改善室内空气质量现场总线。

4. 半集中空调运行控制

半集中空调中的新风机组一般采用定风量控制方法，末端风机盘管可采用定风量、变风量控制方法。定风量控制系统由温度传感器、双位控制器、温度设定机构、手动三速开关和冷热切换装置组成。其控制原理是，控制器根据温度传感器测得的室温与设定值的比较结果发出双位控制信号，控制冷 / 热水循环管路电动水阀（两通阀或三通阀）的开关，即用切断和打开盘管内水流循环的方式，调节送风温度（供冷量），把室内温度控制在设定值上下某个波动范围（空调精度）之内。末端风机盘管可采用变风量控制方法，保持送风温度不变，当实际负荷减小时，通过改变送风量维持室温。一般采用变频调速技术实现风机的变风量运行，也可通过多台风机的并联运行控制来调节风量，这是一种有级差的调节方法。

第三节　楼宇智能化与智能通信网络系统

一、楼宇智能化系统

（一）智能建筑的基本功能

智能建筑工程及建筑智能化系统工程，是建筑工程中不可缺少的组成部分，需要一套规范来指导我国智能建筑工程建设的质量验收。

智能建筑的基本功能主要由三大部分构成，即楼宇自动化（又称建筑自动化或楼宇自动化）、通信自动化和办公自动化。这三个自动化通常称为"3A"，它们是智能建筑中最基本的且必须具备的基本功能。目前有些地方的房地产开发公司为了突出某项功能，以提高建筑等级和工程造价，又提出防火自动化（FA）和信息管理自动化（MA），形成"5A"智能建筑，甚至有的文件又提出保安自动化（SA），出现"6A"智能建筑，甚至还有提出"8A""9A"智能建筑的。但从国际惯例来看，防火自动化和保安自动化等均放在楼宇自动化中，信息管理自动化已包含在通信自动化内，因此，通常只采用"3A"的提法。

（二）弱电系统概述

电力应用按照电力输送功率的强弱可以分为强电与弱电两类。建筑及建筑群用电一般指交流 220V、50Hz 及以上的强电。其主要向人们提供电力能源，将电能转换为其他能源，如空调用电、照明用电、动力用电等。电力应用中的弱电主要有两类：一类是国家规定的安全电压及控制电压等低电压电能，有交流与直流之分，交流 36V 以下，直流 24V 以下，如 24V 直流控制电源，或应急照明灯备用电源；另一类是载有语音、图像、数据等信息的信息源，如电话、电视、计算机的信息。

（三）智能化系统建设的设计原则

作为广场、酒店、办公大楼神经中枢的智能化建设，其目标是实现具有现代智能建筑特征的、能够满足未来高效能神经中枢工作需要的现代化智能建筑，以"追求智能化系统性价比最优"为基础的楼宇智能化建设原则主要有以下几个方面。

1. 经济实用型原则

该原则既不片面追求豪华的系统功能，也不片面追求高档次的设备选型，而以楼宇的应用效能得到充分发挥为主线，系统功能力求适用。当然经济实用型不能以牺牲系统的稳定性为代价。

2. 前瞻性原则

在满足目前智能建筑需要的同时，系统应该能够满足未来三到五年内高效工作的需要，具有良好的前瞻性。例如，尽管目前我们的网络建设尚未达到省级数据集中处理的水平，但着眼于未来，建立省级数据处理中心是必然趋势，因此网络系统建设应满足未来省级数据集中的需要。前瞻性原则也是避免投资损失的客观要求。

3. 可扩展性原则

虽然在智能化建设工作中应尽可能地考虑住宅及公寓可用于商业办公对未来发展的需求，但智能化系统架构的可扩展性仍然是必要的。其原因在于，目前的分析不可能完全与未来一致，因此在智能化系统的架构方面留有充分的余地是智能化楼宇建设达成建设目标的必要条件。

4. 性能价格比最优原则

根据该建设目标，将"追求智能化系统性能价格比最优"作为商业办公楼、酒店、住宅等智能化系统建设的指导思想。

二、智能通信网络系统

(一) 通信系统概述

智能建筑的通信系统，大致可以划分为 3 个部分：以程控交换机为主构成的语音通信系统、以计算机及综合布线系统为主构成的数据通信系统、以电缆电视为主构成的多媒体系统。这三部分既互相独立，又相互有关联。智能楼宇除了有电话、传真、空调、消防与安全监控等基本系统，各种计算机网络、综合服务数字网络都是不可缺少的，只有具备了这些基础通信设施，才能根据用户需要提供新的信息技术，如电子数据交换、电子邮政、电视会议、视频点播、多媒体通信等才有可能获得使用，使楼宇构成一栋名副其实的智能建筑。

(二) 通信系统的相关设备和基本功能

1. 程控交换机

"交换"和"交换机"最早起源于电话通信系统，传统意义上的电话交换系统必须由话务接线员手工接续电话，这被称为人工电话交换系统，而我们所指的程控交换机是在人工电话交换机技术上发展而来的。程控交换机的作用是将用户的信息、交换机的控制、维护管理等功能，采用预先编制好的程序存储到计算机的存储器内。当交换机工作时，控制部分自动监测用户的状态变化和所拨号码，并根据其要求来执行相关程序，而达到完成各种功能的目的。由于采用的是程序控制方式，因此被称为存储程序控制交换机，简称程控交换机。

程控交换机可以有几种分类：按交换方式可分为市话交换机、长话交换机和用户交换机；按信息传送方式可分为模拟交换机和数字交换机；按接续方式可分为程控交换和时分交换机，在微处理器技术和专用集成电路飞速发展的今天，程控数字交换的优越性愈加明显地展现出来。目前所生产的中等容量、大容量的程控交换机全部为数字式的，而且交换机系统融合了 AIM、无线通信、IP 技术、接入网技术、HS、ADS、视频会议等先进技术，因此，这种设备的接入网络的功能是相当完备的。可以预见，今后的交换机系统将不仅是一个语音传输系统，而且是一个包含声音、文字、图像的传输系统。目前已广泛应用的 IP 电话就是其应用的一个方面。

2. 用户交换机

程控交换机如果应用在一个单位或企业内部作为交换机使用，则我们称它为用户交换机，用户交换机的最大特点是外线资源可以共用，而内部通话时不产生费用。用户交换机是机关工矿企业等单位内部进行电话交换的一种专用交换机，其基本功能是完成单位内部用户的相互通话，但也可以接入公用电话网通话（包括市内通话、国内长途通话和国际长途通话）。用户交换机在技术上的发展趋势是采用程控用户交换机，而且使用新型的程控数字用户交换机不仅可以交换电话业务，也可以交换数据等非话音业务，做到多种业务的综合交换与传输。

3. 图像通信

图像通信是传送和接收图像信号或称为图像信息的通信。它与语音通信方式不同，传送的不仅有声音，还有图像、文字、图表等信息，这些可视信息是通过图像通信设备变换为电信号进行传送的，在接收端再把它们真实地再现出来。所以说图像通信是利用视觉信息的通信，或称它为可视信息的通信。

4. 文字通信

（1）用户电报。

用户电报是用户将书写好的电报稿文交由电信公司发送、传递，并由收报方投送给收报人的一种通信业务。由于通信事业的不断进步和发展，现在人们对电报的使用已经越来越少了，而逐渐被传真取代。

（2）电子邮件。

电子邮件是互联网上的重要信息服务方式。电子邮件是以电子信息的格式通过互联网为世界各地的互联网用户提供了一种极为快速、简单、经济的通信和交换信息的方法。与电话相比，电子邮件的使用非常经济，传输几乎是免费的。而且这种服务不仅是一对一的服务，用户也可以一封邮件向一批人发送，或者接收邮件后转发给其他用户，也可以发送附件，譬如音乐文件、照片、声音等。由于这些优点，互联网上数以千万计的用户都有自己的电子邮件地址，电子邮件也成为利用率最高的互联网应用。

（三）智能建筑网络系统的结构

智能楼宇的计算机网络系统可以分为内网和外网两部分，原则上，内网和外网是彼此分开的，物理上不应该相互联系，这是出于安全性能上的考虑，但无论内网或外网，都可以划分为3个部分：用于连接各局域网的骨干网部分、智能楼宇内部的局域网部分以及连接互联网网络的部分。

（四）其他网络相关技术

1. 电视系统 CATV

CATV 是指传输双向多频道通信的有线电视，也称为共用天线电视系统，或称有线电视网、闭路电视系统等，它的传输介质是同轴电缆。常用的同轴电缆有两类：

509 和 759 同轴电缆。759 同轴电缆用于 CATV 网，也称为 CATV 电缆。509 同轴电缆主要用于基带信号传输，总线型以太网就是使用 509 同轴电缆，在以太网中，509 细同轴电缆的最大传输距离为 185m，粗同轴电缆可达 1000m。

2. 多媒体技术

智能化的建筑楼宇目前大部分应用了视频监控系统，这对于智能楼宇的规范管理发挥了重要的作用。由于计算机技术的高速发展，现在已集中采用了多媒体技术，与传统的集成监控系统相比，多媒体视频监控系统的最大特点是将单纯的系统主机换成了多媒体计算机，即在微机的扩展槽中插入视频卡或图像卡后，就能在显示器上显示输入的视频图像，所以多媒体视频监控系统的主机同时还兼有了视频监视器的功能。常用的多媒体视频监控系统，系统主机应该使用高性能的多媒体计算机，同时配置相关的多媒体、视频、网络通信等相关硬件设备，以保证功能齐全、性能稳定。多媒体视频监控系统一般都能提供视频音频信号的动态录制功能。在值班人员的操作下或有警情发生时，监控系统可录制一定长度的录像至硬盘，速度为每秒 25 帧。每段录像有相应文件名和时间字符信息，值班人员可根据文件名、时间字符信息查阅录制的图像。另外，多媒体视频监控系统可作为独立系统运行，并可与消防系统、其他报警系统等专业系统联网。支持电话线的远程遥控、监视、报警，以及电话线的远程联网监控。

第四节　智能化系统实施与管理

一、施工组织设计与实施方案综述

工程组织实施的好坏是整个项目建设成败的关键，只有在项目开展前制订出一个切实可行的方案实现高质量的安全生产，才能向用户提供一个符合现在需求的质量优良的系统，更应为未来的维护和升级提供最大的便利，并最大化节约资金。

项目管理：在项目实施过程中，一方面需要与建设单位、各个专业施工单位进行协调；另一方面要制订出最佳的工程进度计划，控制进度、监督质量、搞好安全生产。在不同工程阶段下资源的配置、组织与协调及质量安全生产是项目管理的重点。如人力、财力、物力资源的调配，设计、施工、服务环节的进度监管，设计、施工、服务环节的质量监管，设计、施工、服务环节的安全监管，对遵守法律法规的管理。

商务管理：取得工程合同以后，需要及时选择并确定合格的设备材料及供应厂商，并向其发出订单。合格的产品、充足的供给、及时的货期是商务管理的核心。

其包括总包合同、商品订单等文件的管理，设备供应商的制度，商品货期的制定与控制。

设计管理：良好的工程的深化设计是取得一个优良工程的前提。通过与建设单位、设计单位的沟通，对用户需求进行分析，理解设计单位的设计思想，了解用户的实际需求，以做出用户满意的深化设计方案。在工程设计中，坚决执行和贯彻国家、行业的技术标准及规范，遵照甲方标书的要求进行深化设计，并对技术标准和规范进行建档，包括系统设计说明文档、系统设计图纸、系统施工图纸、系统软件设计与组态文档。

施工管理：在施工过程中，除了要求施工和技术符合规范，其中也涉及其他专业的管理内容。工程的施工管理之所以必不可少，关键在于它的协调和组织作用。须切实做好以下几个方面的施工管理工作：工程的资格管理（单位资质、人员资格、工具合格）；设备材料的管理（材料审批、验收制度、仓库管理）；施工的进度管理（进度计划、进度执行）；施工的质量管理（验收制度、成品保护）；施工的安全管理；施工的界面管理；施工的组织管理；工程的文档管理。

（一）工程的技术管理

工程的技术管理贯穿于整个工程施工的全过程，须执行和贯彻国家、行业的技术标准及规范，严格按照智能弱电系统工程设计的要求施工。在设备提供、线材规格、安装要求、对线记录、调试工艺、验收标准等方面进行技术监督和行之有效的管理。其管理内容包括技术标准和规范的管理、安装工艺的指导与管理、调试作业与管理。

（二）工程的质量管理

工程的质量管理是各项工地工作的综合反映，在实际施工中须做好以下几个质量环节：切实做好质量控制、质量检验和质量评定，施工图的规范化和制图的质量标准，管线施工的质量要求和配线的质量要求与监督，配线施工的质量要求和监督，调试大纲的审核、实施及质量监督，系统运行时的参数统计和质量分析，系统验收的步骤和方法，系统验收的质量标准，系统操作与运行管理的规范要求，系统保养和维修的规范和要求，年检的记录和系统运行总结。

（三）安全生产的管理

安全生产的管理是工程保质保量、如期完工所必不可少的，在实际施工中应做好：1.仓储设备的安全保管；2.进入工地的人员的安全；3.安装设备的成品保护。

二、施工组织及人员安排

（一）项目经理的职责

项目经理负责整个项目的日常管理与资源调配，推进项目的进行，解决各种紧急事件，有绝对权力调配本工程现场的人力、物力、财力、合伙施工队，优先使用公司其他工作范畴的资源，保证工程保质保量按时完成，其具体职责如下。

前期准备阶段：分析工程现实；编制具体的工程预算方案，提交指挥部审核批准后执行；提交进货计划表、人力资源计划表及施工进度计划表；向现场管理、施工技术人员和工程队下发任务职责书，并组织培训和项目交底，确立项目奖惩办法；组建现场工地办公室和相关管理程序及技术档案体系。

施工设计阶段：配合甲方及监理方组织系统方案设计审查会；遵守国家有关设计规程、规范；主持制订系统施工设计方案，制定专业施工设计资料交付文件格式，配合甲方组织系统施工设计图会审，审查管线图和安装图。

施工阶段：配合甲方组织系统施工协调会；制定施工工程管理制度；参加工程例会，及时处理相关事务；配合工程监理，协调施工；向甲方工程代表和监理方提交工程月周报和工程进度报告，申请工程进度款；管理协调施工与相关施工单位的关系；若发生紧急事件无法处理则与公司指挥部沟通，及时处理相关事务；审核施工队的施工进度，批准其相关工程进度款；执行工程预算及项目奖惩办法，签署工程月、周工地报告，检查和评估现场各部门的工作任务及业绩，召集内部工地现场例会。

联机调试：配合甲方和工程监理，组织验收。

售后服务阶段：负责售后服务的计划和措施的跟踪、落实。

（二）副项目经理的职责

副项目经理负责日常管理与资源调配，推进各子系统的进度，解决各种紧急事件，协助项目经理调配本系统现场人力、物力、财力、施工队，以保证工程保质保量按时完成。

1. 阶段性安排工作

前期准备阶段：分析系统现实；编制工程预算方案提交项目经理；提交该系统的进货计划表、人力资源计划及施工进度计划表，并组织系统培训和项目交底；参与组建现场工地办公室和相关管理程序及技术档案体系。

施工设计阶段：配合项目经理组织系统方案设计审查会；遵守国家有关设计规程、规范；主持制订系统施工设计方案，制定专业施工设计资料交付文件格式，配合项目经理组织系统施工设计图会审，审查管线图和安装图。

施工阶段：配合项目经理组织系统施工协调会；制定系统施工工程管理制度；参加工程例会，及时处理相关事务；配合项目经理协调系统施工；向项目经理提交工程的月周报和工程进度报告，申请工程进度款；管理协调系统施工与相关施工单位的关系；若发生紧急事件无法处理则与项目经理沟通，及时处理相关事务；审核施工队的施工进度，批准其相关工程进度款；执行工程预算及项目奖惩办法，签署工程的月、周工地报告，检查和评估现场各部门的工作任务与业绩，召集内部工地现场例会。

联机调试：配合项目经理，组织系统验收。

2. 工程实施的人力资源初步计划

整个施工程序，基本上分为5个阶段：系统深化设计、隐蔽工程施工及验收、线路铺设、设备安装与配线、调试开通。要求在各个施工过程中，根据施工进度，合理安排劳力和技术力量的配置，做到相对固定又灵活调配，在保证工程质量和工期的前提下，尽量做到统一，避免重复作业，力争一次性施工，周密计划，节约用工。需说明一点，人力资源计划是不断随着工程情况的进展和变化而改变的，项目部进入现场后必须对人力资源计划有前瞻性，提前向项目指挥部提出计划，由项目指挥部统一调配。

3. 工程实施过程中紧急事件的处理策略

在工程安装期间，对于紧急事件，现场主管人员应根据实际情况，按照公司项目管理程序中快速反应机制的规定尽快予以解决，在1h内以书面形式答复处理情况，如发生某些紧急工地问题或现场管理人员处理不当问题，可按公布电话向指挥部投诉，紧急事件和投诉联络人会第一时间通知指挥部主管人员，要求协助，尽快不迟于8h予以处理。在售后服务期间，当紧急事件和投诉联络人收到报告后，会第一时间通知指挥部主管人员，委派相关工程师尽快赶到现场，协助操作人员解决有关问题，务求所有问题在最短的时间内得到解决。

三、工程实施步骤

（一）工程施工图设计

1. 工程深化设计要求

在工程前期，先应做好工程施工图的设计工作。工程图设计是对《系统初步设计和实施方案》中的软硬件配置、系统功能要求进行细致全面的技术分析和工程参数计算取得确切的技术数据以后，再绘制在施工平面安装图上的设计。

2. 施工注意事项及施工步骤

（1）系统工程施工图的具体设计深度。

根据图纸，实地勘测现场，以建筑物各分层的建筑平面图纸为施工平面图纸的基础，在施工平面图纸上标明现场信息插座及各个网络设备的安装位置，标注线路走向、引入线方向以及安装配线方式（预埋、线槽、桥架等）。

（2）施工步骤。

①施工设计图纸的会审和技术交底，由总工程师组织，各个系统技术人员参加；由系统技术人员根据工程进度提出施工用料计划、施工机具的配备计划，同时结算施工劳动力的配备，做好施工班组的安全、消防、技术交底和培训工作。②了解主体结构，熟悉结构和装修图纸，校清管线位置的尺寸，以及有关施工操作、工艺、规程、标准的规定及施工验收规范要求。做到不错、不漏、不堵，当分段隐蔽工程完成后，应要求甲方及监理方验收并及时办理隐检签字手续。③设备安装、电缆敷设工作面的检查。由质量安全生产部门组织技术部门参加，严格按照施工图纸文件的要求和有关规范规定的标准对设备及线路等进行验收。④到货开箱检查。先由现场项目经理部组织，技术和质量部门监理方参加，将已到施工现场的设备、材料做直观上的外观检查，保证无外伤损坏、无缺件，清点备件，核对设备、材料、电缆、电线、备件的型号规格、数量是否符合施工设计文件以及清单的要求，并及时如实填写开箱检查报告。⑤定位安装。根据设计图纸，复测其具体位置和尺寸再进行就位安装和敷设。⑥内部验收、检测评定。由质量部门组织施工、技术部门参加，对施工工艺整个范围内的设备进行全面的检测和评定。⑦系统验收。提交验收报告，由甲方、监理方根据标书的要求及相关规范验收。⑧开通使用。在经甲方检测评定及验收的基础上，根据甲方提出的要求签订临时交付甲方的维护管理合同，并及时办理签字手续，乙方则根据合同条款履行定期的保修约定事项。⑨做到无施工方案（或简要施工方案）不施工，有方案没交底不施工，班组上岗不完全不施工，施工班组要认真做好完全上岗交底活动及记录，每星期一的上午要组织不少于1h的安全活动。严格执行操作规程，不得违章作业，对违章作业的指令有权拒绝并有责任制止他人违章作业。⑩进入施工现场时必须严格遵守安全生产六大纪律，严格执行安全生产规程。施工作业时必须正确穿戴个人防护用品，进入施工现场时必须戴安全帽。不许私自用火，严禁酒后操作。

（二）设备材料进场管理

1. 在材料到达工地前，向甲方、监理方申请安排相关人员组织到货验收。2. 在现场设立专业分工形式的仓库。3. 进场设备材料经过登记注册后分门别类地进行存放。4. 对出库材料设备需要填写出库单据，提交设备材料安装工位作为备案，现场仓库隶属于后勤保障部。

（三）质量保证计划

1. 在组织施工前，由质量安全生产组负责组织各个系统接收土建专业提供的管槽施工，防止不合格成品流入下一道工序。

2. 材料进场前，需向甲方提供材料样品，经过甲方审核确认后方可订货。材料到达工地后要申请甲方安排相关人员组织验收。对已经验收的材料按照规定的要求进行仓储。根据各个系统的规范要求与施工图纸对材料进行加工、安装、敷设。

3. 对于隐蔽工程要及时申请监理组织验收。

4. 设备到达工地后要申请监理方、甲方安排相关人员组织验收；对已经验收的设备按照规定的要求进行仓储；根据各个系统的规范要求与施工图纸对设备进行安装、配线。

5. 在系统调试前，组织相关专业工程师、施工工长、质检员、安检员对系统的安装配线情况、供配电环节、网络通信系统进行联合检查，确认无误后方可通电测试。

6. 完成测试以后，按照"先弱电后强电、先手动后自动、先局部后整体"的原则精心设计调试计划，按照计划一步一步完成调试项目。

7. 在系统验收过程中，对每个环节、每项功能都要进行验收。

（四）安全生产计划

1. 员工上岗前检查随身物品。

2. 员工上岗中进行安全生产检查。

3. 员工下岗前检查随身物品。

4. 入仓材料与设备的例行检查。

5. 仓储材料与设备的定期检查。

6. 出仓材料与设备的手续检查。

7. 前一个工序在本工序实施过程中的成品保护管理。

8. 本工序实施过程中材料设备安装配线的正确操作。

9. 已经完成工序的材料设备的定期安全检查。

四、施工进度安排

(一)进度计划说明

1. 工期计划、施工阶段人员数量计划、设备进场计划等。

2. 以上计划要想得到保证，关键在于各专业的配合、各工种的协调、各工序的合理穿插，同时还要制定切实可行的技术经济措施。落实各阶段工程进度的人员控制、具体任务和工作责任，建立规范的进度控制组织体系。

3. 每周一次小会，对上一周的施工情况做一个小结，将实际进度与计划进度对照，将影响进度的因素进行分解和分析，找出解决办法。根据月、旬进度计划，编制相应的物资供应计划，物资顺利进场是保证工程施工顺利进行的前提。

4. 进度计划全面交底，发动职工实施进度计划，使有关人员都明确各项计划任务的实施方案和措施，使管理层和作业层协调一致。组织好施工中各阶段、各环节、各专业和各工种的协调配合，排除各种矛盾、加强各薄弱环节以实现动态平衡，保证作业计划的完成和进度目标的实现。

(二)简要环节说明

1. 根据工程进度计划、工程量、施工组织设计要求及现场的实际情况，在人员进场之前做好临设工作，并组织好人力、物资的进场工作。

2. 各施工负责人要熟悉图纸及图纸会审纪要，多和工人交流，给工人交代清楚技术要领，常到施工现场检查，在施工过程中要密切配合其他专业的施工。

3. 地面线槽一定要安装牢固，同时注意不要有毛刺，以免在铺设线缆时对线缆造成损伤。

4. 管道安装一般按照先干管、后支管，先大管、后小管的原则施工，管槽的衔接一定做到规范，没有裂缝。所有管道安装之前都要把固定支架安装完毕，各种支架一般应在土建粉刷之前安装完。

5. 线缆敷设必须在线管、桥架安装符合要求时才能进行，在敷设线缆之前必须对其抽样检验，合格后才能进行施工(进口设备、线缆有国家检验合格报告或免检证，也可直接投入施工)。

6. 测试，标识。

7. 竣工、文档资料。进度计划全面交底，发动职工实施进度计划，要使有关人员都明确各项计划任务的实施方案和措施，使管理层和作业层协调一致。组织好施工中各阶段、各环节、各专业和各工种的协调配合，排除各种矛盾、加强各薄弱环节，实现动态平衡，保证作业计划的完成和进度目标的实现。

(三)进度保证举措

因安装工程和土建工程、机电安装和其他弱电系统是同步交叉作业的，且受装饰工程的制约，故施工进度计划安排须在正常情况下编订。如果土建、装修工程能提前则安装工期相应提前。因此合理调配资源，制定保证措施，实施有效管理对确保工期十分关键。具体措施如下：

1. 实行目标管理，控制协调要及时，将安装工程分层、分系统地进行项目分解，确定施工进度目标，做好组织协调工作。落实各级人员的岗位职责，定期召开工程协调会议，分析影响进度的因素，制定相应对策，经常性地对计划进行调整，确保分部分项进度目标的完成。

2. 依靠科技进步，加快施工进度。利用现代化装备，依靠广大技术人员，推广使用新技术、新材料，制定切实可行、经济有效的施工操作规程，合理安排施工顺序，加快施工进度，同时为施工现场配置现代化的办公用品(计算机、传真机、打印机等)，提高工作效率，减少中间环节，及时传递信息。

3. 搞好后勤保障，做到优质服务。在甲方资金按时到位的前提下，集中力量确保重点，在人力、物力、机具等方面给予工程充分的保证。职能部门深入现场协助，指导项目部组织实施。通过计划进度与实际进度的比较，及时调整计划，采取应急措施。注意搞好与建设单位和协作单位的关系，及时沟通信息，顾全大局，服从甲方的决策，同心同德，争取早日完成工程，做到进度快、投资省、质量高。

4. 深化承包机制，强化合同管理。承包机制包括公司承包、项目部承包、施工班组承包(或分包)三个层次的承包体系。在各级承包合同中，将工程进度计划目标与合同工期相协调，做到责、权、利相一致，直接与经济挂钩，奖罚分明。在工程的实施中，进一步深化承包机制，应用激励措施，充分地调动员工的生产积极性。

五、工程质量保证措施

(一)建立质量保证机构，强化工程质量管理

坚持"质量第一，用户至上"的基本原则，确保本工程质量达到优良，应在工程实施的全过程进行严格的质量监控和开展施工项目的"QC"活动，由工程师领导的质量检查监督机构深入现场，使工作质量始终处于有效的监督和控制中。

（二）加强工序质量检查，做好成品保护工作

认真进行施工图纸的会审工作，明确技术要求和质量标准。在此基础上做好质量技术交底。在施工过程中，加强工序质量的三级检查制度，层层把关，并严格进行质量等级检评。所有隐蔽工程必须经建设单位、市质监站及有关单位验收签字认可，并做好记录后方可组织下道工序的施工。针对关键部位或薄弱环节设置控制点，认真执行工序交接记录和验收制度。实施计量管理，保证计量器具的准确性。在施工中，合理安排施工程序对已完成的成品制定的保护措施。

（三）优化施工方法，达到预防为主的目的

精心制订施工方案和施工工艺、技术措施，做到切合工程实际，解决施工难题，工法有效可行，对常见的质量通病和事故按预定的目标进行控制，达到预防为主的目的。

（四）严把材料进货关，确保施工机具的正常使用

对工程所需材料的质量进行严格的检查和控制。材料必须按施工图纸和材料明细表所列要求标准选择，根据甲方的要求提供材料样板，待甲方确认后再进行采购。所有进场材料必须有产品合格证或质量证明，对设备进行开箱检查和验收。根据不同的工艺特点和技术要求，正确使用、管理和保养机械设备，健全各项机具管理制度，确保施工机具处于良好的使用状态。

（五）加强项目部质量管理工作，从提高人员素质入手

建立由施工班组、施工员、质检员、项目经理组成的工地质量管理体系。做好宣传教育工作，树立质量第一的观念，提高职业道德水平，开展专业技术培训，特殊工种人员须持证上岗，以工作质量保工序质量，促工程质量。采用企业拥有的现代化装备、新技术、新工艺保证工程质量。

第七章　建筑物防雷

第一节　防雷系统

一、建筑物防雷

(一) 雷电特性与建筑物防雷

雷电的破坏作用主要有以下两种。①雷电直接击在建筑物上。由于雷击时在强大的雷电流的通道上物体水分受热气化膨胀，产生强大的应力，使建筑物遭到破坏。②破坏作用是由于雷电流变化率大而产生强大的感应磁场，周围的金属构件产生感应电流，产生大量的热而引起火灾。这种危害并不是雷电直接对建筑物放电造成的，因而称为二次雷或感应雷。

1. 雷电的形成

带电的云层称为雷云。雷云是由于大气的流动而形成的。当地面含水蒸气的空气受到地面烘烤而膨胀上升时，或者较潮湿的暖空气与冷空气相遇而被垫高，都会产生上行的气流。这些含水蒸气的气流上升时，温度逐渐下降，形成雨滴冰雹（称为水成物）。这些水成物在地球静电场的作用下被极化，负电荷在上，正电荷在下，最终构成带电的雷云。

雷云中正负电荷的分布情况虽然是很复杂的，但实际上多半是上层带正电荷，下层带负电荷。辛普森（Simpson）对这种情况做了解释，他认为雷云上部的部分水分凝结成冰晶状态，由于上升气流的作用，气流带正电荷向上流动，充满上层，而冰晶体由于受气流的碰撞而破碎分裂，下降到云的中部及下部。

大量的测试结果表明，大地被雷击时，多数是雷云下方的负电荷向大地放电，少数是雷云上方的正电荷向大地放电。在一朵雷云发生的多次雷击中，最后一次雷击往往是雷云上的正电荷向大地放电。观测证明，发生正电荷向大地放电的雷击显得特别猛烈。

2. 高层建筑雷击的特点

由于雷云负电的感应，附近地面（或地面上的建筑物）积聚正电荷，从而在地面与雷云之间形成强大的电场。当某处积聚的电荷密度很大、激发的电场强度达到空气游离的临界值时，雷云便开始向下方梯级式放电，称为下行先导放电（又称先驱放电）。当这个先导逐渐接近地面物体并达到一定距离时，地面物体在强电场作用下产生尖端放电，形成向雷云方向的先导（又称迎面放电）并逐渐发展为上行先导放电。当两者接触时形成雷电通路并随之开始主放电，发出强烈的闪光和隆隆雷声。这就是通常所说的闪电。由雷云的负电荷引起的，称为负极性下行先导，约占全部闪电的90%以上。此外还有正极性下行先导、负极性上行先导和正极性上行先导等三种。这四种闪电都属于对建筑物有破坏作用的雷击。只有先导而没有主放电的闪电称无回击闪电。无回击闪电对建筑物不会产生破坏作用，可不予考虑。

高层建筑上发生上行先导雷击的概率比一般建筑物高得多。但这种雷击起源于避雷线或避雷针的尖端，不是接受闪电而是发生闪电，因此就不必考虑避雷装置对这类雷击的保护范围问题。

一般认为，当先导从雷云向下发展的时候，它的梯级式跳跃只受周围大气的影响，没有确定的方向和袭击对象。但它的最后一次跳跃即最后一个梯级则不同，它必须在这最终阶段选择被击对象。此时地面可能有不止一个物体（如树木或建筑物的尖角）在它的电场影响下产生上行先导，趋向与下行先导会合。在被保护建筑物上安装接闪器，就是使它产生最强的上行先导去和下行先导会合，从而防止建筑物受到雷击。

最后一次跳跃的距离称为闪击距离。从接闪器来说，它可以在这个距离内把雷吸引到自己身上，而对于此距离之外的下行先导，接闪器将无能为力。

闪击距离是一个变量，它和雷电流的峰值有关：峰值大则相应闪击距离大；反之，闪击距离小。因此接闪器可以把较远的强的闪电引向自身，但对弱的闪电有可能失去对建筑物的有效保护。

雷电流的大小与许多因素有关，各地区有很大差别。一般平原地区比山地雷电流大，正闪击比负闪击大，第一次闪击比随后闪击大。大多数雷电流峰值为几十千安，也有几百千安的。雷电流峰值的大小大致与土壤电阻率的大小成反比。

和一般建筑物相比，由于高层建筑物高，闪击距离因而增大，接闪器的保护范围也相应增大。但如果建筑物高度比闪击距离还要大，对于某个雷击下行先导，建筑物上的接闪器可能处于它的闪击距离之外，而建筑物侧面的某处可能处于该下行先导的闪击距离之内，于是受到雷击，故提出高层建筑物的防侧击问题。

（二）电磁兼容性和电磁环境

在智能建筑中，各种电子、电气设备运行时产生各种电磁波，这种电磁波对于电子设备和人体会造成一定的影响，严重时会干扰电子设备的正常工作，对人身健康造成一定危害。因此，要求智能建筑中各种电子、电气设备能够符合电磁兼容性标准。

1. 电磁兼容性

电磁兼容性（EMC）是指一个运行的电气系统或设备不对外界产生难以忍受的电磁辐射，同时不受外界电磁干扰，即电磁辐射最小与最强的抗电磁干扰能力，不受射频辐射和微波辐射的影响。

2. 电磁环境

智能建筑的内部和外部存在各种电磁干扰（EMI）源，影响了它的电磁环境。民用建筑电磁环境可以分为一级和二级。

一级电磁环境：在该电磁环境下长期居住或工作，人员的健康不会受到损害。

二级电磁环境：在该电磁环境下长期居住或工作，人员的健康可能受到损害。

3. 电磁干扰源

建筑物内部和外部的电磁干扰源有自然和人为两大类。

自然干扰源，包括大气噪声和天电噪声。大气噪声指雷电和局部电磁干扰源；天电噪声包含太阳噪声和宇宙噪声。雷电会对各种电气设备造成损害和干扰。

人为干扰源。人为干扰源分为功能性的和非功能性的干扰源两种。配电设备开关在分、合闸时会产生强烈的电磁干扰；电力线在工作时会产生强烈的电磁干扰；射频设备在工作辐射时会产生电磁波；电气设备中的非线性元器件，使线路产生谐波造成干扰；工作场所静电对电子设备的干扰。

4. 电磁干扰的传播

电磁干扰的传播途径主要有传导干扰和辐射干扰。

传导干扰是通过导体的电磁干扰。耦合的形式为电耦合、磁耦合或电磁耦合。

辐射干扰是空间传播的电磁干扰。分为近场区和远场区；近场区的耦合形式为电感应、磁感应，远场区的耦合形式是辐射耦合。

（三）防雷装置

防雷装置包括避雷针、避雷线、避雷带、避雷网、避雷器及引下线和接地装置。避雷针用来保护露天变配电设备和建筑物，避雷线用来保护电力线路，避雷带和避雷网用来保护建筑物，避雷器用来保护电力设备。

1. 接闪器

接闪器包括避雷针、避雷线、避雷带、避雷网、金属屋面、突出屋面的金属烟囱等。接闪器总是高出被保护物的，是与雷电流直接接触的导体。

使用避雷针作为接闪器时，一般应采用圆钢。当避雷针较长时，针体则由针尖和不同管径的钢管几段组合焊成。烟囱顶上的避雷针，圆钢直径应为20mm。

在建筑物屋顶面积较大时，应采用避雷带或避雷网作为接闪器。避雷带常设置在建筑物易受雷击的檐角、女儿墙、屋檐处。

不同屋顶坡度建筑物的雷击部位，屋角与檐角的雷击率最高。屋顶的坡度越大，屋脊的雷击率也越大。

我国大多数高层建筑所采用的接闪器为避雷带或避雷网，有时也用避雷针。有些高层建筑的总建筑面积高达数万数十万平方米，但高宽比一般也较大，建筑天面面积相对较小，加上中间又有突出的机房或水池，常常只在天面四周及水池顶部四周明设避雷带，局部再加些避雷网即可满足要求。

2. 引下线

引下线的作用是将接闪器与接地装置连接在一起，使雷电流构成通路。引下线一般采用圆钢或扁钢，要求镀锌处理。

引下线应沿建筑物和构筑物外墙敷设，固定引下线的支持卡子，间距为1.5mm。引下线应经最短路径接地。建筑艺术要求较高者，可以暗设，但引下线的截面应加大一级。

每栋建筑物或高度超出40m的构筑物，至少要设置两根引下线。为了便于测量接地电阻和校验防雷系统的连接状况，应在各引下线距地面高度1.8m以下或距地面0.2m处设置断接卡子，并加以保护。引下线截面锈蚀达到30%以上时应及时更换。

在高层建筑中利用柱或剪刀墙中的钢筋作为引下线是我国常用的方法。为安全起见，应选用钢筋直径不小于d16mm的主筋作为引下线，在指定的柱或剪刀墙某处的引下点，一般宜采用两根钢筋同时作为引下线。

3. 接地装置和接地电阻

（1）接地装置。

接地体和接地线统称为接地装置。接地线又称为水平接地体，而接地体常称为竖直接地极。水平接地体一般采用扁钢或圆钢，埋设深度以1m为宜。竖直接地体一般为角钢、圆钢或钢管。竖直接地体的长度一般为2.5m，接地体的间距为5m，埋入地下深度顶端距地面一般为0.8~1.0m，接地体之间连接采用40mm×40mm扁钢或直径d10mm以上的圆钢。接地装置均应做镀锌处理，敷设在有腐蚀性场所的接地装置应适当加大截面。接地装置距离建筑物或构筑物不应小于3m。

（2）基础接地。

在高层建筑中，利用柱子和基础内的钢筋作为引下线和接地装置，具有经济、美观和有利于雷电流流散及不必维护和寿命长等优点。这种设在建筑物钢筋混凝土桩基和地下层建筑物的混凝土基础内的钢筋作为接地体时，称为基础接地体。利用基础接地体的接地方式称为基础接地，国外称为 UFFER 接地。

自然基础接地体利用钢筋混凝土基础中的钢筋或混凝土基础中的金属结构作为接地体时的接地体称为自然基础接地体。

人工基础接地体把人工接地体敷设在没有钢筋的混凝土基础内时的接地体称为人工基础接地体。有时候，在混凝土基础内虽有钢筋但由于不能满足利用钢筋作为自然基础接地体的要求（如由于钢筋直径太小或钢筋总表面积太小），也有在这种钢筋混凝土基础内加设人工接地体的情况，这时所加入的人工接地体也称为人工基础接地体。

利用无桩混凝土基础上的钢筋混凝土柱子内的钢筋做引下线，在基础垫层下面四角打入 4 条角钢（或钢管）做竖直接地极，并与地梁钢筋连接构成接地网。

利用基础接地时，对建筑物地梁的处理是很重要的一个环节。地梁内的主筋要和基础主筋连接起来，并要把各段地梁的钢筋连成一个环路，这样才能将各个基础连成一个接地体，而且地梁的钢筋形成一个很好的水平接地环，综合组成一个完整的接地系统。

（3）接地电阻。

接地电阻是接地体的流散电阻与接地线电阻的总和。一般接地线的电阻很小，可以略去不计，因此可以认为接地体的流散电阻就是接地电阻。

4. 避雷器

避雷器用于防止雷电产生的过电压波沿线路侵入变配电所或其他建筑物内危及被保护设施的绝缘。避雷器应与被保护设备并联，装入被保护设备的电源侧。当线路上出现危及设备绝缘的雷电过电压时，避雷器的火花间隙就被击穿，由高阻状态变为低阻状态，使雷电压对地放电，从而保护了设备。

（1）阀式避雷器。

阀式避雷器又称为阀型避雷器，由火花间隙和阀片电阻等组成，装在密封的瓷套管内。火花间隙由铜片冲制而成，每对间隙用一定厚度的云母垫圈隔开。

正常情况下火花间隙阻断工频电流通过，但在过电压作用下，火化间隙被击穿放电。阀片由陶料黏固的电工用金刚砂（碳化硅）颗粒而制成。这种阀片具有非线性特性，正常电压时阀片电阻很大，过电压时阀片电阻变得很小。阀型避雷器在线路上出现雷电过电压时，火花间隙击穿，阀片能使雷电顺畅地向大地泄放。当雷电使火花间隙的绝缘迅速恢复而切断工频续流，从而保证线路的正常运行。但是应该注意的是雷电流流过阀片电阻时要形成压降，即线路在泄放雷电流时有一定的残压加在被保护设备上。残压不能超过设备绝缘允许的耐压值，否则设备绝缘仍要被击穿。

阀式避雷器火花间隙和阀片的多少与工作电压的高低成比例。高压阀式避雷器串联很多单元火花间隙，目的是将长弧分断成多段短弧，以利于加速电弧的熄灭。阀片电阻的限流作用是加速灭弧的主要因素。

（2）金属氧化物避雷器。

金属氧化物避雷器又称为压敏避雷器。它是一种只有压敏电阻片而没有火花间隙的阀型避雷器。压敏电阻片是氧化锌或氧化铋等金属氧化物烧结而成的多晶半导体陶瓷材料，具有理想的阀特性。在工频电压下，它呈现很大的电阻，能迅速有效地阻断工频电流，因此无须火花间隙来熄灭由工频续流引起的电弧。而在雷电过电压的作用下，电阻又变得非常小，能很好泄放雷电流。现在，氧化物避雷器应用已经很普及。

金属氧化物避雷器的技术参数如下。

①压敏电压（开关电压）

若温度为20℃且在压敏电阻器上有1mA直流电流流过，则压敏电阻器两端的电压叫作该压敏器的压敏电压（开关电压）。

②残压

残压是指雷电流通过避雷器时避雷器两端最高瞬时电压。它与所通过的雷电波的峰值电流和波形有关。雷电波通过避雷器后雷电压的峰值大大削减，削减后的峰值电压就是残压。国家标准规定，对220V和10kV等级的阀片，必须采用$8/20\mu s$的仿雷电冲击波试验，冲击电流的峰值为1.5kA时，残压不大于1.3kV为合格。

残压比是残压与压敏电压之比。我国规范规定10kA流通容量的氧化锌避雷器阀片满流通容量时用$8/20\mu s$仿雷电冲击波，残压比应该小于等于3。

③流通容量

流通容量是指避雷器允许通过的雷电波最大峰值电流量。

④漏电流

避雷器接到规定等级的电网上会有微安数量级的电流通过，此电流为漏电流。漏电流通过高电阻值的氧化锌阀片时，会产生一定热量，因此要求漏电流必须稳定，不允许工作一段时间后漏电流自行升高。在实际工作中宁愿采用初始漏电流稍大一些的阀片，也不要漏电流会自行爬升的阀片。

⑤响应时间

响应时间是指当避雷器两端的电压等于开关电压时，受阀片内的齐纳效应和雪崩效应的影响，需要延迟一段时间后，阀片才能完全导通，这段延长的时间叫作响应时间或者时间响应。同一电压等级的避雷器，用相同形状的仿雷电冲击波试验，在冲击电流峰值相同的情况下，响应时间越短的避雷器残压越低，也就是说避雷器效果越好。

（四）建筑物防雷设计的要点分析

1. 接闪器设计要点

（1）以建筑物女儿墙宽度来确定避雷带支撑高度，当存在较大宽度时，避雷带支撑高度应适当增加，来避免女儿墙遭受雷击破坏。（2）在建筑物几何转角处（90°）应进行避雷小针的增设，来进一步强化保护效果。（3）对于建筑物平面上突出的金属设备和金属构件应当控制在避雷装置的保护范围当中，如遇特殊情况无法处于保护范围中时，也必须同避雷带做等电位连接处理；保证各种被保护设备同避雷装置间维持在安全距离。（4）对于二、三类防雷建筑，其接闪器可为建筑金属屋面，且在屋面钢板厚度小于0.5mm时，应进行其他防雷设施的增设，来保障其防雷性能。

2. 引下线设计要点

建筑物引下线设计，更多是其对分流效果影响的考虑。引下线的数量和粗细对分流效果有着直接的影响，当存在较多数量的引下线时，每根引下线分摊的雷电流就少，引下线的感应范围也相应要小。在引下线的设计中，应控制引下线的相互距离不得低于规定范围。当前，建筑行业正在朝着高层建筑发展，针对其防雷施工进行分析，这类建筑在实际防雷设计存在着引下线很长，建筑物很高的情况，通过增设均压环于建筑物中间部位，来降低引下线的电压。

3. 均衡电位设计要点

均衡电位指的是建筑物内部均为相等电位，当各类金属管线同建筑物内部钢筋结构均能连接成为一个统一导电体时，建筑物内部就不会存在不同电位的产生，进而避免了建筑物内跨步电压、接触电压、反击等的产生，对于微电子设备免受雷电磁冲的干扰发挥着重要作用。对于钢筋混凝土建筑物来讲，因其内部多为自然绑扎或焊接的钢筋结构，故具备等电位的防雷设计要求。在实际的建筑物防雷设计中，为进一步保障均衡电位，应有目的地将梁、柱、板和基础同接闪器装置进行可靠焊接、搭接和绑扎，并再将各种金属管线和金属设备与之卡接或焊接在一起，从而使建筑物整体上形成一个稳定的等电位体，如高层建筑设计中，钢筋混凝土浇筑的形式不但强化了建筑物自身的稳定性，也满足了均衡电位的设计要求。

4. 屏蔽设计要点

建筑物屏蔽设计的目的在于保障建筑物内的电子计算机、通信设备、自动控制系统及精密仪器等免受雷电磁脉冲的影响和危害。上述设备，因自身的耐压水平低和高灵敏性，除装置接闪器外，有时附近的接闪和打雷，也会对其造成影响，甚至其他建筑的接闪，也会使上述设备受到来自该处的电磁波影响。这就要求，在建筑防雷设计时，尽可能应用笼式避雷网，来实现有效的电磁脉冲屏蔽。在遇到不同结构构造、钢筋密度欠缺、楼板和楼内钢筋存在疏密的情况时，设计人员应以各种设备的相应需求为依据，来进行网格密度的相应增加。

5. 接地设计要点

接地设计是建筑物防雷成果的关键和重要保证。每个建筑物均能对采取哪种接地方式最经济、效果最好做出考虑。对于混凝土结构建筑物来讲，当其满足规范条件时，可将基础内钢筋来作为建筑物接地装置，当不满足规范条件时，则可应用周圈式接地装置，并将其预埋于基础槽最外边，且同建筑物距离应严格控制在 3 m 之外。而对于砖混结构和木结构的建筑物，则必须采取"独立引下线—独立接地"的方式，当建筑地下土壤电阻较大，且需要使用较多接地极时，也可应用周围式接地装置。在应用"独立引下线—独立接地"方式时，通过钻孔形式来深埋。

6. 布线设计要点

现代建筑中，动力、照明、电视、电话、计算机等设备管线的应用十分普遍，这就要求在建筑物防雷设计中，应结合布线实际加以进行。为使管线免受防雷装置接闪的影响，应注重以下几点：(1) 运用金属管套过电线，来保障屏蔽的可靠性；(2) 在高层建筑中心部位设置线路主干线垂直部分，同引下线柱筋保持适当距离，且对于较长管线线路，还应做两端接地处理；(3) 注重天线、电源线等线路的引入方法，以避免雷击电波的侵入；(4) 除对布线的屏蔽和部位考虑之外，还应对重要线路，加装压敏电阻、避雷器等保护装置。

(五) 防电磁干扰方法

电子信息系统的设计应考虑建筑物内部的电磁环境、系统的电磁敏感度、系统的电磁骚扰与周边其他系统的电磁敏感度等因素，以符合电磁兼容性要求。

民用建筑物内不得设置可能产生危及人员健康的电磁辐射的电子信息系统设备，当必须设置这类设备时，应采取隔离或屏蔽措施。

智能建筑电子信息系统防电磁干扰方法如下：

1. 合理选择场地。电子信息系统的场地应远离干扰源，其背景场强应低于规定的数值。

2. 电子信息系统低压配电设备宜采用 TNS 系统。

3. 进入智能建筑物的线路最好用暗敷设。如果采用架空敷设，要采取防雷措施。

4. 合理敷设建筑物内部的线路。电源和信息线路应该分别敷设在不同的桥架和竖井内，并保持一定距离。金属桥架应该有良好的接地。

5. 采取良好的接地措施，如采用共用接地。

6. 对于非线性负荷，应该设置专用电源线路。同时，电源应采取滤波措施。

7. 对于电磁干扰非常敏感的设备，应该采取屏蔽措施。

8. 电子信息线路应该避开避雷引下线。

（六）保护间隙

保护间隙一般采用角形间隙，主要应用在电力系统的输电线路上。它经济简单、维修方便，但保护性能差、灭弧能力小，容易造成接地或短路故障，引起线路开关跳闸或熔断器熔断，使线路停电。因此对于装有保护间隙的线路，一般要求装设自动重合闸的装置，以提高供电可靠性。安装保护间隙时一个电极接地，另一个电极接线路。但为了防止间隙被外物（如鼠鸟、树枝等）短接而造成接地或者短路故障，一般要求具有辅助间隙，以提高可靠性。

保护间隙只用于室外且负荷不重要的线路上。

（七）管型避雷器

1. 结构排气式避雷器统称为管型避雷器，由产气管、内部间隙和外部间隙等三部分组成。其中产气管由纤维、有机玻璃或者塑料制成；内部间隙装在产气管内；一个电极为棒形，另一个电极为环形；外部间隙用于与线路隔离。

2. 工作原理。当高压雷电波侵入管型避雷器，其电压值超过火花间隙放电电压时，内外间隙同时被击穿，使雷电流泻入大地，限制了电压的升高，对电气设备起到保护作用。间隙击穿后，除雷电流外，工频电流也可随之流入间隙（工频续流）。由于雷电流和工频续流在管内产生强烈电弧使管子的内壁材料燃烧，产生大量灭弧气体从开口孔喷出，形成强烈的纵向吹弧使电弧熄灭。

3. 选择管型避雷器时，开断续流的上限值应不小于安装处的短路电流，最大有效值开断续流的下限值应不大于安装处短路电流可能出现的最小值。管型避雷器动作次数受气体产生物的限制。由于有气体存在，故不能安装在封闭箱里或者电气设备附近，只能用于保护输电线路、变电所进线设备。

（八）建筑物防雷设计的基本原则

1. 全面性原则

雷电对于建筑物的作用有着多种途径，包括沿各种线路、金属管路引入瞬间过电压、直击雷击、空中传播雷电磁脉冲（LEMP）等，这就要求在进行建筑物防雷设计时，应进行全面的考虑，针对不同雷电形式，采用相应的设计防护。

2. 合理性原则

现代建筑物中，钢筋混凝土结构、钢结构等被大量应用，建筑物本身有着高大的体积和较强的抗雷击能力。这就要求在进行建筑物防雷设计时应将建筑物结构和防雷要素有效结合，以构成合理的防雷结构，保障其整体防雷功能的最优发挥。

3. 层次性原则

层次性指的是对于需要保护空间进行不同防雷保护区的划分，通过防雷设计的层层设防，最大程度上降低侵入信息系统防雷保护区内的雷电信号干扰。

4. 目的性原则

在进行建筑物防雷设计时，应在明确建筑物功能和结构的基础上以需要保护程度为依据，对防雷设计加以确定，并对建筑物间、建筑物内房间、设备间的防雷设计区别对待，从而达到建筑防雷整体优化的设计目的。

第二节　防雷分类与保护

一、一般规定

（一）建筑物防雷设计，应认真调查地质、地貌、气象、环境等条件和雷电活动规律及被保护建筑物的特点等，因地制宜地采取防雷措施，做到安全可靠、技术先进、经济合理。

（二）不应采用装有放射性物质的接闪器。

（三）新建建筑物应根据其建筑及结构形式与有关专业配合，充分利用建筑物金属结构及导体作为防雷装置。

（四）年平均雷暴日数，需根据当地气象台（站）的资料确定。

（五）山地建筑物的防雷，可根据当地雷电活动的特点，参照规范规定的有关条文采取防雷措施。

（六）民用建筑物防雷设计除应符合《民用建筑电气设计规范》的规定外还应符合现行国家标准《建筑物防雷设计规范》的规定。

建筑物应根据其重要性、使用性质、发生雷电事故的可能性和后果，按防雷要求进行分类。根据国标《建筑物防雷设计规范》，建筑物应根据其重要性、使用性质、发生雷电事故的可能性和后果，按防雷要求分为3类，即一类防雷建筑物、二类防雷建筑物、三类防雷建筑物。

二、防雷分类

(一) 第一类防雷建筑物

1. 凡制造、使用或储存火炸药及其制品的危险建筑物，因电火花而引起爆炸、爆轰，会造成巨大破坏和人身伤亡者。

2. 具有 0 区或 20 区爆炸危险场所的建筑物。

3. 具有 1 区或 21 区爆炸危险场所的建筑物，因电火花而引起爆炸，会造成巨大破坏和人身伤亡者。

(二) 第二类防雷建筑物

1. 国家级重点文物保护的建筑物。

2. 国家级的会堂、办公建筑物、大型展览和博览建筑物、大型火车站和飞机场、国宾馆、国家级档案馆、大型城市的重要给水泵房等特别重要的建筑物。

3. 国家级计算中心、国际通信枢纽等对国民经济有重要意义的建筑物。

4. 国家特级和甲级大型体育馆。

5. 制造、使用或储存火炸药及其制品的危险建筑物，且电火花不易引起爆炸或不致造成巨大破坏和人身伤亡者。

6. 具有 1 区或 21 区爆炸危险场所的建筑物，且电火花不易引起爆炸或不致造成巨大破坏和人身伤亡者。

7. 具有 2 区或 22 区爆炸危险场所的建筑物。

8. 有爆炸危险的露天钢质封闭气罐。

9. 预计雷击次数大于 0.05 次 /a 的省、部级办公建筑物和其他重要或人员密集的公共建筑物及火灾危险场所。

10. 预计雷击次数大于 0.25 次 /a 的住宅、办公楼等一般性民用建筑物或一般性工业建筑物。

(三) 第三类防雷建筑物

1. 省级重点文物保护的建筑物及省级档案馆。

2. 预计雷击次数大于或等于 0.01 次 /a，且小于或等于 0.05 次 /a 的省、部级办公建筑物和其他重要或人员密集的公共建筑物，以及火灾危险场所。

3. 预计雷击次数大于或等于 0.05 次 /a，且小于或等于 0.25 次 /a 的住宅、办公楼等一般性民用建筑物或一般性工业建筑物。

4.在平均雷暴日大于 15d/a 的地区，高度在 15m 及以上的烟囱、水塔等孤立的高耸建筑物；在平均雷暴日小于或等于 15d/a 的地区，高度在 20m 及以上的烟囱、水塔等孤立的高耸建筑物。

三、防雷措施

从防雷要求来说，建筑物应有防直击雷、感应雷和防雷电波侵入的措施。一类、二类民用建筑物应有防止这三种雷电波侵入的措施和保护，三类民用建筑物主要应有防直击雷和防雷电波侵入的措施。

一类民用建筑物防直击雷一般采用装设避雷网或避雷带的方法，二类、三类民用建筑物一般是在建筑物易受雷击部位装设避雷带。防雷装置应符合下列要求。

（一）第一类建筑物的防雷措施

1.设外部防雷装置

第一类防雷建筑物防直击雷的措施，即设外部防雷装置应符合下列要求。（1）应装设独立接闪杆或架空接闪线或网，使被保护的建筑物及风帽、放散管等凸出屋面的物体均处于接闪器的保护范围内。（2）排放爆炸危险气体、蒸气或粉尘的放散管、呼吸阀、排风管等管口外的以下空间应处于接闪器的保护范围内。（3）排放爆炸危险气体、蒸气或粉尘的放散管、呼吸阀、排风管等，当其排放物达不到爆炸浓度、长期点火燃烧、一排放就点火燃烧时，发生事故时排放物才达到爆炸浓度的通风管、安全阀、接闪器的保护范围可仅保护到管帽，无管帽时可仅保护到管口。（4）独立接闪杆的杆塔、架空接闪线的端部和架空接闪网的每根支柱处应至少设一根引下线。对用金属制成或有焊接、绑扎连接钢筋网的杆塔、支柱，宜利用其作为引下线。（5）独立接闪杆和架空接闪线或网的支柱及其接地装置至被保护建筑物及与其有联系的管道、电缆等金属物之间的间隔距离不得小于 3m。（6）架空接闪线至屋面和各种凸出屋面的风帽、放散管等物体之间的间隔距离不应小于 3m。（7）架空接闪网至屋面和各种凸出屋面的风帽、放散管等物体之间的间隔距离不应小于 3m。（8）独立接闪杆、架空接闪线或架空接闪网应有独立的接地装置，每一引下线的冲击接地电阻不宜大于 10Ω。在土壤电阻率高的地区，可适当增大冲击接地电阻。

2.防雷电感应的措施

（1）建筑物内的设备、管道、构架、电缆金属外皮、钢屋架、钢窗等较大金属物和突出屋面的放散管、风管等金属物，均应接到防雷电感应的接地装置上。金属屋面周边每隔 18～24m 应采用引下线接地一次。现场浇制的或预制构件组成的钢筋混凝土屋面，其钢筋宜绑扎或焊接成闭合回路，并应每隔 18～24m 采用引下线接地一次。（2）平行敷设的管道、构架和电缆金属外皮等长金属物，其净距小于100mm时应采用金属线跨接，跨接点的间距不应大于30m；交叉净距小于100mm时，其交叉处亦应跨接。当长金属物的弯头、阀、法兰盘等连接处的过渡电阻大于0.03Ω时，连接处应用金属线跨接。对有不少于5根螺栓连接的法兰盘，在非腐蚀环境下，可不跨接。（3）防雷电感应的接地装置应和电气设备接地装置共用，其工频接地电阻不应大于10Ω。防雷电感应的接地装置与独立避雷针、架空避雷线或架空避雷网的接地装置之间的距离应符合要求。屋内接地干线与防雷电感应接地装置的连接，不应少于2m。

3. 防雷电波侵入

第一类防雷建筑物防雷电波侵入的措施，应符合下列要求。（1）室外低压配电线路宜全线采用电缆直接埋地敷设，在入户处应将电缆的金属外皮钢管接到等电位连接带或防雷电感应的接地装置上，在入户处的总配电箱内是否装设浪涌保护器应根据具体情况确定。（2）当全线采用电缆有困难时，可采用钢筋混凝土杆和铁横担的架空线，并应使用一段金属铠装电缆或护套电缆穿钢管直接埋地引入，其埋地长度不应小于15m。在电缆与架空线连接处，还应装设户外型电涌保护器。电涌保护器、电缆金属外皮、钢管和绝缘子铁脚、金具等应连在一起接地，其冲击接地电阻不宜大于30Ω。该电涌保护器应选用I级试验产品，其电压保护水平应小于或等于2.5kV，其每一保护模式应选冲击电流等于或大于10kA；若无户外型电涌保护器，可选用户内型电涌保护器，但其使用温度应满足安装处的环境温度并应安装在防护等级IP54的箱内。电涌保护器的最大持续运行电压值和接线形式应按规定确定；连接电涌保护器的导体截面应按相关规定取值。在入户处的总配电箱内是否装设电涌保护器应按相关规定确定。（3）电子系统的室外金属导体线路宜全线采用有屏蔽层的电缆埋地或架空敷设，其两端的屏蔽层、加强钢线、钢管等应等电位连接到入户处的终端箱体上，在终端箱体内是否装设电涌保护器应根据具体情况确定。（4）当通信线路采用钢筋混凝土杆的架空线时，应使用一段护套电缆穿钢管直接埋地引入，其埋地长度应不小于15m。在电缆与架空线连接处，还应装设户外型电涌保护器。电涌保护器、电缆金属外皮、钢管和绝缘子铁脚、金具等应连在一起接地，其冲击接地电阻不宜大于30Ω。该电涌保护器应选用D1类高能量试验的产品，其电压保护水平和最大持续运行电压值应按规定确定，连接电涌保护器的导体截面应按相关规定取值，每台电涌保护器的短路电流应选等于或大于2kA；若无户外型电涌保护器，可选用户内型电涌保护器，但其使用温度应满足安装处的环境温度并应安装在防护等级IP54的箱内。在入户处的终端箱体内是否装设电涌保护器应符合规定。（5）架空金属管道，在进出建筑物处，应与防雷电感应的接地装置相连。距离建筑物100m

内的管道，应每隔 25m 左右接地一次，其冲击接地电阻不应大于 30Ω，并应利用金属支架或钢筋混凝土支架的焊接、绑扎钢筋网作为引下线。

　　除此之外，当建筑物太高或由于其他原因难以装设独立的外部防雷装置时，可将接闪杆或网格不大于 5m×5m 或 6m×4m 的接闪网或由其混合组成的接闪器直接装在建筑物上，接闪网应按规定沿屋角、屋脊、屋檐和檐角等易受雷击的部位敷设；当建筑物高度超过 30m 时，应沿屋顶周边敷设接闪带，接闪带应设在外墙外表面或屋檐边垂直线上或其外，并必须符合下列要求。(1) 接闪器之间应互相连接。(2) 引下线不应少于两根，并应沿建筑物四周和内庭院四周均匀或对称布置，其间距应大于 12m。(3) 排放爆炸危险气体、蒸气或粉尘的管道应符合相关规定。(4) 建筑物应装设等电位连接环，环间垂直距离不应大于 12m，所有引下线、建筑物的金属结构和金属设备均应连到环上。等电位连接环可利用电气设备的等电位连接干线环路。(5) 外部防雷的接地装置应围绕建筑物敷设成环形接地体，每根引下线的冲击接地电阻不应大于 100Ω，并应与电气和电子系统等接地装置及所有进入建建筑电气与智能化工程筑物的金属管道相连，此接地装置可兼作为防雷电感应接地之用。(6) 当每根引下线的冲击接地电阻大于 100Ω 时，外部防雷的环形接地体宜按以下方法敷设。当土壤电阻率小于或等于 500 Ω·m 时，对环形接地体所包围面积的等效圆半径小于 5m 的情况，每一引下线处应补加水平接地体或垂直接地体；当土壤电阻率为 500~3000Ω·m 时，对环形接地体所包围面积的等效圆半径小于计算值时，每一引下线处应补加水平接地体或垂直接地体。按本方法敷设接地体以及环形接地体所包围的面积的等效圆半径等于或大于所规定的值时，每根引下线的冲击接地电阻可不做规定。共用接地装置的接地电阻按 50Hz 电气装置的接地电阻确定，以不大于按人身安全所确定的接地电阻值为准。(7) 当建筑物高于 30m 时，还应采取以下防侧击的措施：从 30m 起每隔不大于 6m 沿建筑物四周设水平接闪带并与引下线相连；30m 及以上外墙上的栏杆、门窗等较大的金属物与防雷装置连接。(8) 在电源引入的总配电箱处应装设Ⅰ级试验的电涌保护器。电涌保护器的电压保护水平值应小于或等于 2.5 kV。当无法确定时应取冲击电流等于或大于 12.5kA。电涌保护器的最大持续运行电压值和接线形式应按规定确定；连接电涌保护器的导体截面应按规定取值。(9) 在电子系统的室外线路采用金属线的情况下，在其引入的终端箱处应安装 D1 类高能量试验类型的电涌保护器；当无法确定时应选用 2kA。选取电涌保护器的其他参数应符合规定，连接电涌保护器的导体截面应按相关规定取值。(10) 在电子系统的室外线路采用光缆的情况下，在其引入的终端箱处的电气线路侧，当无金属线路引出本建筑物至其他有自己接地装置的设备时可安装 B2 类慢上升率试验类型的电涌保护器，其短路电流按规定选择。

输送火灾爆炸危险物质的埋地金属管道，当其从室外进入户内处设有绝缘段时应在绝缘段处跨接符合要求的电压开关型电涌保护器。这类管道在进入建筑物处的防雷等电位连接应在绝缘段之后管道进入室内进行，可将电涌保护器的上端头接到等电位连接带。

具有阴极保护的埋地金属管道，通常在其从室外进入户内处设有绝缘段，应在绝缘段处跨接符合要求的电压开关型电涌保护器，这类管道在进入建筑物处的防雷等电位连接应在绝缘段之后管道进入室内进行，可将电涌保护器的上端头接到等电位连接带上。

当树木邻近建筑物且不在接闪器保护范围之内时，树木与建筑物之间的净距不应小于5m。

4. 防侧击雷的措施

从30m起每隔不大于6m沿建筑物四周设水平避雷带并与引下线相连。

30m及以上外墙上的栏杆、门窗等较大的金属物与防雷装置连接。

(二) 第二类防雷建筑物措施

1. 防直击雷措施

第二类防雷建筑物防直击雷措施，应采用装设在建筑物的避雷网 (带) 或避雷针或由其混合组成的接闪器、避雷网 (带)，沿屋角、屋脊、屋檐和檐角等易受雷击的部位敷设，并应在整个屋面组成不大于10m×10m或12m×8m的网格。所有避雷针应采用避雷带相互连接。

突出屋面的放散管、风管、烟囱等物体，需注意下列事项。

(1) 排放爆炸危险气体、蒸气或粉尘的放散管、呼吸阀、排风管等管道应符合设计要求。

(2) 排放爆炸危险性气体、蒸气或粉尘的放散管、烟囱，爆炸危险环境的自然通风管，装有阻火器的排放爆炸危险性气体，蒸气或粉尘的放散管、呼吸阀、排风管，其金属物体可不装接闪器，但应和屋面防雷装置相连。另外，在屋面接闪器保护范围之外的非金属物体应装接闪器，并和屋面防雷装置相连。

(3) 引下线不得少于两根，并应沿建筑四周均匀和对称布置，其间距不应大于18m。当仅利用建筑四周的钢柱或柱子钢筋作为引下线时，可按跨度设引下线，但引下线的平均间距不应大于18m。

(4) 每根引下线的冲击接地电阻不应大于10Ω。防直击雷接地应和防雷电感应、电气设备等接地共用同一接地装置，并应与埋地金属管道相连；当不共用、不相连时，两者间的距离应不小于2m。

在共用接地装置与埋地金属管道相连的情况下，接地装置应围绕建筑物敷设成环形接地体。

（5）利用建筑物的钢筋作为防雷装置时应符合下列规定：建筑物宜利用钢筋混凝土屋面、梁、柱、基础内的钢筋作为引下线。通常所规定的建筑物尚宜利用其作为接闪器；当基础采用硅酸盐水泥和周围土壤的含水量不低于4%及基础的外表面无防腐层或有沥青质的防腐层时，宜利用基础内的钢筋作为接地装置；敷设在混凝土中作为防雷装置的钢筋或圆钢，当仅1根时，其直径不应小于10mm。被利用作为防雷装置的混凝土构件内有箍筋连接的钢筋，其截面积总和不应小于1根直径为10mm钢筋的截面积；利用基础内钢筋网作为接地体时，在周围地面以下距地而不小于0.5 m；构件内有箍筋连接的钢筋或呈网状的钢筋，其箍筋与钢筋的连接、钢筋与钢筋的连接应采用土建施工的绑扎法连接或焊接。单根钢筋或圆钢或外引预埋连接板、线与上述钢筋的连接应焊接或采用螺栓紧固的卡夹器连接，构件之间必须连接成电气通路。

2.防雷电感应的措施

防止雷电流流经引下线和接地装置时产生的高电位对附近金属物或电气和电子系统线路的反击，应符合下列要求。（1）在金属框架的建筑物中，或在钢筋连接在一起、电气贯通的钢筋混凝土框架的建筑物中，金属物或线路与引下线之间的间隔距离可无要求。（2）当金属物或线路与引下线之间有自然或人工接地的钢筋混凝土构件、金属板、金属网等静电屏蔽物隔开时，金属物或线路与引下线之间的间隔距离可无要求。（3）当金属物或线路与引下线之间有混凝土墙、砖墙隔开时，其击穿强度应为空气击穿强度的1/2。（4）在电气接地装置与防雷接地装置共用或相连的情况下，应在低压电源线路引入的总配电箱、配电柜处装设Ⅰ级试验的电涌保护器。（5）当Yyn0型或Dyn11型接线的配电变压器设在本建筑物内或附设于外墙处时，应在变压器高压侧装设避雷器变压器。（这里介绍下这两种方法。变压器Yyn0接法：高压侧星形，低压侧星形且有中性线，高压与低压没有相位差。Dyn11接法：高压侧三角形，低压侧星形且有中性线，高压与低压有一个30度的相位差）在低压侧的配电屏上，当有线路引出本建筑物至其他有独自敷设接地装置的配电装置时，应在母线上装设Ⅰ级试验的电涌保护器；当无线路引出本建筑物时，可在母线上装设Ⅱ级试验的电涌保护器，每台Ⅱ级试验的电涌保护器的标称放电电流值应等于或大于5kA，电压保护水平值应小于或等于2.5kV，电涌保护器的最大持续运行电压值和接线形式应按规定确定。（6）在电子系统线路从建筑物外引入的终端箱处安装电涌保护器的要求应符合规定。（7）输送火灾爆炸危险物质和具有阴极保护的埋地金属管道，当其从室外进入户内处设有绝缘段时应符合规定。

3. 防雷电波侵入的措施

防雷电波侵入的措施，应符合下列要求：当低压线路全长采用埋地电缆或敷设在架空金域线槽内的电缆引入时，在入户端应将电缆金属外皮、金属线槽接地；对建筑物，上述金属物尚应与防雷的接地装置相连。

通常的建筑物，其低压电源线路应符合下列要求：

（1）低压架空线应改换一段埋地金属铠装电缆或护套电缆穿钢管直接埋地引入，其埋地长度应符合设计计算的要求，但电缆埋地长度不应小于15m。

入户端电缆的金属外皮、钢管应与防雷的接地装置相连。在电缆与架空线连接处尚应装设避雷器。避雷器、电缆金属外皮、钢管和绝缘子铁脚、金具等应连在一起接地，其冲击接地电阻不应大于10Ω。

（2）平均雷暴日小于30d/a地区的建筑物，可采用低压架空线直接引入建筑物内，但应符合下列要求：在入户处应装设避雷器或设2~3mm的空气间隙，且应与绝缘子铁脚连在一起接到防雷的接地装置上，其冲击接地电阻不应大于5Ω；入户处的电杆绝缘子铁脚，应用金属接地，靠近建筑物的电杆，其冲击接地电阻不应大于10Ω，其余电杆不应大于20Ω。

建筑物的低压电源线路应符合下列要求：

（1）当低压架空线转换金属铠装电缆或护套电缆穿钢管直接埋地引入时，其埋地长度应大于或等于15m。

（2）当架空线直接引入时，在入户处应加装避雷器，并将其与绝缘子铁脚、金具连在一起接到电气设备的接地装置上。靠近建筑物的两基电杆上的绝缘子铁脚应接地，其冲击接地电阻不应大于30Ω。

架空和直接埋地的金属管道在进出建筑物处应就近与防雷的接地装置相连；当不相连时，架空管道应接地，其冲击接地电阻不应大于10Ω。建筑物引入、引出该建筑物的金属管道在进出处应与防雷的接地装置相连；对架空金属管道尚应在距建筑物约25m处接地一次，其冲击接地电阻不应大于10Ω。

4. 防侧击雷的措施

高度超过45m的建筑物，除屋顶的外部防雷装置应符合规定外，还应符合下列要求：对水平凸出外墙的物体，如阳台、平台等，当滚球半径45m球体从屋顶周边接闪带外向地面垂直下降接触到上述物体时应采取相应的防雷措施。高于60m的建筑物，其上部占高度20%并超过60m的部位应防侧击，防侧击应符合下列要求：（1）在这部位各表面上的尖物、墙角、边缘、设备以及显著突出的物体，如阳台、平台等按屋顶上的保护措施考虑；（2）在这部位布置接闪器应符合对本类防雷建筑的要求，接闪器应重点布置在墙角边缘和显著突出的物体上；（3）外部金属物，如金属覆盖物、金属幕墙，当金属板下面无易燃物品时，铅板的厚度不应小于 2mm，不锈钢、热镀锌钢、钛和铜板的厚度不应小于 0.5mm，铝板的厚度不应小于 0.65mm，锌板的厚度不应小于 0.7mm 时，可利用其作为接闪器，还可利用布置在建筑物垂直边缘处的外部引下线作为接闪器；(4) 符合规定的建筑物金属框架，当其作为引下线或与引下线连接时均可利用其作为接闪器。外墙内外竖直敷设的金属管道及金属物的顶端和底端应与防雷装置等电位连接。

(三) 第三类防雷建筑物措施

1. 防直击雷的措施

第三类防雷建筑物防直击雷的措施，宜采用装设在建筑物上的避雷网 (带)、避雷针作为接闪器。平屋面的建筑物，当其宽度不大于 20m 时，可仅沿周边敷设一圈避雷带。

防直击雷的避雷装置有避雷针、避雷带、避雷网等，其能把雷电从被保护物上方安全泄入大地。防直击雷装置由接闪器、引下线、接地装置三部分组成。

(1) 接闪器

接闪器是收集电荷的装置，通常使用的有针、带、网等形式。

第一，避雷针。避雷针是安装在建筑物突出部位或独立安装的针型金属导体。通常采用圆钢或钢管制成。当针长小于 1m 时，圆钢和钢管直径分别不得小于 12mm 和 20mm；当针长为 1～2m 时，圆钢和钢管直径分别不得小于 16mm 和 25mm；烟囱顶上的避雷针，圆钢和钢管直径分别不得小于 20mm 和 40mm。

第二，避雷带。避雷带是沿建筑物易受雷击的部位闭式的带形导体。一般用圆钢或扁钢制成。圆钢直径不应小于 8mm；扁钢截面积不小于 48mm²，其厚度不应小于 4mm。

第三，避雷网。避雷网即在屋面上纵横敷设的避雷带组成的网格，所需材料和做法与避雷带相同。

(2) 引下线

连接电气设备部分与接地体的金属导线称为接地引线，是接地电流由接地部位传导至大地的途径。接地线中沿建筑物表面敷设的共用部分称为接地干线，电气设备金属外壳连接至接地干线的部分称为接地支线。

引下线是连接接闪器和接地装置的导体。其作用是将接闪器接到的雷电流引入接地装置。一般用圆钢或扁钢制成。

(3) 接地装置

第一，接地装置的组成。接地装置即散流装置，由接地线和接地体组成。接地线是连接引下线和接地体的导体，一般用直径不小于10mm的圆钢制成。

接地体可用圆钢、扁钢、角钢和钢管制成。一般圆钢直径不小于10mm，扁钢截面积不应小于100mm²（厚度不小于4mm），角钢厚度不应小于4mm，钢管壁厚不应小于3.5mm。

第二，统一接地体。统一接地体的构成：自然接地体通常利用智能建筑基础钢筋，将建筑最外圈基础钢筋用40mm×4mm镀锌扁钢（或12mm钢筋）可靠焊接连成一体。智能建筑内有各种各样的电子设备，它们对接地电阻有不同的要求。标准和规范规定，采用统一接地体时，应利用智能建筑物的地基（或称桩基）作为自然接地体，若接地电阻值达不到1Ω，则规定应增加人工接地体或采取降阻措施。但实际上利用智能建筑地基做自然接地体时，电阻值均能小于1Ω，实测的统计数字表明，这时的电阻通常小于0.3Ω。这一结果对智能建筑非常有利，它已成为统一接地的基础，在各种高层民用建筑中得到了广泛的采用。

2. 防雷电波侵入的措施

各种电缆进出线在进出端将电缆的金属外皮、钢管等与接地装置相连。针对防止雷电波侵入建筑物内的设备常采用阀型避雷器。阀型避雷器是由空气间隙和一个非线性电阻串联并装在密封的瓷瓶中构成的。在正常电压下非线性电阻的阻值很大，而在过电压时其阻值又很小，避雷器正是利用非线性电阻这一特性而防雷的。

3. 均压环的设置

防侧击雷措施要求钢筋混凝土结构第三类建筑物在高度60m以上设置均压环，均压环与金属门窗及构件连接，并将其与所有引下线焊接。凡金属设备、电气设施及电子设备等与防雷接闪装置的距离达不到规定的安全距离时，通常做法是用很粗的扁钢或圆钢把它们与防雷系统进行可靠的等电位连接。通过上述措施在闪电电流通过时，"等电位岛"就形成了，避免了有害的电位差，防止旁侧闪络放电现象发生。

4. 等电位联结的设置

接地是避雷技术最重要的环节，不管何种形式的雷电，最终都是把雷电流送入大地。因此，没有合理而良好的接地装置是不能可靠地避雷的。接地电阻越小，散流就越快，被雷击物体高电保持时间就越短，危险性就越小。接地系统等电位联结是将建筑物中所有电气装置和外露的金属与人工或自然接地体用导体可靠连接，使电位差达到最小的系统。

总等电位联结：贯穿于建筑物整体，它可使建筑物内接触电压和其他金属部件间的电位差降到最低，据此减轻自建筑物外部电气线路和各种金属装置等引入的危险故障电压的危害。

第三节　接地系统

一、接地方式

建筑电气的低压配电系统的接地关系到低压用户的人身和财产安全，以及电气设备和电子设备的安全稳定运行。

（一）接地的种类

低压配电系统通常分为系统（工作）接地和保护接地两类。

1. 系统（工作）接地

系统（工作）接地是系统电源某一点的接地，这个点通常是电源（变压器、发电机）的中性点。系统接地的主要作用是使系统正常运行，如发生雷击时，地面瞬变电磁场使低压配电线路感应幅值很高的冲击电压，做系统接地后由于雷电流对地泄放，降低了线路瞬态过电压，从而减轻了线路绝缘被击穿的危险。如果不做系统接地，当电源干线发生某一相接地故障时，由于接地故障电流小，电源处接地故障保护往往难以检测出故障，使故障持续存在，这时另外两相对地电压将上升为线电压，这将对单相设备的对地绝缘造成损害，引发电气事故。

2. 保护接地

保护接地是配电系统负荷侧的电气设备金属外壳和敷设用的金属套管、线槽等电气装置外露导电部分的接地。如未做保护接地，故障电压可达系统的相电压；做了保护接地后故障电压仅为 PE 线和接地电阻（RA）上的电压降，大大低于相电压，接地电阻还为故障电流提供了返回电源的通路，使保护电器及时切断电源，从而起到防电击和防电气火灾的作用。

（二）低压供电系统形式

我国低压配电系统的划分采用 EC 标准。系统的接地形式分为 TN（可细分为 TN-S、TNC、TN-C-S）、TT 和 IT 三种。其文字符号的含义是：第一个字母说明电源是直接接地（T），还是对地绝缘或经阻抗接地（I）；第二个字母表示系统内外露导电部分（如设备外壳）是经中性线在电源处接地（N），还是单独接地（T）；第三、四个字母说明中性线和保护线是合用一根导线（C），还是各用各的导线（S）。

目前建筑电气选用较多的接地系统有 TN、TT 系统，下面分别对 TN、TT 系统进行分析。

1. TN 系统

TN 系统的电源端中性点直接接地，设备金属外壳、保护零线与该中性点连接，这种方式简称保护接零或接零制。按中性线（工作零线）与保护线（保护零线）的组合情况，TN 系统又分为以下 3 种形式。

第一，TN-C 系统。在 TN-C 系统中，由于 PEN 线兼起 PE 线和 N 线的作用，节省了一根导线，但在 PEN 线上通过三相不平衡电流，其上有电压降，使电气装置外露导电部分对地带电压。三相不平衡负荷造成外壳带电压甚低，在一般场所并不会造成人身事故，但它可能对地引起火花，不适宜医院、计算机中心场所及爆炸危险场所。TN-C 系统不适用于无电工管理的住宅楼，这种系统没有专用的 PE 线，而是与中性线（N 线）合为一根 PEN 线，住宅楼内如果因维护管理不当使 PEN 线中断，220V 电源对地电压将经相线和设备内绕组传导至设备外壳，使外壳呈现 220V 对地电压，电击风险很高。另外，PEN 线不允许切断（切断后设备失去了接地线），不能做电气隔离，电气检修时可能因 PEN 对地带电压而引起人身电击事故。TN-C 系统中，不能装剩余电流动作保护器（RCD），因此当发生接地故障时，相线和 PEN 线的故障电流在电流互感器中的磁场互相抵消，RCD 将检测不出故障电流而不动作，因此在住宅楼内不应采用 TN-C 系统

（1）TN-S 系统。

在 TN-S 系统中，工作零线 N 和保护零线 PE 从电源端中性点开始完全分开，PE 线平时不通过电流，只在发生接地故障时通过故障电流，故外露导电部分平时对地不带电压，比较安全，但需要增加一根导线。由于设备外壳保护零线 PE 正常工作时漏电开关无剩余电流，所以在相同短路保护灵敏度不够时，可装设 RCD 来保护单相接地。RCD 对接地故障电流有很高的灵敏度，即使接触 220V 时，也能在数十毫秒的时间内切断以毫安计的故障电流，使人免于电击事故。但它只能对其保护范围内的接地故障起作用，不能防止从别处传导来的故障电压引起的电击事故。

（2）TN-C-S 系统。

TN-C-S 是 TN-C 和 TN-S 两种系统的组合，第一部分是 TN-C 系统，第二部分是 TN-S 系统，分界面在 N 线与 PE 线的连接点。该系统一般用在建筑物由区域变电所供电引来的场所，进户线之前采用 TN-C 系统，进户处做重复接地，进户后变成 TS-S系统。根据设计规范，建筑电气设计选用 TN-C-S 系统时应做等电位联结，消除自建筑物外沿 PEN 线或 PE 线窜入的危险故障电压，同时减少保护电器动作不可靠带来的危险，有利于消除外界电磁场引起的干扰，改善装置的电磁兼容性能。

2. TT 系统

TT 系统的电源端中性点直接接地，用电设备金属外壳用保护地线接至与电源

接地点无关的接地极。TT 系统正常运行时，用电设备金属外壳电位为零，当电气设备一相碰壳时，则短路电流比 TN 系统小，通常不足以使以相间路保护装置动作。当人体偶然触及带电部分时危险较大，当在干线首端及用电设备处装有 RCD 时可保证安全。当变压器中性点和用电设备处接地电阻为 4Ω 时，单相短路电流为 I=220/（4+4）=27.5A（线路阻抗不计）。无论是在干线首端还是在用电设备处，当熔断器熔丝电流较大或自动开关瞬时脱扣器整定电流较大时，均不能可靠动作。所以 TT 系统内往往不能采用熔断器、低压断路器做接地故障保护，而需采用漏电保护器。TT 系统还有一个特点是中性线（N 线）与保护线（PE 线）无一点电气连接，即中性点接地与 PE 线接地是分开的，所以不存在外部危险故障电压沿着 PE 线进入建筑招致电击事故的危险。在 TT 系统内，每栋住宅楼各有其专用的接地极和 PE 线，各栋楼的PE 线互不导通，故障电压不会自一住宅楼传导至另一住宅楼。但 TT 系统以大地为故障电流返回电源的通路，故障电流小，必须采用对接地故障反应灵敏的 RCD 来防护人身电击。这些系统各有优缺点，需按具体情况选用。如果住宅楼由供电部门以低压供电，应按供电部门的要求采用接地系统，以与地区的接地系统协调一致。如果采用 TN-C-S 系统，应注意从住宅楼电源进线配电箱开始即将 PEN 线分为 PE 线和中性线，使住宅楼内不再出现 PEN 线。这是因为 PEN 线因通过负荷电流而带有电位，容易产生杂散电流和电位差。

二、常用的建筑电气防雷接地施工技术

（一）接地系统施工技术

现代建筑尤其是高层建筑随着建筑工艺不断提升，建筑物本身的智能化水平也在不断提升，它集电力系统、给排水系统、消防系统、防雷击系统等多个系统于一身。所以要想在如此众多的系统中加入防雷击系统，在现实施工中还是存在一定的施工难度的。通常情况下，我们主要采用的是联合式接地系统，按照防雷击系统标准要求，接地电阻在施工中要低于 1Ω 标准，如果实际达不到低于 1Ω 标准，就要考虑新增接地极的做法。

（二）防雷击引线施工技术

由于防雷接地系统的重要性和施工的复杂性，在实际施工过程中要严格按照行业规定的标准和建筑设计方案标准进行施工，严禁随意更改参数。在实际施工中，应该根据建筑设计图纸标示将防雷击引下点与建筑结构中的主干钢筋进行有效焊接。根据标准要求，商用高层建筑中，防雷击引下点的数量应该少于 2 个，且它们之间

的距离应不大于18m。

(三)避雷网安装施工技术

在避雷网的选择上,一般来说最常见的防雷建筑(二级)上避雷网的大小应控制在100m²以下。在避雷网的具体施工上,先要在墙壁上按照设计要求进行规则打孔,并按照设计图纸要求安装支架,再将购置的镀锌钢材焊接在壁垒支架上,同时需要注意对焊接点进行隔绝处理,如涂抹防腐蚀涂料等,防止焊接点遭受腐蚀生锈,影响使用寿命。

三、接地系统的选择

在配电系统的电气装置设计中,正确选择接地系统是十分重要的,若不根据用电负荷的性质和用电场所建筑物的特点来正确选择系统接地形式,并合理选择元器件、设计系统接线和保护方式,将会扩大安全事故的影响范围,影响系统的安全性和可靠性,造成不可估量的损失。

如果供电部门以10kV电压给住宅楼供电,且100.4kV变电所即在住宅楼内,则这栋住宅楼只能采用TN-S系统。因为采用TN-C-S系统将在住宅楼内出现PEN线;TT系统则要求设置分开的工作接地和保护接地,而在同一个建筑内很难做到两个分开的接地,维护工作也是困难的。无论采用哪种接地系统,都必须按规范要求做前述的等电位联结。

住宅用电以单相相电压负荷为主,且用电安全性要求较高。对于由城市公用低压线路供电的住宅建筑,按城市供电部门的要求采用TT系统;由本单位10kV/0.4kV变压器供电的住宅建筑,宜采用TN-C-S系统;对附近有变电所的高层住宅楼,宜采用TN-S系统。在TT系统内,设备金属外壳采用保护接地,其接地装置同电源中性点工作接地装置不联结,所以电源中性点或线路中性线上的危险电位不会传到电气设备外露可导电部分,各不同接地装置上产生的高电位也不会互相传递,安全性较高。但当电气设备发生单相接地短路时,短路电流较小,通常不足以使过电流保护装置动作,因此必须在干线出口及用电设备处装设RCD,作为单相接地故障保护。TNCS系统电源线路简单,又保证一定的安全水平。TNS系统中,整个系统的中性线与PE线,除电源中性点处相连外全线都是分开的,中性线上的分布电位不会通过PE线传到电气设备的外露可导电部分,但单相接地时电源中性点升高的电位仍会通过PE线传到电气设备外露可导电部分,为此在干线首端装设RCD,而且PE线应尽量多点重复接地。

另外,随着家庭用电量的增加,住宅一般采用三相四线线路供电。由于负载经常处于不平衡状态，中性线出现断裂事故时有发生，一旦中性线断裂，断线点后中性线电位便会偏移，造成各相电压不对称，有的相高，有的相低，引起单相用电设备大量烧毁。对于 TN-C-S 系统，在 PEN 线断裂后，不仅会引起单相用电设备大量烧毁，而且中性线上的高电位还会通过 PE 线传到电气设备外露可导电部分，引起间接触电事故。对于这种 PE 线传入的设备外壳带电，漏电保护不起作用。因为触电电流不会通过零序电流互感器，因此必须在三相四线干线末端或单相分支线路首端装设中性线断线保护开关，并在电源入户处做总等电位联结，以降低电气装置或建筑物内人身触电时的接触电压，提高电气安全水平。

四、控制建筑电气防雷接地施工质量的途径

（一）施工前期准备环节的质量控制要点

充分的前期准备工作是整体施工开展的基础，在具体施工开始前，应安排好各方面的准备工作，做好人、财、物的计划，在防雷装置安装前，应仔细检验接地装置的实效性，严格按照施工工艺及相关标注进行接地操作，有效区分不同类型的接地装置，如人工接地装置、底板钢筋、深基层接地装置。建筑企业和相关部门应明确施工现场防护要求，并及时跟踪掌握现场情况，严格按照防雷接地技术要求施工，对各个项目进行逐一检验。现场技术负责人应具备较强的专业能力和良好的职业道德，施工人员进场前应严格考量技术水平，并组织安全教育培训，制订切实可行的安全制度和应急预案，做好充分的安全防护工作，确保工程各项施工顺利开展。

（二）施工环节的质量控制要点

施工人员进入现场后的一切行为都应严格执行国家相关操作规程和公司相关规定，强化现场人员安全意识，做好安全事故预防工作，并加强监督管理力度。建筑电气防雷接地系统主要由雷电接收装置、接地装置和接地线组成，由于不同的建筑物，其内部架构不同，电气设备系统差异性较大，不同施工技术的效果也不同，具体的施工技术还应结合现场情况进行抉择，确保建筑整体具有良好的防雷性能。施工材料质量对施工质量的影响较大，因此，现场应指定专人对材料、工具进行检验和管理，由于防雷接地施工的特殊性，施工过程中每个带电开关都应有专人看管，避免发生漏电问题而危害施工人员的安全。在施工过程中，应尽可能地减少外界因素的影响，确保施工有序开展，采取高实效性的防干扰策略，减少电气设备对接地导线的影响。

（三）加强工程竣工验收环节的检查工作

工程竣工验收是质量把控的最后环节，也是关键环节，在验收过程中，应全面检查整个工程所有线路，避免线路裸露的情况发生，防止暴露的线路绝缘层老化后与外界发生碰撞而破坏结构，以影响整个线路的安全性。除了线路，还要全面排查防雷接地系统金属管路，查看是否存在管路腐蚀、过热的情况，检查一定要全面仔细，一旦发现情况必须采取排除措施，确保建筑防雷接地系统的安全性，避免因雷击电流造成严重的损害。根据调查研究的发现，大部分建筑防雷系统性能和效率低下的主要原因在于线路连接处，往往是因为验收环节的忽略导致的。因此，对线路进行全面检查十分重要，能够提高整个线路工作的可靠性，确保建筑防雷效果，确保人民群众的生命财产安全。

五、电子信息系统接地

电子信息系统接地对系统的工作有一定的影响，不正确的接地方式，可能会造成电子信息系统不能正常工作。电子信息系统各子系统，应该设置本系统的功能性接地和保护接地。电子信息设备一般有信号接地、安全保护接地、屏蔽接地、防静电接地等四种。

（一）接地方式

接地方式有共用接地系统和独立接地系统2种。

1. 共用接地系统

将部分防雷装置、建筑物金属构件、低压配电保护接地线（PE 线）、等电位联结带、设备安全保护接地、屏蔽接地、防静电接地及接地装置等联结在一起的接地系统。

2. 独立接地

是将防雷接地、安全接地、信号接地等分别接在不同的接地体。接地装置优先利用自然接地体，即利用建筑物基础地梁内的主筋接地。共用接地时，防雷接地、保护接地及各电子信息设备接地利用同一接地体。基础地梁内主筋可以和桩基钢筋连接在一起。

人工接地体是用角钢、圆钢或钢管打入地下，作为垂直接地体。水平接地体采用扁钢或圆钢共用接地系统接地，装置的接地电阻必须按接入设备要求的最小值确定，如果接地电阻达不到要求，可以采取降低土壤电阻率、接地体深埋、使用化学降阻剂或外引式接地等措施。接地引下线应采用截面25mm² 或以上的铜导体。

（二）防静电接地

防静电接地是电气设计中容易但又不允许被忽视的组成部分，在生产和生活中有许多静电导致设备故障的实例。电子信息系统的电子元件大多容易受到静电的伤害。

电子信息机房内所有导静电地板、活动地板、工作台面和座椅垫套必须进行静电接地，不得有对地绝缘的孤立导体。

防静电接地可以经限流电阻及自己的连接线与接地装置相连，在有爆炸和火灾隐患的危险环境，为防止静电能量泄放造成静电火花引发爆炸和火灾，限流电阻值宜为 $1M\Omega$。

六、施工常见问题及注意事项

（一）施工常见问题

（1）使用预制管对管桩平面施工时，使用单一管桩对接上面的多根钢筋，这样的下引管布置不符合设计要求，容易造成点位的不均匀分布，应多钢筋分别接地。(2)在进行钢材的焊接时，焊接点焊接不牢固，在后期的使用中容易断开，影响避雷效果。(3)避雷击引线地下埋藏位置浅，日后使用过程中，由于地面沉降或施工等，使引线埋藏点外漏，失去避雷效果。(4)因为避雷击引线需要与建筑结构的主钢筋进行有效焊接保证避雷效果，在楼层较高时，可能会选择建筑结构中直接小于12号的钢筋进行焊接，且进行单根焊接。正确做法是焊接的钢筋大于12号，且选择对角两条钢筋焊接，需要时进行加倍处理。由于窗户大多选用铝合金材质，不容易与钢筋进行焊接，且影响美观，容易造成窗户与避雷网分离的局面。

（二）注意事项

1. 侧雷击防范设计要点

现在的高层建筑，一般层数都在30层左右，每层层高在2.8～3.5m，那么整栋建筑的高度都会超过90m，在建筑工艺上来说，为保证建筑质量，超过60m的建筑必须采用纯钢材结构或钢混结构。故我们在进行建筑侧雷击设计时就需要整体考虑两种架构模式，在防雷击引线安装时需要将引线与主体钢筋进行有效焊接，同时还需要考虑建筑物外体金属部件的防雷击预防，以增强建筑物的整体防雷击属性。

2. 直击雷电防雷设计要点

（1）对于接闪器材料的选择。在一般商用的防雷击设计方案中，避雷针和避雷网是最常用的两种方式，它们的防雷击效果明显且建设成本较低，故使用最为普遍。避雷针和避雷网上所用的接闪器材料一般要求导电性能良好即可，可首选金属类材料，如纯钢、合金等材料，只要能满足日常防雷击需求即可。(2)在高层建筑防雷击引线的实际建设中，可以视建筑物本身的结构情况进行灵活实施。如高层建筑中一般都有电梯系统和消防系统，它们一般都是贯穿建筑整体的，我们在进行下引线设计施工时，在经过对消防系统或电梯系统所用钢材进行充分的检测，并确定合格后，可以直接将其作为避雷引线使用，减少施工成本。(3)商用建筑、民用建筑的防雷击设计要充分考虑建筑的整体构造和设计，防雷击设计要发挥原建筑的特定功能，而不能破坏原建筑的整体功能，尤其是在下引线布置中，要科学合理地将建筑物内的电气设备等进行连接，保证其不受雷击破坏。

3. 选择合适的接地导线

建筑电气防雷接地系统的施工必须事先考虑好接地导线的选择，接地导线作为将接闪装置接受的电流传导至地下的重要装置，必须选取科学合理的材料。由于接地导线必须深埋地下，所以接地导线必须拥有良好的抗腐蚀性，以保证整个建筑电气防雷装置的安全使用年限。

4. 做好防干扰措施

建筑电气防雷接地系统的防雷作用主要是通过雷电接收装置、接地线和接地装置三者共同完成的。在这三者的具体施工过程中必须根据建筑物和电气系统的详细情况制订安装方案，同时，整个建筑电气防雷接地系统最好都应用同一种施工方法，并且采用安装相应的防干扰装置等手段以减弱电气设备对防雷接地系统工作效果的干扰。保证建筑电气防雷装置在雷击时能发挥最大作用。

5. 系统连接部位需处理得当

防雷接地系统要想正常起到引雷入地的作用，系统连接部位的处理显得极为重要。因为如果系统连接部位连接不完善，不仅无法将系统接收到的雷电正常引入地下导致系统设备受损，更会严重威胁到建筑中的人们的生命安全。所以施工人员不仅在系统安装过程中对系统连接部位重点关注，而且要在系统安装结束后对其进行反复核实检查，确认连接准确无误后再投入使用。这样才能保证雷电能安全顺利地引入地下。

6. 接地装置的防腐措施

由于接地装置必须深入地下，因此接地装置常常面对因遭受腐蚀而导致接地不深、导入电流极不稳定等问题。接地装置解决防腐问题主要是从选取材料上下手，如设备接地引下线、均压带等都应用热镀锌钢材，严格把控采购材料，坚决不将材质不合格的用到系统安装过程中。并且定期对地下接地装置进行例行检查，出现像生锈等情况应立即更换相应部件。同时，接地体必须通过焊接相连接且应该保证焊缝饱满无其他缺陷。去除焊接处的药皮后应刷沥青起到防腐作用，在明漏部位应用银粉漆补刷2次。同时应相应降低电缆沟中的湿度延缓接地装置的腐蚀速度。

　　雷击是一种严重的自然灾害。过去，我国在整个建筑设计中，防雷设计只占据了很小的比重，加之设计人员的重视度不高，使得建筑物防雷设计发展缓慢。近年来，我国经济迅速发展，建筑行业也日新月异，建筑规模的扩大、高度的增加、家用电器的增多均为建筑物防雷提出了更高的要求。建筑物防雷设计是一个综合、系统的工程，任何一项防雷装置都不可能一劳永逸，应当与实际相结合，灵活、因地制宜地应用，注重环节质量，采取合理措施，从而形成建筑物雷电防护的综合、完整体系，最大限度地达到效果预期，使得建筑物防雷设计的作用得到真正的发挥，有效保障建筑物内人与设备的安全。因此，对建筑物防雷设计进行探讨，来明确建筑物防雷设计的相关问题，对于建筑行业的与时俱进、长足发展具有积极的现实意义。

第八章　电气自动化衍生技术与自动控制系统应用

第一节　电气自动化控制技术基础知识

一、电气自动化控制技术概述

电气自动化是一门研究与电气工程相关的科学，我国的电气自动化控制系统经历了几十年的发展，分布式控制系统相对于早期的集中式控制系统具有可靠、实时、可扩充的特点，集成化的控制系统则更多地利用了新科学技术的发展，功能更为完备。电气自动化控制系统的功能主要有：控制和操作发电机组，实现对电源系统的监控，对高压变压器、高低压厂用电源、励磁系统等进行操控。电气自动化控制技术系统可以分为3大类：定值、随动、程序控制系统。大部分电气自动化控制系统是采用程序控制以及采集系统。电气自动化控制系统对信息采集具有快速准确的要求，同时对设备的自动保护装置的可靠性及抗干扰性要求很高，电气自动化具有优化供电设计、提高设备运行与利用率、促进电力资源合理利用的优点。

电气自动化控制技术是由网络通信技术、计算机技术及电子技术高度集成，所以该项技术的技术覆盖面积相对较广，同时也对其核心技术——电子技术有着很大的依赖性，只有基于多种先进技术才能使其形成功能丰富、运行稳定的电气自动化控制系统，并将电气自动化控制系统与工业生产工艺设备结合后来实现生产自动化。电气自动化控制技术在应用中具有更高的精确性，并且其具有信号传输快、反应速度快等特点，如果电气自动化控制系统在运行阶段的控制对象较少且设备配合度高，则整个工业生产工艺的自动化程度便相对较高，这也意味着该种工艺下的产品质量可以提升至一个新的水平。现阶段基于互联网技术和电子计算机技术而成的电气自动化控制系统，可以实现对工业自动化产线的远程监控，通过中心控制室来实现对每一条自动化产线运行状态的监控，并且根据工业生产要求随时对其生产参数进行调整。

电气自动化控制技术是由多种技术共同组成的，其主要以计算机技术、网络技术和电子技术为基础，并将这3种技术高度集成于一身，所以，电气自动化控制技术需要很多技术的支持，尤其是对这3种主要技术有着很强的依赖性。电气自动化技术充分结合各项技术的优势，使电气自动化控制系统具有更多功能，更好地服务于社会大众。应用多领域的科学技术研发出的电气自动化控制系统，可以和很多设备产生联系，从而控制这些设备的工作过程，在实际应用中，电气自动化控制技术反应迅速，而且控制精度强。电气自动化控制系，只需要负责控制相对较少的设备与仪器时，这个生产链便具有较高的自动化程度，而且生产出的商品或者产品，质量也会有所提高。在新时期，电气自动化控制技术充分利用了计算机技术以及互联网技术的优势，还可以对整个工业生产工艺的流程进行监控，按照实际生产需要及时调整生产线数据，来满足实际的需求。

二、电气工程自动化控制技术的要点分析

（一）自动化体系的构建

自动化系统的建设对于电气工程未来的发展来说非常必要。我国电气工程自动化控制技术研发已知的所有时间并不短，但实际使用时间不长，目前的技术水平还比较低，加之环境人数、人为因素、资金因素等多种因素的影响，使得我国的电气自动化建设更为复杂，对电气工程的影响不小。因此，需要建立一个具有中国特色的电气自动化体系，在保障排除影响因素，降低建设成本的情况下，还要提高工程的建设水准。另外，也要有先进的管理模式，以保证自动化系统的有效发展；通过有效的管理，保证在构建自动化体系的过程中，不至于存在滥竽充数的情况。

（二）实现数据传输接口的标准化

建立标准化的数据传输接口，以保证电气工程及其自动化系统的安全，是实现高效数据传输的必然要求。由于受到各种因素的干扰，在系统设计与控制过程中有可能出现一些漏洞，这也是电气工程自动化水平不高的另一重要原因，所以相关人员应保持积极的学习态度，学习先进的设计方案和控制技术，善于借鉴国际的设计方案，实现数据传输接口的标准化，以确保在使用过程中，程序界面可以完美对接，提高系统的开发效率，节省成本和时间。

（三）计算机技术的充分应用

当今社会已经是网络化的时代，计算机技术的发展对各行各业都有着非常重要的影响，为人们的生活带来了极大的方便。如果在电气工程自动化控制中融入计算机技术，就可以推动电气工程向智能化方向发展，促进集成化和系统化电气工程的实现。特别是在自动控制技术中的数据分析和处理上，可以起到巨大的作用，大幅节省了人力，提高了工作效率，可以实现工业生产自动化，也大幅提高了控制精度。

三、电气自动化控制技术基本原理

电气自动化控制技术的基础是对其控制系统设计的进一步完善，主要设计思路是集中于监控方式，包括远程监控和现场总线监控两种。在电气自动化控制系统的设计中，计算机系统的核心，其主要作用是对所有信息进行动态协调，并实现相关数据储存和分析的功能。计算机系统是整个电气自动化控制系统运行的基础。在实际运行中，计算机主要完成数据输入与输出数据的工作，并对所有数据进行分析处理。通过计算机快速完成对大量数据的一系列处理操作从而达到控制系统的目的。

在电气自动化控制系统中，启用方式是非常多的，当电气自动化控制系统功率较小时，可以采用直接启用的方式实现系统运行，而在大功率的电气自动化控制系统中，要实现系统的启用，必须采用星形或者三角形的启用方式。除了以上两种较为常见的控制方式，变频调速也作为一种控制方式并在一定范围内应用，从整体上说，无论何种控制方式，其最终目的都是保障生产设备安全稳定的运行。

电气自动化系统是将发电机、变压器组以及厂用电源等不同的电气系统的控制纳入 ECS 监控范围，形成 220kV/500kV 的发变组断路器出口，实现对不同设备的操作和开关控制，电气自动化系统在调控系统的同时也能对其保护程序加以控制，包括励磁变压器、发电组和厂高变。其中变组断路器出口用于控制自动化开关，除了自动控制，还支持对系统的手动操作控制。

一般集中监控方式不对控制站的防护配置提出过高要求，因此系统设计较为容易，设计方法相对简单，方便操作人员对系统的运行维护。集中监控是将系统中的各个功能集中到同一处理器，然后对其进行处理，因为内容比较多，处理速度较慢，这就使得系统主机冗余降低、电缆的数量相对增加，在一定程度增加了投资成本，与此同时，长距离电缆容易对计算机引入干扰因素，这对系统安全造成了威胁，影响了整个系统的可靠性。集中监控方式不仅增加了维护量，而且有着复杂化的接线系统，这提高了操作失误的发生概率。

远程控制方式是实现需要管理人员在不同地点通过互联网联通需要被控制的计算机。这种监控方式不需要使用长距离电缆，降低了安装费用，节约了投资成本，然而这种方式的可靠性较差，远程控制系统的局限性使得它只能在小范围内适用，无法实现全厂电气自动化系统的整体构建。

四、加强电气自动化控制技术的建议

（一）电气自动化控制技术与地球数字化互相结合的设想

电气自动化工程与信息技术很好结合的典型的表现方法就是地球数字化技术，这项技术中包含了自动化的创新经验，可以把大量的、高分辨率的、动态表现的、多维空间的和地球相关的数据信息融合成为一个整体，成为坐标，最终成为一个电气自动化数字地球。将整理出的各种信息全部放入计算机中，与网络互相结合，人们不管在任何地方，只要根据整理出的地球地理坐标，便可以知道地球任何地方关于电气自动化的数据信息。

（二）现场总线技术的创新使用，可以节省大量的电气自动化成本

电气自动化工程控制系统中大量运用了现场总线与以以太网为主的计算机网络技术，经过了系统运行经验的逐渐积累，电气设备的自动智能化也飞速地发展起来，在这些条件的共同作用下，网络技术被广泛地运用到了电气自动化技术中，所以现场的总线技术也由此产生。这个系统在电气自动化工程控制系统设计过程中更加凸显其目的性，为企业最底层的设施之间提供了通信渠道，有效地将设施的顶层信息与生产的信息结合在一起。针对不一样的间隔会发挥不一样的作用，根据这个特点可以对不一样的间隔状况分别实行设计。现场总线的技术普遍运用在了企业的底层，初步实现了管理部门到自动化部门存取数据的目标，同时也符合了网络服务于工业的要求。DCS 进行比较，可以节约安装资金、节省材料、可靠性能比较高，同时节约了大部分的控制电缆，最终实现节约成本的目的。

（三）加强电气自动化企业与相关专业院校之间的合作

首先，鼓励企业到电气自动化专业的学校中去设立厂区、建立车间，进行职业技能培训、技术生产等，建立多种功能汇集在一起的学习形式的生产试验培训基地。走入企业进行教学，积极建设校外的培训基地，将实践能力的培养和岗位实习充分结合在一起。扩展学校与企业结合的深广程度，努力培养"订单式"人才。按照企业的职业能力需求，制订出学校与企业共同研究培养人才的教学方案，以及相关的理论知识的学习指导。

（四）改革电气自动化专业的培训体系

1.在教学专业团队的协调组织下，对市场需求中的电气自动化系统的岗位群体

进行科学研究，总结这些岗位群体需要具有的理论知识和技术能力。学校组织优秀的专业的教师根据这些岗位群体反映的特点，制定与之相关的教学课程，这就是以工作岗位为基础形成的更加专业化的课程模式。

2.将教授、学习、实践这三方面有机地结合起来，把真实的生产任务当作对象，重点强调实践的能力，对课程学习内容进行优化处理，专业学习中至少一半的学习内容要在实训企业中进行。教师在教学过程中，利用行动组织教学，让学生更加深刻地理解将来的工作程序。

随着经济全球化的不断发展和深入，电气自动化工程控制系统在我国社会经济发展中占有越来越重要的地位。电气自动化工程控制系统信息技术的集成化，使电气自动化工程控制系统维护工作变得更加简便，同时还总结了一些电气自动化系统的缺点，并根据这些缺点提出了使用现场总线的方法，不仅节省了资金和材料，还提高了可靠性。根据电气自动化系统现状分析了其发展趋势，电气自动化工程控制系统要想长远发展下去就要不断地创新，将电气自动化系统进行统一化管理，并且要采用标准化接口，还要不断进行电气自动化系统的市场产业化分析，保证安全地进行电气自动化工程生产，保证这些条件都合格时还要注重加强电气自动化系统设备操控人员的教育和培训。此外，电气自动化专业人才的培养应该从学生时代开始，要加强校企之间的合作，使员工在校期间就能掌握良好的职业技能，只有这样的人才能为电气自动化工程所用，才能利用所学的知识更好地促进电气自动化行业的发展壮大，为社会主义市场经济的建设添砖加瓦。

第二节　电气自动化技术的衍生技术及其应用

一、电气自动化控制技术的应用

(一)应用电气自动化控制技术的意义

电气自动化控制技术是顺应社会发展潮流而出现的，其可以促进经济发展，是现代化生产所必需的技术之一。当今的电气企业中，为了扩大生产投入了大量的电气设施，这样不仅导致工作量巨大，而且导致工作过程十分复杂和烦琐。出于成本等方面的考虑，一般电气设备的工作周期很长、工作速度很快。为了确保电气设备的稳定、安全运行，同时为了促进电气企业的优质管理，电气企业应该有效地促进电气设备和电气自动化控制系统的融合，并充分发挥电气设备具备的优秀特性。

应用电气自动化控制技术的意义表现在以下3个方面。第一，电气自动化控制技术的应用实现了社会生产的信息化建设。信息技术的快速发展实现了电气自动化控制技术在各行各业的完美渗透，大力推动了电气自动化控制技术的发展。第二，电气自动化控制技术的应用使电气设备的使用、维护和检修更加方便快捷。利用Windows平台，电气自动化控制技术可以实现控制系统的故障自动检测与维护，提升了该系统的应用范围。第三，电气自动化控制技术的应用实现了分布式控制系统的广泛应用。通过连接系统实现了中央控制室、PLC、计算机、工业生产设备及智能设备等设备的结合，并将工业生产体系中的各种设备与控制系统连接到中央控制系统中进行集中控制与科学管理，降低了生产事故的发生概率，并有效地提升了工业生产的效率，实现了工业生产的智能化和自动化管理。

（二）应用电气自动化控制技术的建议

作者经过研究发现，大多数运用电气自动化控制技术的企业都是将电气自动化控制技术当作一种顺序控制器使用，这也是实际的生活、生产中使用电气自动化控制技术的常见方法。例如，火力发电厂运用电气自动化控制技术可以有效地清理炉渣与飞灰。但是，在电气自动化控制技术被当作顺序控制器使用的情况下，如果控制系统无法有效地发挥自身的功能，电气设备的生产效率也会随之下降。对此，相关工作人员应该合理、有效地组建和设计电气自动化控制系统，确保电气自动化控制技术可以在顺序控制中有效地发挥自身的效能。一般来说，电气自动化控制技术包含三个主要部分：一是远程控制，二是现场传感，三是主站层。以上部分紧密结合，缺一不可，为电气自动化控制技术顺序控制效能的充分发挥提供了保障。

电气自动化控制技术在应用时应达到的目标是，虚拟继电器运行过程需要电气控制以可编程存储器的身份进行参与。通常情形下，继电器开始通断控制时，需要较长的反应时间，这意味着继电器难以在短路保护期间得到有效控制。对此，电气企业要实施有效的改善方法，如将自动切换系统和相关技术结合起来，从而提高电气自动化控制系统的运行速度，该方法体现了电气自动化控制技术在开关调控方面所起到的应用效果。

由于经济市场的需要，IT技术与电气自动化控制技术的有效结合是大势所趋，且电子商务的发展进一步促进了电气自动化控制技术的发展。在此过程中，相关工作人员自身的专业性决定了电气自动化控制体系的集成性与智能性，并且它对操作电气自动化控制体系的工作人员提出了较高的专业要求。对此，电气企业必须加强对操作电气设备工作人员的培训，加深相关工作人员对电气自动化控制技术和系统的充分认识。与此同时，电气企业还要加强对安装电气设备的培训，使相关工作人员对电气设备的安装有所了解。此外，对于没有接触过新型电气自动化控制技术、新型电气设备的工作人员和电气企业而言，只有实行科学合理的培训才能够促进人员和企业的专业性发展。综上，电气企业必须重视提升工作人员的操作技术水准，确保每一位技术工作人员都掌握操控体系的软硬件，以及维修保养、具体技术要领等知识，以此提高电气自动化控制系统的可靠性和安全性。

我国电气自动化控制技术的应用方面存在较多问题，对此，人们应给予电气自动化足够的重视，加强电气自动化控制技术方面的研究，提高电气设备的生产率。为了达成有效应用电气自动化控制技术的目的，这里提出以下建议。

1. 要以电气工程的自动化控制要求为基本，加大技术研发力度，组织专业的专家和学者对各种各样的实践案例进行分析，总结电气工程自动化调控理论研究的成果，为电气自动化控制技术的应用提供明确的方向和思路。

2. 要对电气工程自动化的设计人员进行培训，举办专门的技术训练活动，鼓励设计人员努力学习电气自动化控制技术，从而使其可以根据实际需求接口标准，在工业控制设备与控制软件之间建立的统一的数据存取规范。电气自动化技术及其应用研究情况，在电气自动化控制技术应用的过程中获得技术支持。

3. 要快速构建规范的电气自动化控制技术标准，使其在电气行业内起到标杆的作用，为电气自动化控制技术的信息化发展提供有力保障，从而确保统一、规范的行业技术应用。

4. 要实现电气自动化控制技术的使用企业与设计单位全面的信息交流沟通，以此达到其设计或应用的电气自动化控制系统能够达到预定的目标。

5. 如果电气自动化控制系统的工作环境相对较差，有诸如电波干扰之类的影响，企业相关负责人要设置一些抗干扰装置，以此保障电气自动化控制系统的正常运行，从而使其功能得到最大的发挥。

(三) 电气自动化控制技术未来的发展方向

电气自动化控制技术目前的研究重点是，实现分散控制系统的有效应用，确保电气自动化控制体系中不同的智能模块能够单独工作，使整个体系具备信息化、外布式和开放化的分散结构。其中，信息化是指能够整体处理体系信息，与网络结合达到管控一体化和网络自动化的水平；外布式是一种能够确保网络中每个智能模块独立工作的网络，该结构能够达到分散系统危险的目的；开放化则是系统结构具有与外界的接口，实现系统与外界网络的连接。

在现代社会工业生产的过程中，电气自动化控制技术具备广阔的发展前景，逐渐成为工业生产过程中的核心技术。作者在研究与查阅大量文献资料后，将电气自动化控制技术未来的发展方向归纳为以下三个方面。第一，人工智能技术的快速发展促进了电气自动化控制技术的发展，在未来社会中，工业机器人必定会逐步转化为智能机器人，电气自动化控制技术必将全面提高智能化的控制质量；第二，电气自动化控制技术正在逐步向集成化方向发展，未来社会中，电气行业的发展方向必定是研发出具备稳定工作性能的、空间占用率较小的电气自动化控制体系；第三，电气自动化控制技术随着信息技术的快速发展正在迈向高速化发展道路，为了向国内的工业生产提供科学合理的技术扶持，工作人员应该研发出具备控制错误率较低、控制速度较快、工作性能稳定等特征的电气自动化控制体系。

相信以上做法的实现可以促进电气产品从"中国制造"向"中国创造"的转变，开创出电气自动化控制技术的新的应用局面。在促进电气自动化控制技术创新的过程中，电气企业应该在维持自身产品价格竞争的同时，探索电气自动化控制技术科学、合理的发展路径，并将高新技术引入其中。此外，为了促进电气自动化控制技术的有效改革，电气企业应该根据国家、地区、行业和部门的实际要求，在达成全球化、现代化、国际化的进程中贯彻落实科学发展观，通过全方位实施可持续发展战略，掌握科学发展观的精神实质和主要含义，归纳、总结应用电气自动化控制技术过程中的经验教训，协调自身的发展思路和观念，最后通过科学发展观的实际需求，使自身的行为举止和思维方式得到切实统一。

总的来说，电气自动化控制技术未来的发展方向包括以下几方面，具体分析如下。

1. 不断提高自主创新能力（智能化）

智能家电、智能手机、智能办公系统的出现大大方便了人们的日常生活。据此可知，电气自动化控制技术的主要发展方向就是智能化。只有将智能化融入电气自动化控制技术中，才能够满足人们智能化生活的需求。根据市场的导向，研究人员要对电气自动化控制技术做出符合市场实际需求的改变和规划。另外，鉴于每个行业对电气自动化控制技术的要求不同，研究人员还需要随时调整电气自动化控制技术，使电气自动化控制技术根据不同的行业特征，达到提升生产效率、减少投资成本的功效，从而增加企业的经营利润。

随着人工智能的出现，电气自动化控制技术的应用范围更大。虽然现在很多电气生产企业都已经应用了电气自动化控制技术来代替员工工作，减少了用工人数，但在自动化生产线的运行过程中，仍有一部分工作需要人工来完成。若是结合人工智能来研发电气自动化控制系统，就可以再次降低企业对员工的需要，提高生产效率，解放劳动力。由此可见，电气自动化控制技术未来的发展一定是朝着智能化方向发展。

对于电气自动化产品而言，因为越来越多的企业实施电气自动化控制，所以其在市场中占据的份额越来越大。电气自动化产品的生产厂商如果优化自身的产品、创新生产技术，就可以获取巨大的经济效益。对此，电气自动化产品的生产厂商应该积极主动地研发、创新智能化的电气自动化产品，提升自身的创新水平；优化自身的体系维护工作，为企业提供强有力的保障，促进企业的全面发展。

2. 电气自动化企业加大人才要求（专业化）

要想促进电气行业的合理发展，电气企业应该加强对提升内部工作人员整体素养的重视，提高员工对电气自动化控制技术掌握的水平。为此，电气企业必须经常对员工进行培训，培训的重点内容即专业技术，以此实现员工技能与企业实力的同步增长。随着电气行业的快速发展，电气人才的需求量缺口不断扩大。虽然高等院校不断加大电气自动化专业人才的培养力度，以填补市场专业型人才的巨大缺口，但实际上，因高校培养的电气自动化人才的素质有所欠缺。所以电气自动化专业毕业生"就业难"和电气自动化企业"招聘难"的"两难"问题依旧突出。对此，高校必须加强人才培养力度，培养专业的电气自动化人才。

针对电气自动化控制系统的安装和设计过程，电气企业要经常对技术人员进行培训，以此提高技术人员的素质，同时，要注意扩大培训规模，以使维修人员的操作技术更加娴熟，从而推动电气自动化控制技术朝着专业化的方向大步前进。此外，随着技术培训的不断增多，实际操作系统的工作人员的工作效率大幅提升，培训流程的严格化、专业化还可以提高员工的维修和养护技术，加快员工今后排除故障、查明原因的速度。

3. 电气自动化控制平台逐渐统一（统一化和集成化）

（1）统一化发展。

电气自动化控制技术在各个行业的实施和应用是通过计算机平台来实现的。这就要求计算机软件和硬件有确切的标准和规格，如果规格和标准不明确就会导致电气自动化控制系统和计算机软硬件出现问题，导致电气自动化系统无法正常运行。同样，如果发生计算机软硬件与电气自动化装置接口不统一的情况，就会使装置的启动、运行受到阻碍，无法发挥利用电气自动化设备调控生产的作用。因此，电气自动化装置的接口务必要与电气设备的接口相统一，这样才能发挥电气自动化控制系统的兼容性能。另外，我国针对电气自动化控制系统的软硬件还没有制定统一的标准，这就需要电气生产厂家与电气企业协同合作，在设备开发的过程中统一标准，使电气产品能够达到生产要求，提高工作效率。

（2）集成化发展。

电气自动化控制技术除了朝着智能化方向发展，还会朝着高度集成化的方向发展。近年来，全球范围内的科技水平都在迅速提高，很多新的科学技术不断与电气自动化控制技术相结合，为电气自动化控制技术的创新和发展提供了条件。未来电气自动化控制技术必将集成更多的科学技术，这不仅可以使其功能更丰富、安全性更高、适用范围更广，还可以大大缩小电气设备的占地面积，提高生产效率，降低企业的生产成本。与此同时，电气自动化控制技术朝着高度集成化的方向发展对自动化制造业有极大的促进作用，可以缩短生产周期，并且有利于设备的统一养护和维修，有利于实现控制系统的独立化发展。

综上所述，未来电气自动化控制技术必然会朝着统一化、集成化的方向发展，这样能够减少生产时间，降低生产成本，提高劳动力的生产效率。当然，为了使电气自动化控制平台能够朝着统一化、集成化的方向发展，电气企业需要根据客户的需求，在开发时采用统一的代码。

4. 电气自动化技术层次的突破（创新化）

随着电气自动化控制技术的不断进步，电气工程也在迅猛发展，技术环境也日益开放，设备接口也朝着标准化方向飞速前进。实际上，以上改变对企业之间的信息交流沟通有极大的促进作用，方便了不同企业间进行信息数据的交换活动，克服了通信方面存在的一些障碍。通过对我国电气自动化控制技术的发展现状分析可知，未来我国电气自动化控制技术的水平会不断提高，达到国际先进水平，逐渐提高我国电气自动化控制技术的国际知名度，提升我国的经济效益。

虽然现在我国电气自动化控制技术的发展速度很快，但与发达国家相比还有一定的差距，我国电气自动化控制技术距离完全成熟阶段还有一段距离，具体表现为信息无法共享，致使电气自动化控制技术应有的功能不能完全发挥出来，而数据的共享需要依靠网络来实现，但是我国电气企业的网络环境还不完善。不仅如此，由于电气自动化控制体系需要共享的数据量很大，若没有网络的支持，当数据库出现故障时，就会致使整个系统停止运转。为了避免这种情况的发生，加大网络的支持力度显得尤为重要。

当前，技术市场越来越开放，面对越来越激烈的行业竞争，各个企业为了适应市场变化，不断加大对电气自动化控制技术的创新力度，注重自主研发自动化控制系统，同时特别注重培养创新型人才，并取得了一定的成绩。实际上，企业在增强自身综合竞争力的同时，也在不断促进电气自动化控制技术的发展和创新，还为电气工程的持续发展提供技术层次上的支撑和智力层次上的保障。由此可见，电气自动化控制技术未来的发展方向必然包括电气自动化技术层面的创新，即创新化发展。

5. 不断提高电气自动化技术的安全性（安全化）

电气自动化控制技术要想快速、健康的发展，不仅需要网络的支持，还需要安全方面的保障。如今，电气自动化企业越来越多，大多数安全意识较强的企业选择使用安全系数较高的电气自动化产品，这也促使相关的生产厂商开始重视产品的安全性。现在，我国工业经济正处于转型的关键时期，而新型的工业化发展道路是建立在越来越成熟的电气自动化控制技术的基础上的。换言之，电气自动化控制技术趋于安全化才能更好地实现其促进经济发展的功能。为了实现这一目标，研究人员可以通过科学分析电力市场的发展趋势，逐渐降低电气自动化控制技术的市场风险，防患于未然。

此外，由于电气自动化产品在人们的日常生活中越来越普及，电气企业确保电气自动化产品的安全性，避免任何意外的发生，保证整个电气自动化控制体系的正常运行。

6. 逐步开放化发展（开放化）

随着科学技术的不断发展和进步，研究人员逐渐将计算机技术融入电气自动化控制技术中，这大大加快了电气自动化控制技术的开放化发展。现实生活中，许多企业在内部的运营管理中也运用了电气自动化控制技术，主要表现在对 ERP 系统的集成管理概念的推广和实施上。ERP 系统是企业资源计划（Enterprise Resource Planning）的简称，是指建立在信息技术基础上，集信息技术与先进管理思想于一身，以系统化的管理思想，为企业员工及决策层提供决策手段的管理平台。一方面，企业内部的一些管理控制系统可以将 ERP 系统与电气自动化控制系统相结合后使用，以此促进管理控制系统更加快速、有效地获得所需数据，为企业提供更为优质的管理服务；另一方面，ERP 系统的使用能够使传输速率平稳增加，使部门间的交流畅通无阻，使工作效率明显提高。由此可见，电气自动化控制技术结合网络技术、多媒体技术后，会朝着更为开放化的方向发展，使更多类型的自动化调控功能得以实现。

二、电气自动化节能技术的应用

（一）电气自动化节能技术概述

作为电气自动专业的新兴技术，电气自动化节能技术不断发展，已经与人们的日常生活及工业生产密切相关。它的出现不但使企业运行成本降低、工作效率提升，还使劳动人员的劳动条件和劳动生产率得以改善。近年来，"节能环保"逐渐被提上日程。根据世界未来经济发展的趋势可知，要想掌控世界经济的未来，就要掌握有关节能的高新产业技术。对于电气自动化系统来说，随着城市电网的逐步扩展，电力持续增容，整流器、变频器等使用频率越来越高，这会产生很多谐波，使电网的安全受到威胁。要想清除谐波，就要以节能为出发点，从降低电路的传输消耗、补偿无功，选择优质的变压器使用有源滤波器等方面入手，从而使电气自动化控制系统实现节能的目的。基于此，电气自动化节能技术应运而生。

（二）电气自动化节能技术的应用设计

电气设备的合理设计是电力工程实现节能目的的前提条件，优质的规划设计为电力工程今后的节能工作打下了坚实的基础。为使读者对电气自动化节能技术有更加深入的了解，下面具体阐述其应用设计。

1. 为优化配电的设计

在电气工程中，许多装置都需要电力来驱动，电力系统就是电气工程顺利实施的动力保障。因此，电力系统首先要满足用电装置对负荷容量的要求，并且提供安全、稳定的供电设备以及相应的调控方式。配电时，电气设备和用电设备不仅要达到既定的规划目标，而且要有可靠、灵活、易控、稳妥、高效的电力保障系统，还要考虑配电规划中电力系统的安全性和稳定性。

此外，要想设计安全的电气系统，首先，要使用绝缘性能较好的导线，施工时还要确保每个导线间有一定的绝缘间距；其次，要保障导线的热稳定、负荷能力和动态稳定性，使电气系统使用期间的配电装置及用电设备能够安全运行；最后，电气系统还要安装防雷装置及接地装置。

2. 为提高运行效率的设计

选取电气自动化控制系统的设备时，应尽量选择节能设备，电气系统的节能工作要从工程的设计初期做起。此外，为了实现电气系统的节能作用，可以采取减少电路损耗、补偿无功、均衡负荷等方法。例如，配电时通过设定科学合理的设计系数实现负荷量的适当。组配及使用电气系统时，通过采用以上方法，可以有效地提升设备的运行效率及电源的综合利用率，从而直接或者间接地降低耗电量。

三、电气自动化监控技术的应用

（一）电气自动化监控系统的基本组成

将各类检测、监控与保护装置结合并统一后就构成了电气自动化监控系统。目前，我国很多电厂的监控系统多采用传统、落后的电气监控体系，自动化水平较低，不能同时监控多台设备，不能满足电厂监控的实际需要。基于此，电气自动化监控技术应运而生，这一技术的出现很好地弥补了传统监控系统的不足。下面具体阐述电气自动化监控系统的基本组成。

1. 间隔层

在电气自动化监控系统的间隔层中，各种设备在运行时常常被分层间隔，并且在开关层中还安装了监控部件和保护组件。这样一来，设备间的相互影响可以降到最低，很好地保护了设备运行的独立性。而且，电气自动化监控系统的间隔层减少了二次接线的用量，这样做不仅降低了设备维护的次数，还节省了很多资金。

2. 过程层

电气自动化监控系统的过程层主要是由通信设备、中继器、交换装置等部件构成的。过程层可以依靠网络通信实现各个设备间的信息传输，为站内信息进行共享提供极好的条件。

3. 站控层

电气自动化监控系统的站控层主要采用分布开发结构，其主要功能是独立监控电厂的设备。站控层是发挥电气自动化监控技术监控功能的主要组成部分。

(二) 应用电气自动化监控技术的意义

1. 市场经济意义

电气自动化企业采用电气自动化监控技术可以显著提升设备的利用率，加强市场与电气自动化企业间的联系，推动电气自动化企业的发展。从经济利益方面来说，电气自动化监控技术的出现和发展，极大地改变了电气自动化企业传统的经营和管理方式，改进了电气自动化企业对生产状况的监控方式，使得多种成本资源的利用更加合理。应用电气自动化监控技术不仅提升了资源利用率，还促进了电气自动化企业的现代化发展，从而使企业达成社会效益和企业经济效益的双赢。

2. 生产能力意义

电气自动化企业的实际生产需要运用多门学科的知识，而要切实提高生产力，离不开先进科技的大力支持。将电气自动化监控技术应用到电气自动化企业的实际运营中，不仅降低了工人的劳动强度，还提高了企业整体的运行效率，避免了由于问题发现不及时而造成的问题。与此同时，随着电气自动化监控技术的应用，电气自动化企业劳动力减少，对于新科技、科研方面的投资力度加大，使电气自动化企业整体形成了良性循环，推动电气自动化企业整体进步。对此，需要注意的是，企业的管理人员必须了解电气自动化监控技术的实际应用情况，对电厂的发展做出科学的规划，以此体现电气自动化监控技术的向导作用。

(三) 电气自动化监控技术在电厂的实际应用

1. 自动化监控模式

目前，电厂中经常使用的自动化监控模式分为两种：一是分层分布式监控模式，二是集中式监控模式。

分层分布式监控模式的操作方式为：电气自动化监控系统的间隔层中使用电气装置实施阻隔分离，并且在设备外部装配了保护和监控设备；电气自动化监控系统的网络通信层配备了光纤等装置，用来收取主要的基本信息，信息分析时要坚决依照相关程序进行规约变换；最后把信息所含有的指令传送出去，此时电气自动化监控系统的站控层负责对过程层和间隔层的运作进行管理。

集中式监控模式是指电气自动化监控系统对电厂内的全部设备实行统一管理，其主要方式是：利用电气自动化监控把较强的信号转化为较弱的信号，再把信号通过电缆输入终端管理系统，使构成的电气自动化监控系统具有分布式的特征，从而实现对全厂进行及时监控。

2. 关键技术

（1）网络通信技术。

应用网络通信技术主要通过光缆或者光纤来实现，另外还可以借助利用现场总线技术实现通信。虽然这种技术具备较强的通信能力，但是它会对电厂的监控造成影响，并且限制电气自动化监控系统的有序运作，不利于自动监控目标的实现。实际上，如今还有很多电厂仍在应用这种技术。

（2）监控主站技术。

这一技术一般应用于管理过程和设备监控中。应用这一技术能够对各种装置进行合理的监控和管理，能够及时发现装置运行过程中存在的问题和需要改善的地方。针对主站配置来说，需要依据发电机的实际容量来确定，不管发电机是哪种类型的，都会对主站配置产生影响。

（3）终端监控技术。

终端监控技术主要应用在电气自动化监控系统的间隔层中，它的作用是对设备进行检测和保护。当电气自动化监控系统检验设备时，借助终端监控技术不仅能够确保电厂的安全运行，还能够提升电厂的可靠性和稳定性。这一技术在电厂的电气自动化监控系统中具有非常重要的作用。随着电厂的持续发展，这一技术将被不断完善，不仅要适应电厂进步的要求，还要增加自身的灵活性和可靠性。

（4）电气自动化相关技术。

电气自动化相关技术经常被用于电厂的技术开发中，这一技术的应用可以减少工作人员在工作时出现的严重失误。要想对这一技术进行持续的完善和提高，主要从以下几个方面开展。

①监控系统。初步配置电气自动化监控系统的电源时，要使用直流电源和交流电源，而且两种电源缺一不可。如果电气自动化监控系统需要放置于外部环境中，则要将对应的自动化设备调节到双电源的模式，此外，需要依照国家的相关规定和标

准进行电气自动化监控系统的装配，以此确保电气自动化监控系统中所有设备能够运行。

②确保开关端口与所要交换信息的内容相对应。绝大多数电厂通常会在电气自动化监控系统使用固定的开关接口，因此，设备需要在正常运行的过程中所有开关接口能够与对应信息相符。这样一来，整个电气自动化监控系统设计就十分简单，即使以后线路出现故障，也可以很方便地进行维修。但是，这种设计会使用大量的线路，给整个电气自动化监控系统制造很大的负担，如果不能快速调节就会降低系统的准确性。此外，电厂应用时要对自应监控系统与自动化监控系统间的关系进行确定，分清主次关系，坚持以自动化监控系统为主的准则，使电厂的监控体系形成链式结构。

③准确运用分析数据。在使用自动化系统的过程中，需要运用数据信息对对应的事故和时间进行分析。但是，由于使用不同电机，产生的影响会存在一定的差异，最终的数据信息内容会欠缺准确性和针对性，无法有效地反映实际、客观状况的影响。

第三节　自动控制系统及其应用

随着现代科学技术的飞速发展，作为一门综合性技术的自动化控制技术的发展越来越迅速，并被广泛应用于各个领域。自动化控制技术是指在没有人员参与的情况下，通过使用特殊的控制装置，使被控制的对象或者过程自行按照预定的规律运行的一门技术。自动化控制技术以数学理论知识为基础，利用反馈原理来自觉作用于动态系统，使输出值接近或者达到人们的预定值。

自动控制系统的大量应用不仅提高了工作效率，而且提高了工作质量，改善了相关从业人员的工作环境。下面将对自动控制系统的相关内容及其应用进行系统阐述。

一、自动控制系统概述

这里所讲的自动控制系统是指应用自动控制设备，使设备自动生产的一整套流程。在实际生产中，自动控制系统会设置一些重要参数，这些参数会受到一些因素的影响并发生改变，从而使生产脱离了正常模式。这时就需要自动控制装置发挥作用，使改变的参数回归正常数值。此外，许多工艺生产设备具有连续性，如果其中有一个装置发生了改变，都会导致其他装置设定的参数发生或大或小的改变，使正常的工艺生产流程受到影响。需要注意的是，这里所说的自动控制系统的自动调节不涉及人为因素。

　　人类社会的各个领域都有自动控制系统的影子。在工业领域，机械制造、化工、冶金等生产过程中的各种物理量，如速率、厚度、压力、流量、张力、温度、位置、相位、频率等方面都有对应的控制程序；有时人们会运用数字计算机进行生产数控操作，从而更好地控制生产过程，并使生产过程具备较高程度的自动化水平；还建立了同时具有管理与控制双重功能的自动操作程序。在农业领域，自动控制系统主要应用于农业机械自动化及水位的自动调节方面。在军事技术领域，各型号的伺服系统、制导与控制系统、火力控制系统等都应用了自动控制系统。在航海、航空、航天领域，自动控制系统不仅应用于各种控制系统中，还在遥控方面、导航方面及仿真器方面有突出表现。除此之外，自动控制系统在交通管理、图书管理、办公自动化、日常家务这些领域都有实际应用。随着控制技术及控制理论的进一步发展，自动控制系统涉及的领域会越来越大，其范围也会扩展到医学、生态、生物、社会、经济等方面。这也进一步说明了自动控制系统的发展前景十分广阔，值得人们对此进行研究和开发。

　　由上可知，由于自动控制系统具有良好的发展前景，相应的，该行业也需要更多的专业人才。以电气工程及其自动化专业为例，该专业是一个很受广大学生欢迎的专业，因此与其他专业相比，它的高考分数线相对比较高。造成这一现象的关键因素是：①这一专业在就业环境、收入和就业难易程度上都比其他专业占优势；②这一专业的名称高端，可以激发学生的兴趣；③这一专业的社会关注度非常高；④这一专业的研究内容向现实产品转换比较容易，且产生的效益也非常好，有非常好的发展前景。由此可见，这一专业具有创造性的研究思路，是发挥、展现个人能力的良好就业方向。这一专业是一个"宽口径"专业，专业人才要想更好地适应这一专业，就需要学习必要的学科知识。对于专业人才而言，学习电气工程及其自动化专业的基础是学好电力网继电保护理论和控制理论，以及能够支持其研究的主要手段就是电子技术、计算机技术等。这一专业涵盖了以下几个研究领域：系统设计、系统分析、系统开发、系统管理与决策等。这一专业还具有电工电子技术相结合、软件与硬件相结合、强弱电结合的特点，具有交叉学科的性质，是一门涉及电力、电子、控制、计算机等诸多学科的综合学科。

二、自动化控制系统的典型应用

(一)过程工业自动化

过程工业是指对连续流动或移动的液体、气体或固体进行加工的工业过程。过程工业自动化主要包括炼油、化工、医药、生物化工、天然气、建材、造纸和食品等工业过程的自动化。过程工业自动化以控制温度、压力、流量、物位(包括液位、料位和界面)、成分和物性等工业参数为主。

1. 对温度的自动控制

工业过程中常用的温度控制,主要包括以下几种情况。

(1)加热炉温度的控制。

在工业生产中,经常遇到由加热炉来为一种物流加热,使其温度提高的情况,如在石油加工过程中,原油首先需要在炉子中升温。一般加热炉需要对被加热流体的出口温度进行控制。当出口温度过高时,燃料油的阀门就会适当地关小,如果出口温度过低,燃料油的阀门就会适当地开大。这样按照负反馈原理,就可以通过调节燃料油的流量来控制被加热流体的出口温度了。

(2)换热过程的温度控制。

工业上换热过程是由换热器或换热器网络来实现的。通常换热器中一种流体的出口温度需要控制在一定的温度范围内,这时对换热器的温度控制系统就是必需的。只要调节换热器一侧流体的流量,就会影响换热器的工作状态和换热效果,这样就可以控制换热器另一侧流体的出口温度了。

(3)化学反应器的温度控制。

工业上最常见的是进行放热化学反应的釜式化学反应器,这时调节夹套中冷却水的出口流量,就可以根据负反馈原理来控制反应釜中的温度了。

(4)分馏塔温度的控制。

在炼油和化工过程中,分馏塔是最常见的设备,也是最主要的设备之一,对分馏塔的控制是最典型控制系统。在分馏塔的塔顶气相流体经过冷凝之后,要储存在回流罐之中,分馏塔的温度控制就是利用回流量的调节来实现的。

2. 对压力的自动控制

工业过程中常用的压力控制,主要包括以下几种情况。

(1)分馏塔压力的控制。

分馏塔的压力是受塔顶气相的冷凝量影响的,塔顶气相的冷凝量可以由改变冷却水的流量来调节。这样分馏塔的压力就可以由调节冷却水的流量来控制了。

（2）加热炉炉膛压力的控制。

加热炉的压力是保证加热炉正常工作的重要参数，对加热炉压力的控制是由调节加热炉烟道挡板的角度来实现的。

（3）蒸发器压力的控制。

工业上常见到对蒸发器压力的控制，通常最多是使用蒸汽喷射泵来得到一个比大气压还低的低气压，就是工程上常说的真空度。因此，对蒸发器的压力控制也称为对蒸发器真空度的控制。

（二）电力系统自动化

电力系统的自动化主要包括发电系统的自动控制和输电、变电、配电系统的自动控制及自动保护。发电系统是指把其他形式的能源转变成电能的系统，主要包括水电站、火电厂、核电站等。电力系统自动控制的目的就是保证系统平时能够工作在正常状态下，在出现故障时能够及时正确的控制系统按正确的次序进入停机或部分停机状态，以防止设备损坏或发生火灾。

下面简单介绍火力发电厂和输电、变电、配电系统的自动控制和自动保护。

1. 火力发电厂的生产过程

热电厂中的锅炉可以是燃煤锅炉、燃油锅炉或燃气锅炉。由锅炉产生的蒸汽经过加热成为过热蒸汽，然后送到汽轮发电机组中发电。由汽轮机出来的低压蒸汽还要经过冷凝塔，冷却成水再循环利用。由发电机产生的交流电经过升压变压器升压后送到输变电网。

2. 锅炉给水系统的自动控制

在热电厂里，主要的控制系统包括对锅炉的控制、对汽轮机的控制和对发电电网方面的控制。对锅炉给水系统的控制是由典型的三冲量控制系统来完成的。所谓三冲量控制，就是要将蒸汽流量、给水流量和汽包液位综合起来考虑，把液位控制和流量控制结合起来，形成复合控制系统。

（三）飞行器控制

飞行器包括飞机、导弹、巡航导弹、运载火箭、人造卫星、航天飞机和直升机等，其中飞机和导弹的控制是最基本和重要的，这里只介绍飞机的控制系统。

1. 飞机运动的描述

飞机在运动过程中是由 6 个坐标来描述其运动和姿态的，也就是飞机飞行时有 6 个自由度。其中 3 个坐标是描述飞机质心的空间位置的，可以是相对地面静止的直角坐标系的 XYZ 坐标，也可以是相对地心的极坐标或球坐标系的极径和 2 个极角，在地面上相当于距离地心的高度和经度纬度。另外，3 个坐标是描述飞机的姿态的，其中，第一个是表示机头俯仰程度的仰角或机翼的迎角；第二个是表示机头水平方向的方位角，一般用偏离正北的逆时针转角来表示，这两个角度就确定了飞机机身的空间方向；第三个叫倾斜角，就是表示飞机横侧向滚动程度的侧滚角。当两侧翅膀保持相同高度时，倾斜角为 0°。

2. 对飞机的人工控制

飞机的人工控制就是驾驶员手动操纵的主辅飞行操纵系统。这种系统可以是常规的机械操纵系统，也可以是电传控制的操作系统。人工控制主要是针对 6 个方面进行控制的。(1) 驾驶员通过移动驾驶杆来操纵飞机的升降舵（水平尾翼），进而控制飞机的俯仰姿态。当飞行员向后拉驾驶杆时，飞机的升降舵就会向上转一个角度，气流就会对水平尾翼产生一个向下的附加升力，飞机的机头就会向上仰起，使迎角增大。若此时发动机功率不变，则飞机速度相应减小。反之，向前推驾驶杆时，则升降舵向下偏转一个角度，水平尾翼产生一个向上的附加升力，使机头下俯、迎角减小，飞机速度增大。这就是飞机的纵向操纵。(2) 驾驶员通过操纵飞机的方向舵（垂直尾翼）来控制飞机的航向。飞机做没有侧滑的直线飞行时，如果驾驶员蹬右脚蹬时，飞机的方向舵向右偏转一个角度。此时气流就会对垂直尾翼产生一个向左的附加侧力，就会使飞机向右转向，并使飞机做左侧滑。相反，蹬左脚蹬时，方向舵向左转，使飞机向左转，并使飞机做右侧滑。这就是飞机的方向操纵。(3) 驾驶员通过操纵一侧的副机翼向上转和另一侧的副机翼向下转，而使飞机进行滚转。飞行中，驾驶员向左压操纵杆时，左翼的副翼就会向上转，而右翼的副翼则同时向下转。这样，左侧的升力就会变小而右侧的升力就会变大，飞机就会向左产生滚转。当向右压操纵杆时，右侧副具就会向上转而左侧副翼就会向下转，飞机就会向右产生滚转。这就是飞机的侧向操纵。(4) 驾驶员通过操纵伸长主机翼后侧的后缘襟翼来增大机翼的面积进而提高升力。(5) 驾驶员通过操纵伸展主机翼后侧的翘起的扰流板（也叫减速板），来增大飞机的飞行阻力进而使飞机减速。(6) 驾驶员通过操纵飞机的发动机来改变飞机的飞行速度。

(四) 智能交通运输系统

智能交通系统（ITS: Intelligent Transport System）是把先进电子传感技术、数据通信传输技术、计算机信息处理技术和控制技术等综合应用于交通运输管理领域的系统。

1. 交通信息的收集和传输

智能交通系统不是空中楼阁，也不是仿真系统，而是实实在在的信息处理系统，所以它就必须有尽量完善的信息收集和传输手段。交通信息的收集方式有很多种，常用的包括电视摄像设备、车辆感应器、车辆重量采集装置、车辆识别和路边设备以及雷达测速装置等。其中，电视摄像设备主要收集各路段车辆的密集程度，以供交通信息中心决策之用；车辆重量采集装置一般是装在路面上，可以判定道路的负荷程度；车辆识别和路边设备，可以收集车辆所在位置的信息；雷达测速装置，可以收集汽车的速度信息。所有这些信息都要送到交通信息处理中心，信息中心不仅要存有路网的信息，还要存有公共交通的路线的信息等，这样才能使信息中心良好地工作。

2. 交通信息的处理系统

在庞大的道路交通网上，交通的参与者有几万，甚至几十万，其中包括步行、骑自行车、乘公交车（包括地铁和轻轨）、乘出租车或自己驾车，道路上的情况瞬息万变。人们经常会遇到由于交通事故或意外事件造成的堵车，如何使路口的信号系统聪明起来，能够及时处理信息和思考呢？即能够快速探测到事故或事件，并快速响应和处理，将会大大减少由此造成的堵车困扰。

智能交通监控系统就是为此开发的，它使道路上的交通信息与交通相关信息尽量完整和实时；交通参与者、交通管理者、交通工具和道路管理设施之间的信息交换实时和高效；控制中心对执行系统的控制更加高效；处理软件系统具备自学习、自适应的能力，交通信息的处理系统就是将交通状态信息和交通工程原始信息进行数据分析加工，从而输出交通对策。所谓路线诱导数据，就是指各路段的连接关系，根据这些关系可以作交通行为分析，进而作参数分析，交通行为分析就是分析各个车辆所行走的路线，这样就为计算宏观交通状况分析提供了数据。根据交通流量、密度和路段分时管理信息可以作出交通流量分析，进而为动态交通分配提供数据，根据路网路况信息和排放量数据可以做环境负荷分析。由交通流量、密度和交通流量分析的结果可以做动态交通分配，进而可以作出各时间交通量的预测。根据车辆移动数据、环境负荷分析和参数分析的结果，可以做出宏观交通状况分析。根据这些数据分析，最后就可以得出各种交通对策。这些交通对策包括交通诱导、道路规划、交通监控、环境对策、收费对策、信息提供和交通需求管理等。

3. 大公司开发的智能交通系统

智能交通系统（ITS: Intelligent Transport System），在它的发展过程中设备的技术进步是决定的因素，如果只有先进的思路而没有先进的设备，这样产生的系统必然是落后过时的。所以智能交通系统的各个分系统或子系统，都首先在大公司酝酿并产生了。它们的指导思路是首先融合信息、指挥、控制及通信的先进技术和管理思想，综合运用现代电子信息技术和设备，密切结合交通管理指挥人员的经验，使交通警察和交通参与者对新系统的开发提出看法和意见，这样集有线／无线通信、地理信息系统（GIS: Geographical Information System）、全球定位系统（GPS: Global Position System）、计算机网络、智能控制和多媒体信息处理等先进技术为一体，就是所希望开发的实用系统，其中，一些分系统或子系统如下：

（1）交通控制系统（Traffic Control System）；

（2）交通信息服务系统（Traffic Information Service System）；

（3）物流系统（Logistic System）；

（4）轨道交通系统（Railway System）；

（5）高速公路系统（Highway System）；

（6）公交管理系统（Public Traffic Management System）；

（7）静态交通系统（Static Traffic System）；

（8）ITS 专用通信系统（ITS Communication System）。

交通视频监控系统（VMS: Video Monitoring System）是公安指挥系统的重要组成部分，它可以提供对现场情况最直观的反映，是实施准确调度的基本保障。重点场所和监测点的前端设备将视频图像以各种方式（光纤、专线等）传送至交通指挥中心，进行信息的存储、处理和发布，使交通指挥管理人员对交通违章、交通堵塞、交通事故及其他突发事件做出及时、准确的判断，并相应调整各项系统控制参数与指挥调度策略。

多种交通信息的采集、融合与集成及发布是实现智能交通管理系统的关键。因此，建立一个交通集成指挥调度系统是智能交通管理系统的核心工作之一。它使交通管理系统智能化，实现了交通管理信息的高度共享和增值服务，使得交通管理部门能够决策科学、指挥灵敏、反应及时和响应快速；使交通资源的利用效率和路网的服务水平得到大幅度提高；有效地减少汽车尾气排放，降低能耗，促进环境、经济和社会的协调发展和可持续发展；也使交通信息服务能够惠及千家万户，让交通出行变得更加安全、舒适和快捷。

智能交通系统又是公安交通指挥中心的核心平台，它可以集成指挥中心内交通流采集系统、交通信号控制系统、交通视频监控系统、交通违章取证系统、公路车辆监测记录系统、122 接管处理系统、GPS 车辆调度管理系统、实时交通显示及诱导系统和交通通信系统等各个应用系统，将有用的信息提供给计算机处理，并对这些信息进行相关处理分析，判断当前道路交通情况，对异常情况自动生成各种预案，供交通管理者决策，同时可以将相关交通信息对公众发布。

（五）生物控制论

生物控制论是控制论的一个重要分支，同时它又属于生物科学、信息科学及医学工程的交叉科学。它研究各种不同生物体系统的信息传递和控制的过程，探讨它们共同具有的反馈调节、自适应的原理以及改善系统行为，使系统具有稳定运行的机制。它是研究各类生物系统的调节和控制规律的科学，并形成了一系列的概念、原理和方法。生物体内的信息处理与控制是生物体为了适应环境，求得生存和发展的基本问题。不同种类的生物、生物体各个发展阶段，以及不同层次的生物结构中，都存在信息与控制问题。

之所以研究生物系统中的控制现象，是因为生物系统中的控制过程同非生物系统中的控制过程很多都是非常类似的，而生物体中控制系统又是每个都有其各自特点的，这些特点常常在人类设计自己需要的控制系统时，非常有借鉴作用。从系统的角度来说，生物系统同样也包含着采集信息部分、信息传输部分、处理信息并产生命令的部分和执行命令的部分。所不同的是在生物体中，这些工作都是由生物器官来完成的。例如，生物体中对声音、光线、温度、气压、湿度等的感觉就是由特定的感觉器官来完成的，这些信息又通过神经纤维传输的神经中枢进行信息处理并产生相应的命令，最后这些命令送到各自的执行器官去执行。这就是生物系统的闭环控制过程。

当前该学科研究比较热门的问题是神经系统信息加工的模型与模拟、生物系统中的非线性问题、生物系统的调节与控制、生物医学信号与图像处理等。近年来，理解大脑的工作原理已成为生物控制论的新热点，其中，关键是揭示感觉信息，特别是视觉信息在脑内是如何进行编码、表达和加工的。大脑在睡眠、注意和思维等不同的脑功能状态下的模型与仿真问题，特别是动态脑模型，以及学习、记忆与决策的机理都是很热门的问题。关于大脑意识是如何产生的，它的物质基础是什么，也已吸引许多科学家着手研究。

(六) 社会经济控制

1. 系统动力学模型

社会经济控制是以社会经济系统模型为基础的，社会经济系统的模型是以系统动力学方法建立的，它是研究复杂的社会经济系统动态特性的定量方法。这种方法是由美国麻省理工学院的福雷特教授在20世纪50年代创立的，是借鉴机械系统的动力学基本原理创立的。机械系统的动力学就是根据推动力和定量惯性之间的关系来建立运动的动态方程式，进而来研究机械系统的动态特性、速度特性及各种波动的调节方法。系统动力学方法则是以反馈控制理论为基础，建立社会系统或经济系统的动态方程或动态数学模型，再以计算机仿真为手段来进行研究。这种方法已成功地应用于企业、城市、地区和国家，甚至许多世界规模的战略与决策等分析中，被誉为社会经济研究的战略与决策实验室。这种模型从本质上看是带时间滞后的一阶差分或微分方程，由于建模时借助于流图，其中，积累、流率和其他辅助变量都具有明显的物理意义，因此可以说是一种预告和实际对比的建模方法。系统动力学虽然使用了推动力、入出流量、存储容量或惰性惯量这些概念，可以为经济问题和社会问题建立动态的数学模型，但是为各个单元所建立的模型大多为一阶动态模型，具有一定的近似性，加上实际系统易受人为因素的影响，所以对经济系统或社会系统的动态定量计算的精度都不是很高。

系统动力学方法与其他模型方法相比，具有下列特点：

(1) 适用于处理长期性和周期性的问题。

如同自然界的生态平衡，人的生命周期和社会问题中的经济危机等都呈现周期性规律，并需通过较长的历史阶段来观察，已有不少系统动力学模型对其机制做出了较为科学的解释。

(2) 适用于对数据不足的问题进行研究。

在社会经济系统建模中，常常遇到数据不足或某些数据难于量化的问题，系统动力学借助各要素间的因果关系及有限的数据及一定的结构仍可进行推算分析。

(3) 适用于处理精度要求不高的、复杂的社会经济问题。

①因果反馈

如果事件 A (原因) 引起事件 B (结果)，那么 AB 间便形成因果关系。若 A 增加引起 B 增加，称 AB 构成正因果关系；若 A 增加引起 B 减少，则为负因果关系。两个以上因果关系链首尾相连构成反馈回路，也分为正、负反馈回路。

②积累

积累这种方法是把社会经济状态变化的每一种原因看作为一种流，即一种参变量，通过对流的研究来掌握系统的动态特性和运动规律。流在节点的累积量便是"积累"，用以描述系统状态，系统输入、输出流量之差为积累的增量。"流率"表述流的活动状态，也称为决策函数，积累则是流的结果。任何决策过程均可用流的反馈回路描述。

③流图

流图由积累、流率、物质流及信息流等符号构成，直观形象地反映系统结构和动态特征。

2. 系统动力学模型的应用举例

(1) 中等城市经济的系统动力学模型及政策调控研究。

系统动力学模型能全面和系统地描述复杂系统的多重反馈回路、复杂时变及非线性等特征，能很好地反映区域经济系统对宏观调控政策的动态效果及敏感程度；

能有效地避免事后控制所带来的经济震荡。采用系统动力学这一定性分析与定量分析综合集成的方法，在利用区域经济学、计量经济学、数理统计等有关理论和方法对一个城市经济系统进行系统研究的基础上，建立该城市经济系统动力学模型，并进行政策模拟，可提供一些有益的政策建议。

(2) 区域经济的系统动力学研究。

运用系统动力学的定性与定量相结合的分析方法和手段，解决区域经济系统中长期存在的问题，并提供政策和建议，具有重大的推广应用价值。在技术原理及性能上具有如下特点：区域经济系统及其子系统都是具有多重反馈结构的复杂时变系统，因此采用一般的定量分析方法难以全面、系统地反映这一复杂系统，难以把握区域经济系统及其子系统的宏观调控过程，以及在此过程中的动态反映效果及敏感程度，以致容易引起事后控制所带来的经济震荡。在充分研究区域经济系统的基础上，可提供区域经济系统及其子系统之间相互联系、相互作用和相互影响的机制。利用系统动力学方法建立区域经济系统及其子系统的系统动力学模型，对模型的结构、行为及模型的一致性、适应性等进行验证，以确保模型的合理性。

第九章　电气自动化控制系统的设计思想和构成

第一节　电气自动化控制系统设计的功能和要求

　　现代生产设备是机械制造、电气控制、生产工艺等专业人员共同创造的产物，只有统筹兼顾制造、控制、工艺三者的关系才能使整机的技术经济指标达到先进水平。电控系统是现代生产设备的重要组成部分，其主要任务是为生产设备协调运转服务，生产设备电气控制系统并不是功能越强、技术越先进越好，而是以满足设备的功能要求以及设备的调试、操作是否方便，运行是否可靠作为主要评价依据，因此在满足生产设备的技术要求前提下电气控制系统应力求简单可靠，尽可能采用成熟的、经过实际运行考验的仪表和电器元件；新技术、新工艺、新器件的应用，往往带来生产设备功能的改进、成本的降低、效率的提高、可靠性的增强以及使用的方便，但必须进行充分调研，必要的论证，有时还应通过试验。

一、电控系统的设计与调试

　　电气控制系统设计的基本任务是根据生产设备的需要，提供电控系统在制造、安装、运行和维护过程中所需要的图样和文字资料。设计工作一般分为初步设计和技术设计两个阶段。

　　电控系统制作完成后技术人员往往还要参加安装调试，直到全套设备投入正常生产为止。

　　（一）初步设计

　　参加设计工作的机械、电气、工艺方面的技术负责人应收集国内外同类产品的有关资料进行分析研究，对于打算在设计中采用的新技术、新器件在必要时还应进行试验以确定它们是否经济适用。在初步设计阶段，对电控系统来说，应收集下列资料：

　　（1）设备名称、用途、工艺流程、生产能力、技术性能以及现场环境条件（如温度、湿度、粉尘浓度、海拔、电磁场干扰及振动情况等）。

（2）供电电网种类、电压等级、电源容量、频率等。

（3）电气负载的基本情况：如电动机型号、功率、传动方式、负载特性、对电动起动、调速、制动等要求；电热装置的功率、电压、相数、接法等。

（4）需要检测和控制的工艺参数性质、数值范围、精度要求等。

（5）对电气控制的技术要求，如手动调整和自动运行的操作方法，电气保护及连锁设置等。

（6）生产设备的电动机、电热装置、控制柜、操作台、按钮站以及检测用传感器、行程开关等元器件的安装位置。

上述资料实际上就是设计任务书或技术合同的主要内容，在此基础上电气设计人员应拟订若干原理性方案及其预期的主要技术性能指标，估算出所需费用供用户决策。

（二）技术设计

根据用户确定采用的初步设计方案进行技术设计，主要有下列内容：

（1）给出电气控制系统的电气原理图。

（2）选择整个系统设备的仪表、电气元器件并编制明细表，详细列出名称、型号规格、主要技术参数、数量、供货厂商等。

（3）绘制电控设备的结构图、安装接线图、出线端子图和现场配线图（表）等。

（4）编写技术设计说明书，介绍系统工作原理、主要技术性能指标、对安装施工、调试操作、运行维护的要求。

上面叙述的设计过程是对需要组织联合设计的大、中型生产设备而言，对已有的设备进行控制系统更新改造或小型设计项目这个过程和内容可以适当简化。

（三）设备调试

电气控制设备在制造完成后应在出厂前进行全面的质量检查，并尽可能模拟在实际工作条件下进行测试，直至消除所有的缺陷之后才能运到现场进行安装。安装接线完毕之后还要在严格的生产条件下进行全面调试，保证它们能够达到预期的功能，其中检测仪表、变频器等应列为重点，PLC 的控制程序更需进行验证，发现问题立即修改，直到正确无误为止。在调试过程中要做好记录，对已经更改了的电控系统设计图样和技术说明书的有关部分予以订正。设计人员参加现场调试，验证自己的设计是否符合客观实际，对积累工作经验、提高设计水平具有十分重要的作用。

二、设计过程中应重视的几个问题

(一)制订控制系统技术方案的思路

在进行电控系统的设计时,首先要对项目进行分析,它是定值控制系统还是程序控制系统,或者两者兼而有之?对于定值控制系统,采用简单经济的位式调节还是采用连续调节方式?对于常见的单回路反馈控制系统,主要任务是选择合理的被控变量和操作变量,选择合适的传感变送器以及检测点,选用恰当的调节规律以及相应的调节器、执行器和配套的辅助装置,组成工艺上合理,技术上先进,操作方便,造价经济的控制系统。对于程序控制系统来说,通常采用继电器、接触器控制或 PLC 控制,选用规格适当的断路器、接触器,继电器等开关器件以及变频器,软启动器等电力电子产品,合理配置主令电器、按钮、转换开关及指示灯等,控制线路设计一般应有手动分步调试、系统联动运行两种方式,努力做到安装调试方便,运行安全可靠。

(二)电控系统的元器件选型

电控系统的仪表、电器元件的选型直接关系到系统的控制精度、工作可靠性和制造成本,必须慎重对待,原则上应该选用功能符合要求、抗干扰能力强,环境适应性好,可靠性高的产品,国内外知名品牌很多,可选的范围很大,其中在已有的工程实践中经常使用,性能良好的产品应作为首选,其次为用户所熟悉或推荐的智能仪表、PLC、变频器、工控组态软件以及当地容易购置的电器产品也应在选用之列。总之,应从技术、经济等方面进行充分比较之后作出最终选择。

(三)电控系统的工艺设计

电控系统要做到操作方便、运行可靠、便于维修,不仅需要有正确的原理性设计,而且需要有合理的工艺设计。电气工艺设计的主要内容包括总体配置、分部(柜、箱、面板等)装配设计、导线连接方式等方面。

(1)总体布置:电控设备的每一个元器件都有一定的安装位置,有些元器件安装在控制柜中(如继电器、接触器、控制调节器、仪表等);有些元器件应安装在设备的相应部位上(如传感器、行程开关、接近开关等);有些元器件则要安装在操作面板上(如按钮、指示灯、显示器、指示仪表等)。对于一个比较复杂的电控系统,需要分成若干个控制柜、操作台、接线箱等,因而系统所用的元器件需要划分为若干组件,在划分时应综合考虑生产流程、调试、操作、维修等因素。一般来说,划分原则是：①功能类似的元器件组合放在一起；②尽可能减少组件之间的连线数量，接线关系密切的元器件置于同一组件中；③强弱电分离，尽量减少系统内部的干扰影响等。

（2）电气柜内的元器件布置：同一个电器柜、箱内的元器件布置的原则是：①重量、体积大的器件布置在控制柜下部，以降低柜体重心；②发热元器件宜安装在控制柜上部，以避免对其他器件有不良影响；③经常需要调节、更换的元器件安装在便于操作的位置上；④外形尺寸和结构类似的元器件放在一起，便于配接线和使外观整齐；⑤电器元件布置不宜过密，要留有一定的间距，采用板前走线槽配线时更应如此。

（3）操作台面板：操作台面板上布置操作件和显示件，通常按下述规律布置：操作件一般布置在目视的前方，元器件按操作顺序由左向右、从上到下布置，也可按生产工艺流程布置，尽可能将高精度调节、连续调节、频繁操作的器件配置在右侧；急停按钮应选用红色蘑菇按钮并放置在不易被碰撞的位置；按钮应按其功能选用不同的颜色，既增加美观又易于区别；操作件和显示件通常还要附有标示牌，用简明扼要的文字或符号说明它的功能。

显示器件通常布置在面板的中上部，指示灯也应按其含义选用适当的颜色，当显示器件特别是指示灯数量比较多时，可以在操作台的下方设置模拟屏，将指示灯按工艺流程或设备平面图形排布，使操作者可以通过指示灯及时掌握生产设备运行状态。

（4）组件连接与导线选择：电气柜、操作台、控制箱等部件进出线必须通过接线端子，端子规格按电流大小和端子上进出线数目选用，一般一只端子最多只能接两根导线，若将 2～3 根导线压入同一裸压接线端内时，可看作一根导线但应考虑其载流量。

电气柜、操作台内部配件应采用铜芯塑料绝缘导线，截面积应按其载流量大小进行选择，考虑到机械强度，控制电路通常采用 $1.5mm^2$ 以上的导线，单芯铜线不宜小于 $0.75mm^2$，多芯软铜线不宜小于 $0.5mm^2$，对于弱电线路，不得小于 $0.2mm^2$。

（四）技术资料收集工作

要完成一个运行可靠、经济适用的电控系统设计，必须有充分的技术资料作为基础，技术资料可以通过多种途径获得。

（1）国内外同类设备的电控系统组成和使用情况等资料。

（2）有关专业杂志、书籍、技术手册等。

（3）参观电气自动化产品展览会时可从参展的国内外著名厂商搜集产品样本、

价格表等资料。

（4）专业杂志上发表的产品广告以及新产品的信息。

（5）通过电话、传真或电子邮件等手段向生产厂家或代理商咨询，索取产品的说明书、价格表等资料。

（6）从生产厂家的网页上下载需要的技术资料。

（7）本单位已完成的电控设备全套设计图样资料，包括调试记录等。

一般来说，电气控制系统的设计工作实质上是控制元器件的"集成"过程，也就是说对于市场上品种繁多、技术成熟、功能不一、价格不同的各种电控产品、检测仪表进行选择，找出最合适的若干器件组成电控系统，使它们能够相互配套、协调工作，成为一个性价比很高的系统，实现预期的目标，生产设备按期调试投产，安全高效运转，能够创造良好的经济效益，因此设计人员需要不断积累资料，总结经验，吸取一切有用的知识，既要熟悉国内外电气自动化产品的性能、价格和技术发展动态，又要了解所配套设备的生产工艺和操作方法，才能设计出性能优良、造价合理的电控系统。

第二节　电气自动化控制系统设计的简单示例分析

虽然工业生产中所用的各种设备的拖动控制方式和电气控制电路各不相同，但多数是建立在继电器、接触器基本控制电路基础之上的。在此通过对典型生产机械电气控制系统的分析，一方面，可以进一步熟悉电气控制系统的组成及各种基本控制电路的应用，掌握分析电气控制系统的方法，培养阅读电气控制图的能力；另一方面，通过对几种具有代表性的机械设备电气控制系统及其工作原理的分析，加深对机械设备中机械、液压与电气控制有机结合的理解，为培养电气控制系统的分析和设计工作能力奠定基础。

一、分析电气控制系统的方法与步骤

生产设备的电气控制系统一般是由若干基本控制电路组合而成，结构相对复杂，为能够正确认识控制系统的工作原理和特点，必须采用合理的方法步骤进行分析。

（一）分析电气控制系统的方法

对生产设备电气控制系统进行分析时，首先需要对设备整体有所了解，在此基础上，才能有效地针对设备的控制要求，分析电气控制系统的组成与功能。设备整体分析包括如下 3 个方面。

（1）机械设备概况调查：通过阅读生产机械设备的有关技术资料，了解设备的基本结构及工作原理、设备的传动系统类型及驱动方式、主要技术性能和规格、运动要求等。

（2）电气控制系统及电气元件的状况分析：明确电动机的用途、型号规格及控制要求，了解各种电器的工作原理、控制作用及功能，包括按钮、选择开关和行程开关等主令信号发出元件和开关元件；接触器、时间继电器等各种继电器类的控制元件；电磁换向阀、电磁离合器等各种电气执行元件；变压器、熔断器等保证电路正常工作的其他电气元件。

（3）机械系统与电气控制系统的关系分析：在了解被控设备所采用的电气控制系统结构、电气元件状况的基础上，还应明确机械系统与电气系统之间的连接关系，即信息采集传递和运动输出的形式和方法。信息采集传递是指信号通过设备上的各种操作手柄、挡铁及各种信息检测机构作用在主令信号发出元件上，并传递到电气控制系统中的过程；运动输出是指电气控制系统中的执行元件将驱动力作用到机械系统上的相应点，并实现设备要求的各种动作。

掌握了机械及电气控制系统的基本情况后，即可对设备电气控制系统进行具体的分析。通常在分析电气控制系统时，首先将控制电路进行划分，整体控制电路经"化整为零"后形成简单明了、控制功能单一或有少数简单控制功能组合的局部电路，这样可给分析电气控制系统带来很大的方便。进行电路划分时，可依据驱动形式，将电路初步划分为电动机控制电路部分和液压传动控制电路部分；根据被控电动机的台数，将电动机控制电路部分再加以划分，使每台电动机的控制电路成为一个局部电路部分；对控制要求复杂的电路部分，也可以进一步细分，使每一个基本控制电路或若干个基本控制电路成为一个局部分析电路单元。

（二）分析电气控制系统的步骤

根据上述电气控制系统的分析方法，对电气控制系统的分析步骤归纳如下。

（1）设备运动分析：分析生产工艺要求的各种运动及其实现方法，对有液压驱动的设备要进行液压系统工作状态分析。

（2）主电路分析：确定动力电路中用电设备的数目、接线状况及控制要求，控制执行件的设置及动作要求，包括交流接触器主触点的位置，各组主触点分、合的动作要求，限流电阻的接入和短接等。

（3）控制电路分析：分析各种控制功能实现的方法及其电路工作原理和特点。经过"化整为零"，分析每一个局部电路的工作原理及各部分之间的控制关系之后，还必须"集零为整"，统观整个电路的保护环节及电气原理图中其他辅助电路（如检测、信号指示、照明等电路）检查整个控制电路，看是否有遗漏，特别要从整体角度，进一步检查和理解各控制环节之间的联系，理解电路中每个元件所起的作用。

二、普通车床的电气控制系统

卧式车床是机械加工中应用最为广泛的机床之一，它能完成多种多样的表面加工，包括车削各种轴类、套筒类和盘类零件的回转表面，如内外圆柱面、圆锥面、环槽及成型转面；车削端面及各种常用螺纹；配合钻头、铰刀等还可进行孔加工。不同型号的卧式车床其电动机的工作要求不同，因而其电气控制系统也不尽相同，但从总体上看，卧式车床运动形式简单，多采用机械调速，相应的电气控制系统不复杂。此处以 C650 卧式车床电气控制系统为例，介绍电气控制系统的一般分析过程。

（一）卧式车床结构和运动

C650 卧式车床结构主要由床身、主轴、主轴变速箱、尾座、进给箱、丝杠、光杠、刀架和溜板箱等组成。该卧式车床属于中型车床，可加工的最大工件回转直径为 1020mm，最大工件长度为 3000mm。

车削的主运动是主轴通过卡盘带动工件的旋转运动，它的运动速度较高，消耗的功率较大，进给运动是由溜板箱带动溜板和刀架做纵、横两个方向的运动。进给运动的速度较低，所消耗的功率也较小，由于在车削螺纹时，要求主轴的旋转速度与刀具的进给速度保持严格的比例，因此，C650 卧式车床的进给运动也由主轴电动机来拖动，主轴电动机的动力由主轴箱、挂轮箱传到进给箱，再由光杆或丝杆传到溜板箱。由于加工的工件尺寸较大，加工时其转动惯量也比较大，为提高工作效率，需采用停车制动。在加工时，为防止刀具和工件温度过高，需要配备冷却泵及冷却泵电动机。为减轻工人的劳动强度以及减少辅助工时，要求溜板箱能够快速移动。

（二）电力拖动特点与控制要求

（1）主电动机控制要求：主电动机为三相笼型异步电动机，完成主轴运动和进给运动的拖动。主电动机直接启动，能够正、反两个方向旋转，并可对正、反两个旋转方向进行电气停车制动，为加工、调整方便，还要具有点动功能。

（2）冷却泵电动机控制要求：冷却泵电动机在加工时带动冷却泵工作提供冷却液，采用直接启动，并且为连续工作状态。

（3）快速移动电动机控制要求：快速移动电动机可根据需要随时手动控制启停。

（三）电气控制系统分析

控制电路因电气元件很多，故通过控制变压器 TC 同三相电网进行电隔离，从而提高了操作和维修时的安全性，其所需的 110V 交流电源也由控制变压器 TC 提供，由 FU3 作短路保护。"化整为零"后控制电路可划分为主电动机 M1、冷却泵电动机 M2 及快移电动机 M3 的三部分控制电路。主电动机 M1 控制电路较复杂，因而还可进一步对其控制电路进行划分，下面对各局部控制电路逐一进行分析。

（1）主电动机的点动调整控制：如图 9-1 所示，当按下点动按钮 SB2 时，接触器 KMI 线圈通电，其主触点闭合，由于 KM3 线圈没接通，因此电源必须经限流电阻 R 进入主电动机，从而减小了启动电流，此时电动机 M1 正向直接启动。KM3 线圈未得电，其辅助动合触点不闭合，中间继电器 KA 不工作，所以虽然 KM1 的辅助动合触点已闭合，但不自锁。因而松开 SB2 后，KM1 线圈立即断电，主电动机 M1 停转。这样就实现了主电动机的点动控制。

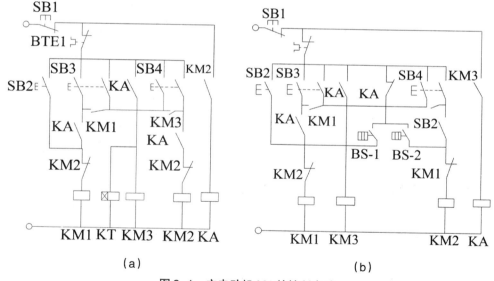

图 9-1　主电动机 M1 的控制电路

（2）主电动机的正反转控制：车床主轴的正反转是通过主电动机的正反转来实现的，主电动机 M1 的额定功率为 30kW，但只是车削加工时消耗功率较大，而启动时负载很小，因此启动电流并不很大，在非频繁点动的情况下，仍可采用全压直接启动。

分析图 9-1（a），当按下正向启动按钮 SB3 时，交流接触器 KM3 线圈和通电延时时间继电器 KT 线圈同时得电。KT 通电，其位于 M1 主电路中的延时动断触点短接电流表 PA，延时断开后，电流表接入电路正常工作，从而使其免受启动电流的冲击；KM3 通电，其主触点闭合，短接限流电阻 R，辅助动合触点闭合，使得 KA 线圈得电。KA 动断触点断开，分断反接制动电路；动合触点闭合，一方面使得 KM3 在 SB3 松手后仍保持通电，进而 KA 也保持通电；另一方面使得 KM1 线圈通电并形成自锁，KM1 主触点闭合，此时主电动机 M1 正向直接启动。

SB4 为反向启动按钮，反向直接启动过程同正向类似，不再赘述。

（3）主电动机的反接制动控制：图 9-1（b）为主电动机反接制动的局部控制电路。C650 车床停车时采用反接制动方式，用速度继电器 BS 进行检测和控制，下面以正转状态下的反接制动为例说明电路的工作过程。

当主电动机 M1 正转运行时，由速度继电器工作原理可知，此时 BS 的动合触点 BS-2 闭合。当按下总停按钮 SB1 后，原来通电的 KM1、KM3、KT 和 KA 线圈全部断电，它们的所有触点均被释放而复位。当松开 SB1 后，由于主电动机的惯性转速仍很大，RS-2 的动合触点继续保持闭合状态，使反转接触器 KM2 线圈立即通电，其电流通路是：SB1 → BTE1 → KA 动断触点 → BS-2 → KM1 动断触点 → KM2 线圈。这样主电动机 M1 开始反接制动，反向电磁转矩将平衡正向惯性转动转矩，电动机正向转速很快降下来。当转速接近于零时，BS-2 动合触点复位断开，从而切断了 KM2 线圈通路，至此正向反接制动结束。反转时的反接制动过程与上述过程类似，只是在此过程中起作用的为速度继电器的 BS-1 动合触点。

反接制动过程中由于 KM3 线圈未得电，因此限流电阻 R 被接入主电动机主电路，以限制反接制动电流。

通过对主电动机控制电路的分析，我们看到中间继电器 KA 在电路中起着扩展接触器 KM3 触点的作用。

（4）冷却泵电动机的控制：冷却泵电动机 M2 的启停按钮分别为 SB6 和 SB5，通过它们控制接触器 KM4 线圈的得电与断电，从而实现对冷却泵电动机 M2 的长动控制。它是一个典型的电动机直接启动控制环节。

（5）刀架的快速移动：转动刀架手柄，行程开关 SQ 被压，其动合触点闭合，使得接触器 KM5 线圈通电，KM5 主触点闭合，快速移动电动机 M3 就启动运转，其输出动力经传动系统最终驱动溜板箱带动刀架做快速移动。当刀架手柄复位时，M3 立即停转。该控制电路为典型的电动机点动控制。

三、卧式铣床的电气控制系统简介

在机械加工工艺中，铣削是一种高效率的加工方式。铣床的种类很多，有卧铣、立铣、龙门铣、仿形铣及各种专用铣床等。卧式万能升降台铣床可用来加工平面、斜面和沟槽等，装上分度头后还可以铣切直齿齿轮和螺旋面，如果装上圆工作台还可以铣切凸轮和弧形槽等，是一种常用的通用机床。

（一）卧式铣床的主要结构和运动

卧式万能升降台铣床具有主轴转速高、调速范围宽、操作方便和加工范围广等特点，主要由床身、主轴、悬梁、刀杆支架、工作台、升降工作台、底座和滑座等部分组成。

铣床床身内装有主轴的传动机构和变速操纵机构，由主轴带动铣刀旋转，一般中小型铣床都采用三相笼型异步电动机拖动，主轴的旋转运动是主运动，它有顺铣和逆铣两种加工方式，并且同工作台的进给运动之间无严格传动比要求，所以主轴由主电动机拖动。

床身的前侧面装有垂直导轨，升降台可沿导轨上下移动。在升降台上面装有水平工作台，它不仅可随升降台上下移动，还可以在平行于主轴轴线方向（横向，即前后）和垂直于轴线方向（纵向，即左右）移动。因此水平工作台可在上下、左右及前后方向上实现进给运动或调整位置，运动部件在各个方向上的运动由同一台进给电动机拖动。

矩形工作台上还可以安装圆工作台，使用圆工作台可铣削圆弧、凸轮。进给电动机经机械传动链，通过机械离合器在选定的进给方向上驱动工作台进给。

（二）电力拖动特点与控制要求

主轴旋转运动与工作台进给运动分别由单独的电动机拖动，控制要求也不相同。

（1）主轴电动机控制要求：主轴电动机 M1 空载时直接启动；为完成顺铣和逆铣，需要带动铣刀主轴正转和反转；为提高工作效率，要求有停车制动控制；同时从安全和操作方面考虑，换刀时主轴必须处于制动状态；主轴电动机可在两端启停控制；为保证变速时齿轮易于啮合，要求变速时主电动机有点动控制。

（2）冷却泵电动机控制要求：电动机 M2 拖动冷却泵，在铣削加工时提供切削液。

（3）进给电动机控制要求：工作台进给电动机 M3 直接启动；为满足纵向、横向、垂直方向的往返运动，要求进给电动机能正转和反转；为提高生产率，空行程时应快速移动；进给变速时，也需要瞬时点动调整控制；从设备使用安全方面考虑，各进给运动之间必须互锁，并由手柄操作机械离合器选择进给运动的方向。

（4）主轴电动机与进给电动机启、停顺序要求：铣床加工零件时，为保证设备安全，要求主轴电动机启动后进给电动机方能启动。

四、双面单工位液压传动组合机床电气控制系统简介

组合机床是根据给定工件的加工工艺而设计制造的一种高效率自动化专用加工设备。可实现多刀（多轴）、多面、多工位同时进行钻、扩、铰、镗、铣等加工，并具有自动循环功能，在成批或大生产中得到广泛应用。

组合机床由具有一定功能的通用部件（如动力部件、支撑部件、输送部件和控制部件等）和加工专用部件（如夹具、多轴箱等）组成，其中动力部件是组合机床通用部件中最主要的一类部件。动力部件常采用电动机驱动或液压系统驱动，由电气控制系统实现自动循环的控制，是典型的机电或机电液一体化的自动化加工设备。

各标准通用动力部件的控制电路是独立完整的，当一台组合机床由多个动力部件组合构成时，该机床的控制电路即由各动力部件各自的控制电路通过一定的连接电路组合而成。对于此类由多动力部件构成的组合机床，其控制通常有三方面的工作要求。

（1）动力部件的点动及复位控制。

（2）动力部件的单机自动循环控制（也称半自动循环控制）。

（3）整机全自动工作循环控制。

如双面粗铣组合机床是在工件两相对表面上进行铣削的一种高效自动化专用加工设备，可用于对铸件、钢件及有色金属件的大平面铣削，一般用于箱体类零件的生产线上。两个动力滑台相对安装在底座上，左、右铣削动力头固定在滑台上，中间的铣削工作台实现进给，再配以各种夹具和刀具，即可进行平面铣削加工。

双面粗铣组合机床的控制过程是典型的顺序控制，铣削工作台及左、右动力滑台的液压传动系统工作加工时，先将工件装入夹具夹紧后，按下启动按钮，机床工作的自动循环过程开始。首先左、右铣削头同时快进，此时刀具电动机也启动工作，至行程终端停下；其次铣削工作台快进、工进；再次，铣削完毕后，左、右铣削头快速退回原位，同时刀具电动机也停止运转；最后铣削工作台快速退回原位，夹具松开并取出工件，一次加工循环结束。

五、起重机电气控制系统简介

起重机是一种以间歇、重复工作方式，通过起重吊钩或其他吊具起升、下降或升降与移运重物的机械设备。起重机品种很多，按其构造分为桥架型起重机（如桥式起重机、门式起重机等）、缆索型起重机（如门式缆索起重机、缆索起重机等）和臂架型起重机（如塔式起重机、铁路起重机等）3 大类型。其中桥式起重机具有结构简单、操作灵活、维修方便、起重量大和不占用地面作业面积等特点，是各类大、中

型企业中应用最为广泛的起重设备之一。在此分析吊钩桥式起重机电气控制系统的工作原理及特点。

（一）起重机的结构与运动

桥式起重机通常也称为"行车"，一般用于车间内部或露天场地的装卸及起重运输工作。桥式起重机一般由桥架（又称大车）、大车移行机构、小车、装在小车上的提升机构、驾驶室、起重机总电源导电装置（主滑线）和小车导电装置（辅助滑线）等几部分组成。

（1）桥架：桥架又称大车，由两根主梁、两根端梁及走台和护栏等零部件组成，是起重机的基本构件。主梁跨架在车间的上空，其两端连有端梁，组成箱形或桁架式桥架。

在主梁外侧设有行走台，并附有安全栏杆。主梁一端的下方装有驾驶室，在驾驶室一侧的走台上有大车移行机构，使大车可沿车间长度方向的导轨移动；另一侧走台上装有向小车电气设备供电的辅助滑线。主梁上方铺有导轨以供小车在其上沿车间宽度方向移动。

（2）大车移行机构：大车移行机构的作用是驱动大车的车轮转动，并使车轮沿着起重机轨道做水平方向的运动。它包括大车拖动电动机、制动器、减速器、联轴器、传动轴、角型轴承箱和车轮等零部件。大车驱动方式有集中驱动和分别驱动两种，集中驱动是由一台电动机经减速器驱动大车两个主动轮同时移动；分别驱动是由两台电动机分别经减速器驱动大车的两个主动轮转动。由于分别驱动自重轻，机动灵活、安装调试方便，在新型桥式起重机上一般多采用此驱动方式，但要注意选用同型号的两台电动机和同一控制器，以保证大车的两个主动轮同步移动。

（3）小车：小车又称"跑车"，安装在桥架导轨上，可沿车间宽度方向移动。主要由小车架、小车移行机构、提升机构等零部件组成。小车架多数是由钢板焊接而成，上面装有小车移行机构、提升机构、栏杆及提升限位开关等。在小车运动方向两端还装有缓冲器、限位开关等安全保护装置。

小车移行机构由小车电动机、制动器、联轴器、减速器及车轮等组成。小车电动机经减速器驱动小车主动轮，使小车沿主梁上的轨道作横向移动。由于小车主动轮相距较近，一般由一台电动机驱动。

（4）提升机构：提升机构是用来升降重物的，是起重机的重要组成部分。当吊钩桥式起重机的起重量大于15t时，一般都设有两套提升机构，即主提升机构（主钩）与副提升机构（副钩）。两者的起重量不同，提升速度也不同。主提升机构的提升速度慢，副提升机构的提升速度快，但其基本结构是一样的。桥式起重机都采用电动机提升机构，由提升电动机、减速器、制动器、卷筒、定滑轮和钢丝绳等零部件组成。

提升电动机经联轴器、制动轮与减速器连接，减速器的输出轴与卷筒相连接。卷筒上缠绕钢丝绳，钢丝绳的另一端装有吊钩。当卷筒转动时，吊钩就随钢丝绳在卷筒上缠绕或放开，从而对重物进行提升或下放。

（5）驾驶室：驾驶室又称操纵室或吊舱，是起重机操作者工作的地方。里面设有操纵起重机的设备（大车、小车、主钩、副钩的控制器或制动器踏板）、起重机的保护装置和照明设备。

驾驶室一般固定在主梁的一端，也有装在小车下方随小车移动的。驾驶室上方开有通向走台的舱口，供检修人员上下用。梯口和舱口都设有电气安全开关，并与保护盘互锁。只有梯口和舱口都关闭好以后，起重机才能开动。这样可避免车上有人工作或人还没完全进入驾驶室时就开车，造成人身事故。

由上述分析可知，桥式起重机的运动有三种，即大车在车间长度方向的前后运动、小车在车间宽度方向的左右运动、重物在吊钩上的上下运动。每种运动都要求有极限位置保护。这样起重机可将重物移至车间任一位置，完成起重运输任务。

（二）电力拖动特点与控制要求

桥式起重机由交流电源供电，由于起重机必须经常移动，不能像一般用电设备那样使用固定连接导线，因此要采用可移动的电源设备供电。

对于小型起重机（10t 以下）常采用软电缆供电，当大车在导轨上前后移动或小车沿大车的导轨左右移动时，软电缆可随大、小车的移动而伸展或叠卷。

对于中、大型起重机（10t 以上）常采用滑线和电刷供电，滑线通常采用圆钢、角钢、V 形钢或工字钢等刚性导体制成。三相交流电源接到沿着车间长度方向敷设的三根主滑线上（涂有黄、绿、红三色），再通过电刷将电源引至起重机的电气设备，进入驾驶室中保护盘的总电源开关，然后由总电源开关向起重机各电气设备供电。对于小车及其上的提升机构，由沿桥架敷设的辅助滑线来供电。

由于桥式起重机安装在车间的上部，有的还露天安装，工作条件通常比较差，常常受到烟尘、潮湿空气、日晒、雨淋和夜露等影响。同时还经常出于频繁的启动、制动、正反转状态要承受较大的过载和机械冲击等原因。为提高生产效率和可靠性，对桥式起重机的电力拖动和电气控制有以下要求。

（1）起重电动机的要求：桥式起重机的电力拖动系统由 3～5 台电动机组成。小车驱动电动机 1 台，大车驱动电动机 1 台或 2 台（大车如果采用集中驱动，则只有 1 台大车电动机，如果采用分别驱动，则由 2 台相同的电动机分别驱动左、右两边的主动轮）；起重电动机 1 台（单钩）或 2 台（双钩）。①起重电动机为重复短时工作制，要求电动机有较强的过载能力。②起重电动机往往带负载启动，要求启动转矩大，启动电流小。③起重机的负载属于恒转矩负载，对重物停放的准确性要求较高，在起吊和下降重物时要进行调速。由于起重机的调速大多数在运行过程中进行，而且变换次数较多，所以应采用电气调速。④为适应较恶劣的工作环境和机械冲击，起重电动机应采用封闭式，要求有坚固的机械结构和较高的耐热绝缘等级。

综合以上要求，我国专门设计了起重用交流异步电动机，型号为 YZR（绕线转子异步电动机）和 YZ（笼型异步电动机）系列。这类电动机具有过载能力强、启动性能好、机械强度大和机械特性较软的特点，能够适应起重机工作的要求。

（2）对电气控制的要求：对大车及小车运行机构的要求相对低一些，主要是保证有一定的调速范围和适当的保护，起重机的电气控制要求集中反映在对提升机构的控制上。①空钩时能快速升降，以减少辅助工时；轻载时的提升速度应大于额定负载时的提升速度。②具有一定的调速范围，普通起重机调速范围为 3∶1，要求高的地方则达到 5∶1～10∶1。③在提升之初或重物接近预定位置附近时，都需要低速运行。因此，要有适当的低速区。要求在 30% 额定速度内分成若干低速挡以供选择。同时要求由高速向低速过渡时应逐级减速以保持稳定运行。④提升第一挡的作用是消除传动间隙，并将钢丝绳张紧，一般称为预备挡。这一挡电动机的启动转矩不能过大，一般在额定转矩的一半以下，以避免过大的机械冲击。⑤起重电动机的负载为典型的恒转矩型，因此要求下放重物时起重电动机可工作在电动、倒拉反接制动、再生发电制动等工作状态下，以满足对不同下降速度的要求。⑥为确保安全，起重机采用机械抱闸断电制动方式，以防止因突然断电而使重物自由下落造成事故。同时还要具备电气制动方式，以减小机械抱闸的磨损。

除以上要求外，桥式起重机还要求有完善的电气保护与连锁环节。如要有短时过载的保护措施，由于热继电器的热惯性较大，因此起重机电路多采用过流继电器做过载保护；要有零压保护；在各个运行方向上，除向下运动以外，其余方向都要有行程终端限位保护等。

目前，桥式起重机的控制设备已经系列化、标准化。根据驱动电动机容量的大小，常用的控制方法有两种。一种是用凸轮控制器直接控制所有驱动电动机的动作，这种控制方式由于受到控制器触点容量的限制，只适用于小容量起重电动机的控制；另一种是采用主令控制器配合磁力控制盘控制主卷扬电动机，而大车、小车移行机构和副提升机构则采用凸轮控制器控制，这种控制方式主要用于中型以上桥式起重机。

六、数控机床控制系统简介

(一) 概述

数字控制技术是用数字信息对某一对象的机械运动和工作过程进行自动控制的技术，是现代化生产中发展迅速的高新技术。采用数控技术的机床称为数控机床。数控机床是一种装了程序控制系统的机床。此处的程序控制系统即数控系统，现代数控系统主要为计算机数控系统，即系统。

自美国麻省理工学院为解决飞机制造商帕森斯公司加工直升机螺旋桨叶片轮廓样板曲线的难题，研制成功第一台具有信息存储和处理功能的立式数控三坐标铣床以来，数控机床在品种、数量、质量和性能方面均得到迅速发展，数控技术不仅应用于车、铣、镗、磨、线切割、电火花、锻压和激光等数控机床，而且应用于配备自动换刀的加工中心，带有自动检测、工况自动监控及自动交换工件的柔性制造单元已用于生产。高速化、高精度化、高可靠性、高柔性化、高一体化、网络化和智能化是现代数控机床的发展趋势。

数控机床与普通机床、专用机床相比，具有加工精度高、生产效率高、自动化程度高等优点，主要适合复杂、精密、小批多变的零件加工。数控机床是典型的机电一体化产品，是集机床、计算机、电动机拖动、自动控制、检测等技术为一体的自动化设备。一般由输入／输出设备、计算机数控装置、伺服单元、驱动装置、可编程控制器、检测装置、电气控制装置、机床本体及辅助装置等部分组成。

(1) 输入／输出设备：数控机床在加工过程中，必须接受由操作人员输入的零件加工程序，才能加工出所需的零件。同时数控装置还要为操作人员显示必要的信息，例如坐标值、切削方向、报警信号等。另外，输入的程序并非全部正确，有时需要编辑、修改或调试。上述这些工作都属于机床数控系统和操作人员进行信息交流的过程，由输入／输出设备来实现。

输入／输出设备有多种形式，现常用的是键盘和显示器。操作人员一般利用键盘输入、编辑、修改程序及发送操作指令，即进行手工数据输入，显然键盘是 MDI 主要的输入设备。显示器为操作人员提供程序编辑或机床加工等必要的信息，简单的显示器只有若干个数码管，因此显示的信息有限。较高级的系统常常配有 CRT 显示器或液晶显示器，这样就能显示字符、加工轨迹及图形等更丰富的信息。数控机床早期的输入装置还有穿孔纸带、穿孔卡、磁带、磁盘等，随着 CAD/CAM 技术的发展，有些数控机床利用 CAD/CAM 软件先在计算机上编程，然后通过计算机与数控系统进行通信，将程序和数据直接传送给数控装置。

（2）计算机数控装置：CNC 装置是数控机床的核心，由硬件和软件两部分组成。其基本功能是：接受输入装置送来的加工程序，进行译码和寄存，然后根据加工程序所指定的零件形状，计算出刀具中心的运动轨迹，并按照程序指定的进给速度，求出每个插补周期内刀具应移动的距离，在每个时间段结束前，把下一个时间段内刀具应移动的距离送给伺服单元。

（3）伺服驱动系统：伺服驱动系统包含主轴伺服驱动和进给伺服驱动，由伺服单元和驱动装置组成，它是联系数控系统和机床本体之间的电气环节。当数控系统发出的指令信号与位置反馈信号比较后，形成位移指令，该指令由伺服单元接受，经过变换和放大，再通过驱动装置将其转换成相应坐标轴的进给运动和精确定位运动。作为数控机床的执行机构，目前，伺服驱动系统中常用的执行部件有步进电动机、直流伺服电动机以及交流伺服电动机。

（4）数控机床电气逻辑控制装置：数控系统除了位置控制功能，还具有主轴起停、换向、冷却液开关等辅助控制功能，这部分功能由可编程控制器和电气控制装置来实现。

在数控机床中，CNC 系统主要负责完成与数字运算和管理有关的功能，如编辑加工程序、译码、插补运算、位置伺服控制等；而 PLC 和电气控制装置则负责完成与逻辑开关量控制有关的各种动作，如接受零件加工程序中的 M 代码（辅助功能）、S 代码（主轴转速）、T 代码（选刀、换刀）等顺序动作信息，对其进行译码后转换成相应的控制信号，控制辅助装置完成机床的一系列开关动作，诸如工件的夹紧与放松、刀具的选择与更换、冷却液的开和关、分度工作台的转位和锁紧等。

PLC 接受来自操作面板和数控系统的指令，一方面通过接口电路直接控制机床动作；另一方面通过伺服驱动系统控制主轴电动机的转动，并可将部分指令送往 CNC 用于加工过程的控制。

（5）位置检测装置：位置检测装置主要用来检测工作台的实际位移或丝杠的实际转角，通常安装在机床工作台上或丝杠上，它与伺服驱动系统配合可组成半闭环或闭环伺服驱动系统。在闭环控制系统中，位置检测装置将工作台的实际位移或丝杠的实际转角转换成电信号，并反馈到数控装置，由数控装置计算出实际位置和指令位置之间的差值，并根据这个差值的大小和方向去控制执行部件的进给运动，使之朝着减少误差的方向移动。因此，位置检测装置的精度决定了数控机床的加工精度。

（6）机床本体：机床本体是用于完成各种切削加工的机械部分，包括主运动部件、进给运动部件、床身立柱等支撑部件。数控机床的组成与普通机床相似，但实际使用时由于切削用量大、连续加工发热量大等因素对加工精度会有一定影响，且加工过程属于自动控制，因此数控机床在精度、静刚度、动刚度和热刚度等方面都提出了更高的要求，而传动链则要求尽可能简单。

（7）辅助装置：辅助装置主要包括换刀、夹紧、润滑、冷却、排屑、防护和照明等一系列装置，它的作用是保证安全、方便地使用数控机床，使功能充分发挥。

由上述可知，数控机床在加工时，首先将工件的几何数据和工艺数据根据规定的代码和格式编制成数控加工程序，并采用适当的方法将程序输入数控系统。然后数控系统对输入的加工程序进行数据处理，输出各种信息和指令，控制机床执行部件进行有序动作。可见，数控机床的运行就是在数控系统的控制下，处于不断地计算、输出、反馈等控制过程中，从而保证刀具和工件之间相对位置的准确性。

（二）计算机数控（CNC，Computer Numerical Control）系统

CNC 系统是数控机床的核心部分，其主要任务是控制机床的运动，完成各种零件的自动加工。在进行零件加工时，CNC 装置首先接收数字化的零件图样和工艺要求等信息，再进行译码和预处理，然后按照一定的数学模型进行插补运算，用运算结果实时地对机床的各运动坐标进行速度和位置控制。

CNC 系统由硬件和软件组成，是一种采用存储程序的专用计算机，计算机通过运行存储器内的程序，使数控机床按照操作者的要求，有条不紊地进行加工，实现对机床的数字控制功能。

（1）CNC 装置的硬件结构：CNC 装置不仅具有一般微型计算机的基本硬件结构，如微处理器（CPU）、总线、存储器和 IO 接口等；而且还具有完成数控机床特有功能所需的功能模块和接口单元，如手动数据输入（MDI）接口、PLC 接口和纸带阅读机接口等。

（2）CNC 装置的软件：CNC 装置在上述硬件的基础上，还必须配合相应的系统软件来指挥和协调硬件的工作，二者缺一不可。CNC 装置的软件是实现部分或全部数控功能的专用系统软件，CNC 装置由管理软件和控制软件两部分组成。其中，管理软件主要为某个系统建立一个软件环境，协调各软件模块之间的关系，并处理一些实时性不太强的软件功能，如数控加工程序的输入 / 输出及其管理、人机对话显示及诊断等；控制软件的作用是根据用户编制的加工程序，控制机床运行，主要完成系统中一些实时性要求较高的关键控制功能，如译码、刀具补偿、插补运算和位置控制等。

（3）CNC 装置的工作过程：CNC 装置的工作是在硬件环境的支持下执行软件控制功能的全过程，对一个通用数控系统来讲，一般要完成以下工作。

①零件程序的输入：数控机床自动加工零件时，首先将反映零件加工轨迹、尺

寸、工艺参数及辅助功能等各种信息的零件程序、控制参数和补偿量等指令和数据输入数控系统。通常 CNC 装置的输入方式有键盘输入、阅读机输入、磁盘输入、通信接口输入以及连接上一级计算机的分布式数字控制（DNC）接口输入等。然后 CNC 装置将输入的全部信息都存储在 CNC 装置的内部存储器中，以便加工时将程序调出运行。在输入过程中 CNC 装置还需完成代码校验、代码转换和无效码删除等工作。②译码处理：输入 CNC 装置内部的信息接下来由译码程序进行译码处理。它是将零件程序以一个程序段为单位进行处理，把其中的零件轮廓信息（如起点、终点、直线、圆弧等）、加工速度信息（F 代码）以及辅助功能信息（M、S、T 代码等），按照一定的语法规则翻译成计算机能够识别的数据，存放在指定的内存专用区间。CNC 装置在译码过程中，还要对程序段的语法进行检查，若发现语法错误，立即报警。③数据处理：数据处理即进行预计算，就是将经过译码处理后存放在指定存储空间的数据进行处理。主要包括刀具补偿（刀具长度补偿、刀具半径补偿）、进给速度处理、反向间隙补偿、丝杠螺距补偿和机床辅助功能处理等。④插补运算：插补是数控系统中最重要的计算工作之一，是在已知起点、终点、曲线类型和走向的运动轨迹上实现"数据点密化"，即计算出运动轨迹所要经过的中间点坐标。插补计算结果传送到伺服驱动系统，以控制机床坐标轴做相应的移动，使刀具按指定的路线加工出所需要的零件。⑤位置控制：位置控制的主要作用是在每个采样周期内，将插补计算的指令位置与实际反馈位置相比较，用其差值去控制伺服电动机，进而控制机床工作台或刀具的位移。在位置控制中，通常还应完成位置回路的增益调整、各坐标方向的螺距误差补偿和反向间隙补偿，以提高数控机床的定位精度。⑥ I/O 处理：I/O 处理主要是对 CNC 装置与机床之间来往信息进行输入、输出和控制的处理。它可实现辅助功能控制信号的传递与转换，如实现主轴变速、换刀、冷却液的开停等强电控制，也可接受机床上的行程开关、按钮等各种输入信号，经接口电路变换电平后送到 CPU 处理。⑦显示：CNC 装置的显示主要是为操作者了解机床的状态提供方便，通常有零件加工程序显示、各种参数显示、刀具位置显示、动态加工轨迹显示、机床状态显示和报警显示等。⑧诊断：CNC 装置利用内部自诊断程序对机床各部件的运行状态进行故障诊断，并对故障加以提示。诊断不仅可防止故障的发生或扩大，而一旦出现故障，又可帮助用户迅速查明故障的类型与部位，减少故障停机时间。

（三）伺服控制系统

数控机床伺服控制系统是以机床移动部件的位置和速度为被控制量的自动控制系统，它包括进给伺服系统和主轴伺服系统。其中，进给伺服系统是控制机床坐标轴的切削进给运动，以直线运动为主；主轴伺服系统是控制主轴的切削运动，以旋转运动为主。如果说 CNC 装置是数控机床发布命令的"大脑"，伺服驱动系统则为数控机床的"四肢"，因此是执行机构。作为数控机床重要的组成部分，伺服系统的动态和静态性能是影响数控机床加工精度、表面质量、可靠性和生产效率等的重要因素。

在数控机床上，进给伺服驱动系统接收来自 CNC 装置经插补运算后生成的进给脉冲指令，经过一定的信号变换及电压、功率放大，驱动各加工坐标轴运动。这些轴有的带动工作台，有的带动刀架，几个坐标轴综合联动，便可使刀具相对于工件产生各种复杂的机械运动，直至加工出所要求的零件。当要求数控机床有螺纹加工、准停控制和恒线速加工等功能时，就对主轴提出了相应的位置控制要求，此时主轴驱动控制系统可称为主轴伺服系。通常数控机床伺服系统是指进给伺服系统，它是连接 CNC 装置和机床机械传动部件的环节，包含机械传动、电气驱动、检测、自动控制等方面的内容。

1. 伺服系统的组成

数控机床伺服系统一般包含驱动电路、执行元件、传动机构、检测元件及反馈电路等部分。

（1）驱动电路：驱动电路的主要功能是控制信号类型的转变和进行功率放大。当它接收到 CNC 装置发出的指令（数字信号）后，将指令信号转换成电压信号（模拟信号），经过功率放大后，驱动电动机旋转。电动机转速的大小由指令控制，若要实现恒速控制，驱动电路需接收速度反馈信号，将该反馈信号与计算机的输入信号进行比较，用其差值作为控制信号，使电动机保持恒速运转。

（2）执行元件：执行元件的功能是接受驱动电路的控制信号进行转动，以带动数控机床的工作台按一定的轨迹移动，完成工件的加工。常用的有步进电动机、直流电动机及交流电动机。采用步进电动机时通常是开环控制。

（3）传动机构：传动机构的功能是把执行元件的运动传递给机床工作台。在传递运动的同时也对运动速度进行变换，从而实现速度和转矩的改变。常用的传动机构有减速箱和滚珠丝杠等，若采用直线电动机作为执行元件，则传动机构与执行元件为一体。

（4）检测元件及反馈电路：在伺服系统中一般包括位置反馈和速度反馈。实际加工时，由于各种干扰的影响，工作台并不一定能准确地定位到 CNC 指令所规定的目标位置。为了克服这种误差，需要检测元件检测出工作台的实际位置，并由反馈电路传给 CNC 装置，然后 CNC 装置发送指令进行校正。常用的检测元件有光栅、光电编码器、直线感应同步器和旋转变压器等。用于速度反馈的检测元件一般安装在电动机上；用于位置反馈的检测元件则根据闭环方式的不同或安装在电动机上或安装在机床上。在半闭环控制时，速度反馈和位置反馈的检测元件可共用电动机上的光电编码器，对于全闭环控制则分别采用各自独立的检测元件。

2. 数控机床对伺服系统的要求

数控机床的效率、精度在很大程度上取决于伺服系统性能。因此，数控机床对伺服系统提出了一些基本要求。虽然各种数控机床完成的加工任务不同，对伺服系统的要求也不尽相同，但一般包括以下 6 个方面。

(1) 可逆运行：加工过程中，根据加工轨迹的要求，机床工作台应随时都可能实现正向或反向运动，并且在方向变化时，不应有反向间隙和运动的损失。

(2) 精度高：伺服系统的精度是指输出量能复现输入量的精确程度，数控加工中，对定位精度和轮廓加工精度要求都较高。数控机床伺服系统的定位精度一般要求达到 $1\mu m$ 甚至 $0.1\mu m$，与此相对应，伺服系统的分辨力也应达到相应的要求。分辨力 (或称脉冲当量) 是指当伺服系统接受 CNC 装置送来的一个脉冲时，工作台相应移动的单位距离。伺服系统的分辨力由系统的稳定工作性能和所采用的位置检测元件决定。目前，闭环伺服系统都能达到 $1\mu m$ 的分辨力 (脉冲当量)，而高精度的数控机床可达到 $0.1\mu m$ 的分辨力，甚至更小。轮廓加工精度则与速度控制、联动坐标的协调一致控制有关。在速度控制中，要求伺服系统有较高的调速精度，具有较强的抗负载扰动能力。

(3) 调速范围宽：调速范围是指数控机床要求电动机所能提供的最高转速与最低转速之比。为适应不同的加工条件，数控机床要求伺服系统有足够宽的调速范围和优异的调速特性。对一般数控机床而言，只要进给速度在 $0 \sim 24m/min$ 范围时，都可满足加工要求。

(4) 稳定性好：稳定性是指系统在给定的外界干扰作用下，经过短暂的调节过程后，达到新的平衡状态或恢复到原来平衡状态的能力。当伺服系统的负载情况或切削条件发生变化时，进给速度应保持恒定，这要求伺服系统有较强的抗干扰能力。稳定性是保证数控机床正常工作的条件，直接影响数控加工的精度和表面粗糙度。

(5) 快速响应：响应速度是伺服系统动态品质的重要指标，它反映了系统的跟随精度。数控加工过程中，为保证轮廓切削形状精度和加工表面粗糙度，位置伺服系统除了要求有较高的定位精度，还要求跟踪指令信号的响应要快，即有良好的快速响应特性。

(6) 低速大转矩：一般机床的切削加工是在低速时进行重切削，所以要求伺服系统在低速进给时驱动要有大的转矩输出，以保证低速切削的正常进行。

（四）伺服系统的分类

（1）按执行机构的控制方式分，有开环伺服系统和闭环伺服系统。①开环伺服系统：开环伺服系统采用步进电动机为驱动元件，只有指令信号的前向控制通道，无位置反馈和速度反馈。运动和定位是靠驱动电路和步进电动机来实现的，步进电动机的工作是实现数字脉冲到角位移的转换，它的旋转速度由进给脉冲的频率决定，转角的大小正比于指令脉冲的个数，转向取决于电动机绕组通电顺序。开环伺服系统结构简单，易于控制，但精度较低，低速时不稳定，高速时转矩小，一般用于中、低档数控机床或普通机床的数控改造上。②闭环伺服系统：闭环伺服系统是在机床工作台（或刀架）上安装一个位置检测装置，该装置可检测出机床工作台（或刀架）实际位移量或者实际所处位置，并将测量值反馈给 CNC 装置，与 CNC 装置发出的指令位移信号进行比较，求得偏差。伺服放大器将差值放大后用来控制伺服电动机，使系统向着减小偏差的方向运行，直到偏差为零，系统停止工作。因此，闭环伺服系统是一个误差控制随动系统。由于闭环伺服系统的反馈信号取自机床工作台（或刀架）的实际位置，所以系统传动链的误差、环内各元件的误差以及运动中造成的误差都可以得到补偿，使得跟随精度和定位精度大大提高。从理论上讲，闭环伺服系统的精度可以达到很高，它的精度只取决于测量装置的制造精度和安装精度。但由于受机械变形、温度变化、振动等因素的影响，系统的稳定性难以调整，且机床运行一段时间后，在机械传动部件的磨损、变形等因素的影响下，系统的稳定性易改变使精度发生变化。因此只有在那些传动部件精密度高、性能稳定、使用过程温差变化不大的大型、精密数控机床上才使用闭环伺服系统。③半闭环伺服系统也是一种闭环伺服系统，只是它的位置检测元件没有直接安装在进给坐标的最终运动部件上，而是在传动链的旋转部位（电动机轴端或丝杠轴端）安装转角检测装置，检测出与工作实际位移最相应的转角，以此作为反馈信号与 CNC 装置发出的指令信号进行比较，求得偏差。半闭环和闭环系统的控制结构是一致的，不同点在于闭环系统环内包括较多的机械传动部件，传动误差均可被补偿，理论上精度可以达到很高，而半闭环伺服系统由于坐标运动的传动链有一部分在位置闭环以外，因此环外的传动误差得不到系统的补偿，这种伺服系统的精度低于闭环系统。但半闭环系统比闭环系统结构简单，造价低且安装、调试方便，故这种系统被广泛用于中小型数控机床上。

（2）按使用的伺服电动机类型分，有直流伺服系统和交流伺服系统。直流伺服系统在数控机床上占主导地位。在进给运动系统中常用的伺服电动机有小惯量直流伺服电动机和永磁直流伺服电动机（也称大惯量宽调速直流伺服电动机）；在主运动系统中常用他励直流伺服电动机。小惯量伺服电动机最大限度地减少了电枢的转动惯量，因此有较好的快速性。在设计时，因其具有高的额定转速、低的转动惯量，所以实际应用时要经过中间机械传动减速才能与丝杠连接；永磁直流伺服电动机具有良好的调速性能，输出转矩大，能在较大的过载转矩下长时间地工作。并且电动机转子惯量较大，因此能直接与丝杠相连而不需中间传动装置。

直流伺服系统的缺点是电动机有电刷，限制了转速的提高，一般额定转速为 1000~1500r/min，而且结构复杂，价格较高。

交流伺服系统使用交流异步伺服电动机（用于主轴伺服系统）和永磁同步伺服电动机（用于进给伺服系统），由于直流伺服电动机使用机械换向，存在着一些固有的缺点，因此使其应用环境受到限制。而交流伺服电动机不存在机械换向的问题，且转子惯量较直流电动机小，使得动态响应好。另外，在同样体积下，交流电动机的输出功率比直流电动机的高，其容量也可以比直流电动机大，这样可达到更高的电压和转速。因此目前，已基本取代了直流伺服系统。

第三节　电气自动化控制系统中的抗干扰

一、提高系统抗电源干扰能力的方法

（一）配电方案中的抗干扰措施

抑制电源干扰首先从配电系统的设计上采取措施。交流稳压器用来保证系统供电的稳定性，防止电网供电的过压或欠压。但交流稳压器并不能抑制电网的瞬态干扰，一般须加一级低通滤波器。

高频干扰通过源变压器的初级与次级间的寄生耦合电容窜入系统，因此，在电源变压器的初级线圈和次级线圈间须加静电屏蔽层，把耦合电容分隔、使耦合电容隔离，断开高频干扰信号，能有效地抑制共模干扰。

电气自动化系统目前使用的直流稳压电源可分为常规线性直流稳压电源和开关稳压电源两种。常规线性直流稳压电源由整流电路、三端稳压器及电容滤波电路组成。开关稳压电源是采用反激变换储能原理而设计的一种抗干扰性能较好的直流稳压电源，开关电源的振荡频率接近 1000kHz，其滤波以高频滤波为主，对尖脉冲有良好的抑制作用。开关电源对来自电网的干扰的抑制能力较强，在工业控制计算机中已被广泛采用。

分立式供电方案就是将组成系统的各模块分别用独立的变压、整流、滤波、稳压电路构成的直流电源供电，这样就减小了集中供电产生的危险性，而且也减少了公共阻抗的相互耦合以及公共电源的相互耦合，提高了供电的可靠性，也有利于电源散热。

另外，交流电的引入线应采用粗导线，直流输出线应采用双绞线，扭绞的螺距要小，并尽可能缩短配线长度。

（二）利用电源监视电路抗电源干扰

在系统配电方案中，实施抗干扰措施是必不可少的，但这些措施仍难抵御微秒级的干扰脉冲及瞬态掉电，特别是后者属于恶性干扰，可能产生严重的事故。因此在系统设计时，应根据设计要求采取进一步的保护性措施，电源监视电路的设计是抗电源干扰的一个有效方法。目前，市场提供的电源监视集成电路一般具有如下功能。

（1）监视电源电压瞬时短路、瞬间降压和微秒级干扰脉冲及掉电。

（2）及时输出供 CPU 接收的复位信号及中断信号。

（3）电压在 4.5 ~ 4.8V，外接少量的电阻、电容就可调整监测的灵敏度及响应速度。

（4）电源及信号线能与计算机直接相连。

（三）用 Watchdog 抗电源干扰

Watchdog 俗称"看门狗"，是计算机系统普遍采用的抗干扰措施之一。它实质上是一个可由 CPU 监控复位的定时器。Watchdog 可由定时器以及与 CPU 之间适当的 I/O 接口电路构成，如振荡器加上可复位的计数器构成的定时器；各种可编程的定时计数器（Intel 8253、Intel 8254 的 CTC 等），单片机内部定时 / 计数器等。有些单片机（如 Intel 8096 系列）已将 Watchdog 制作在芯片中，使用起来十分方便。如果为了简化硬件电路，也可以用纯软件实现 Watchdog 功能，但可靠性差些。

二、电场与磁场干扰耦合的抑制

（一）电场与磁场干扰耦合的特点

在任何电子系统中，电缆都是不可缺少的传输通道，系统中大部分电磁干扰敏感性问题、电磁干扰发射问题、信号串扰问题等都是由电缆产生的。电缆之所以能够产生各种电磁干扰的问题，主要是因为其有以下几个方面的特性在起作用。

（1）接收特性：根据天线理论，电缆本身就是一条高效率的接收天线，它能够接收到空间的电磁波干扰，并且还能将干扰能量传递给系统中的电子电路或电子设备，造成敏感性的干扰影响。

（2）辐射特性：根据天线理论，电缆本身还是一条高效率的辐射天线。它能够将电子系统中的电磁干扰能量辐射到空间中去，造成辐射发射干扰影响。

（3）寄生特性：在电缆中，导线可以看成互相平行的，而且互相靠得很紧密。根据电磁理论，导线与导线之间必然蕴藏着大量的寄生电容（分布电容）和寄生电感（分布电感），这些寄生电容和寄生电感是导致串扰的主要原因。

（4）地电位特性：电缆的屏蔽层（金属保护层）一般情况下是接地的。因此，如果电缆所连接设备接地的电位不同，必然会在电缆的屏蔽层中引起地电流的流动。例如，当两个设备的接地线电位不同时，在这两个设备之间便会产生电位差，在这个电位差的驱动下，必然会在电缆屏蔽层中产生电流。由于屏蔽层与内部导线之间有寄生电容和寄生电感的存在，因此屏蔽层上流动着的电流完全可以在内部导线上感应出相应的电压和电流。如果电缆的内部导线是完全平行的，感应出的电压或电流大小相等、方向相反，在电路的输入端互相抵消，不会出现干扰电压或干扰电流。但是，实际上电缆中的导线并不是绝对平行的，而且所连接的电路通常也都不是平衡的，这样就会在电路的输入端产生干扰电压或干扰电流。这种因地线电位不一致所产生的干扰现象，在较大的系统中是常见的。

（二）电场与磁场干扰耦合的抑制

（1）电场干扰耦合等效电路分析：电场干扰耦合又称为容性干扰耦合。我们知道平行导线间存在电场（容性）干扰耦合，利用电路理论可以分析电场干扰耦合的一些特点。在这里主要讨论电场干扰耦合的抑制问题。为了能比较清楚地说明问题，仍然采用两平行导线结构。在讨论中，假设只对干扰源回路采取屏蔽措施，而干扰敏感体回路未采取屏蔽措施，可以看出，干扰源回路对干扰敏感体回路的电场耦合可分为两部分，一部分是干扰源回路导线对屏蔽层之间的耦合电容；另一部分是干扰源回路屏蔽层对地的耦合电容。

（2）屏蔽层本身阻抗特性的影响：在上面的分析中，没有考虑到屏蔽层本身阻抗特性的影响。屏蔽层阻抗是沿着屏蔽层纵向分布的，只有在频率较低或屏蔽层纵向长度远远小于传输信号波长的1/16时，才能忽略屏蔽层本身阻抗特性的影响，在低频或屏蔽层纵向长度不长时，采用单点接地技术较为适合。

当信号频率很高或屏蔽层纵向长度接近或大于传输信号波长的1/6时，屏蔽层本身的纵向阻抗特性就不能被忽略。如果这时屏蔽层仍然采用单点接地技术，那么单点接地将迫使干扰耦合电流流过较长距离后才能入地，结果使干扰电流在屏蔽层纵向方向上会产生电压降，形成屏蔽层在纵向方向上的各点电位不相同，这样不仅影响了屏蔽效果，而且由于各点电位不相同还会产生新的附加干扰耦合。为了使屏蔽层在纵向方向上尽可能地保持等电位，当频率较高或屏蔽层纵向较长时，应在每间隔 1/16 信号波长的距离处接地一次。

在接地技术实施过程中，应注意每一个细节问题，否则会留下难以处理的后患。在这里要特别注意一个非常容易被忽视的接地技术问题。在实际的接地施工中，常常是将屏蔽层与被屏蔽的导线分开后，再将屏蔽层接地，屏蔽层与被屏蔽的导线分开，屏蔽层被扭绞成一个辫子形状的粗导线后再接地，就是这个辫子形状的粗导线很容易产生寄生（分布）电感，寄生电感对屏蔽层的屏蔽性能有着极为不利的影响，这种影响称为"猪尾"效应。

三、过程通道干扰措施

抑制传输线上的干扰，主要措施有光电隔离、双绞线传输、阻抗匹配以及合理布线等。

（一）光电隔离的长线浮置措施

利用光电耦合器的电流传输特性，在长线传输时可以将模块间两个光电耦合器件用连线"浮置"起来。这种方法不仅有效地消除了各电气功能模块间的电流流经公共地线时所产生的噪声电压互相干扰，而且有效地解决了长线驱动和阻抗匹配问题。

（二）双绞线传输措施

在长线传输中，双绞线是较常用的一种传输线，与同轴电缆相比，虽然频带较窄，但阻抗高，降低了共模干扰。由双绞线构成的各个环路，改变了线间电磁感应的方向，使其相互抵消，因此对电磁场的干扰有一定的抑制效果。

在数字信号的长线传输中，根据传输距离不同，双绞线使用方法也不同。当传输距离在 5m 以下时，收发两端应设计负载电阻，若发射侧为 OC 门输出，接收侧采用施密特触发器能提高抗干扰能力。

对于远距离传输或传输途经强噪声区域时，可选用平衡输出的驱动器和平衡接收的接收器集成电路芯片，收发信号两端都有无源电阻。选用的双绞线也应进行阻抗匹配。

（三）长线的电流传输

长线传输时，用电流传输代替电压传输，可获得较好的抗干扰能力。例如，以传感器直接输出 0～10mA 电流在长线上传输，在接收端可并上 500Ω（或 1kΩ）的精密金属膜电阻，将此电流转换为 0～5V（或 0～10V）电压，然后送入 A/D 转换通道。

（四）传输线的合理布局

（1）强电馈线必须单独走线，不能与信号线混扎在一起。

（2）强信号线与弱信号线应尽量避免平行走线，在有条件的场合下，应努力使二者正交。

（3）强、弱信号平行走线时，线间距离应为干扰线内径的 40 倍。

第十章　电气工程及自动化工程常用技术技能

第一节　基本技术技能

基本技术技能主要包括：常用工具及器械的正确使用，导线的连接，导线与设备端子的连接，常用电工安全用具及器械的正确使用，常用电工检修测试仪表的正确使用，各种器械工具的使用，管路敷设及穿线，杆塔作业基本要领，常用电气设备元器件及测量计量仪表的安装接线，常用电工调整试验仪器仪表的使用及调整试验方法，常用机械设备安装要点，电气故障判断及处理方法，电气工程及自动化工程读图及制图等。

一、常用仪器仪表的使用

常用仪器仪表包括万用表、钳形表、绝缘电阻表、接地电阻表、电桥、场强仪、示波器、图示仪、电压比自动测试仪、继电保护校验仪、开关机械特性测试仪、局部放电测试仪、避雷器测试仪、接地网接地电阻测试仪、直流高压发生器、智能介质损耗测试仪、智能高压绝缘电阻表、直流数字电阻测试仪、电缆故障测试仪、双钳相位伏安表、自动 LCR 测量仪、高压试验变压器、高电压升压器、大电流升流器等。

作为一名电气工程师，无论你从事电气工程中的研发、制造、安装、调试、运行、检修、维护等何种工作，常用仪器仪表的使用是非常重要的，其目的主要有四点：

①检验或测试电气产品、设备、元器件、材料的质量。

②检验或测试电气工程项目的安装、制造质量及其各种参数。

③调整和试验电气工程项目的各种参数、自动装置及动作等。

④大型、关键、重要、贵重、隐蔽设施的检验、测试、调整、试验必要时要亲自进行，确保万无一失。

二、电气工程项目读图

电气工程项目的图样很多，从某种意义上讲，图样决定着工程项目的命运，特别是原理图、I/O 接口电路图、制作加工图、工程的平面布置图、电气接线图等尤为重要。

读图首先是要把图读懂，而更重要的是要读出图样中的缺陷和错误，以便通过正确的渠道去纠正或修改设计。但是，在工程实践中却不是这样。一些人过多地依赖图样、迷信图样，或者由于经验、技术的匮乏没有读出缺陷和错误而导致工程项目出现不同程度的损失，这里我们举几个简单例子。

某煤气站工程，电源容量为两台 10/0.4kV 800kVA 变压器，4 台 380V、240kW 加压机，原设计采用 DW10-1500 空气断路器直接起动。当时一工程师看过图后，觉得空压机直接起动有问题，应采用减压起动，便与另外一电气技术人员商讨，他也觉得直接起动有问题。这样，这个问题拿到了图样会审会上。设计人员当场坚持认为没问题，说电源容量够，距离很近，能起动。工程只能按设计进行，但是等到试车时便出现了问题，一是起动时间太长，电动机发热，无法正常起动，如坚持起动就有烧电动机的可能，谁也不敢操作；二是一起动其他回路的接触器就掉闸，供电母线电压跌落太大。这时建设单位找安装单位，安装单位说是设计原因，最后只能修改设计，改原设计为补偿起动。但是在原柜上加补偿器已没有空间，最后只能将自耦变压器装在地下的通道里。修改后的起动柜，起动时间 18s，一起就成功、对系统没任何影响，至今运行良好。

华北某电厂起动锅炉房炉排电动机为一台三速笼型电动机，在看控制原理图时，发现主电路接线有错误，照此接线安装电动机不能够起动。主要错误是三条横向的三相回路与三条竖向的三相回路交叉连接处没有涂上圆点"+"，导致主电路不能正确接通。通过建设单位找到原设计本人，设计者当即承认图中有误，变更后进行安装接线，试车时电动机调速正常，运行良好。

某厂锅炉房 55kW 引风机电动机原设计为星三角起动，读图时觉得不妥，建议改为减压补偿器起动。但原设计人认为没有改的必要，坚决不改，照图施工后勉强起动，有时很困难，起动时间长、电流大。交工后在系统试运行时，便出现接触器烧坏、起动困难、引起其他设备跳闸等故障，最后电动机线圈被烧。建设单位提出索赔，安装单位只能推到设计单位，设计单位不服，最终告到法院，对簿公堂，最终设计单位败诉，不但赔偿建设单位的损失，也失去了自己的市场和声誉。更换后的原型号原厂家同批 55kW 电动机采用 75kW 补偿器起动，一次起动成功，至今运行良好。

华北某风力发电工程，800kVA（0.69/35kV）升压变压器高压侧熔断器选择的不合适，安装人员建议增大两级额定电流，并选择有风挡式的适合高原大风场所使用的机型，但设计人员坚持己见，结果在升压变压器投入时（正值冬季，风力达 6、7 级）发生熔断器熔丝熔断及线间弧光短路，最后只得接受安装人员的建议。

可见，读图是电气工程中最重要的一步。图样是工程的依据，是指导人们安装的技术文件，同时，工程图样具有法律效力，任何违背图样的施工或误读而导致的损失对安装人员来说要负法律责任。因此，对于电气安装人员要通过读图，熟悉图样，熟悉工程，正确安装，这是半点也不能含糊的，特别是对初学者来说尤为重要，作为一名电气工作人员首先必须要做到的就是熟悉图样正确安装，任何时候、任何情况、任何条件下是绝对不能违背的。

因此，无论从事电气工程项目的哪个专业，你必须学会读图，其目的主要有13点。

1. 掌握工程项目的工程量及主要设备、元器件、材料，编制预算或造价。

2. 掌握工程项目的分项工程，编制施工（研制）组织设计或方案，布置质量、安全、进度、投资计划，掌握工程项目中的人、机、料、法、环等各个环节，进行技术交底、安全交底及各种注意事项（包括应急预案、安全方案、环境方案等），确保工程项目顺利进度。

3. 掌握关键部位、重要部位、贵重设备或元器件、隐蔽项目等的安装或研制技术、工艺及注意事项。

4. 掌握工程项目中的调试重点，布置调试方案、准备仪器仪表及调试人员。

5. 编制送电、试车、试运行方案及人力需求，确保一次成功。

6 掌握运行及维护重点，确保安全运行。

7. 掌握检修重点，安排检修计划及人力需求，确保系统安全运行。

8. 掌握工程项目元器件、设备的修理重点，编制修理方案，准备材料、工具及人员。

9. 掌握故障处理方法，熟悉各个部位、设备、元器件、线路等处理时的轻重缓急，避免事故扩大。

10. 布置安全措施、环保措施。

11. 收集、整理工程项目资料，建立工程项目技术档案。

12. 布置工程项目交工验收。

13. 向用户阐述工程项目重点部位、运行方法及注意事项、调整试验方法及参数以及检修、修理、维护、安全、环保、故障处理等相关事宜，确保系统正常运行。

读图是工程项目中最重要的环节，是保证工程项目顺利进行以及检测、修理、安全、环保、故障处理、维护最重要的手段；也是提高技术技能、积累实践经验、向专家型发展的必经之路；同时又是通向研发、创新、通向高端技术的重要手段。

三、电动机及控制

电动机是电气工程中最常用、最多、最重要的动力装置。容量从几十瓦到几百千瓦，电压等级从十几伏到十千伏，有直流和交流之分，控制系统复杂。特别是用在生产工艺系统中的电动机，与自动控制系统、传感器及检测装置、A/D 以及 D/A 转换装置、微机装置有着错综复杂的关系，并与电动机的起动、调速、停机以及控制系统中的温度、压力、物位、流量、机械量、成分分析等参数联锁控制，完成生产工艺的要求。

因此，对电动机本身及其控制、起动及保护装置、线路设置、联锁装置等技术的掌握对于一名电气工作人员来讲是尤为重要的，不懂电动机及其控制，在电气行业是难以立足的。

电动机及其控制要熟练掌握以下内容：

（1）电动机的结构及其内部线圈的接法，这对电动机控制、修理有极大的用途。

（2）电动机常用起动控制装置及，包括直接起动、星三角起动、串联电抗起动、自耦变压器起动、频敏变阻器起动、正反转起动及控制、软起动器起动及其控制、变频器起动及其控制等，以及电动机的保护及其保护装置。

电动机的选择及其起动控制装置的选择，也就是（2）中各种起动控制装置都适合哪种电动机及其拖动的机械负载，这是一个非常重要的内容。

电动机起动控制调速与生产工艺系统的接口及接口电路，包括与传感器、检测装置、A/D 及 D/A 转换装置、微机装置及自动控制系统的联锁电路。

电动机的测试和试验，判定电动机的质量优劣及性能，主要包括：

力学性能的测试和试验，如转动惯量、振动、转动有无卡阻、声音是否正常等。电气性能的测试和试验，如绝缘、转速、电流、直流电阻、空载特性、短路特性、转矩、效率、温升、电抗、电压波形、噪声、无线电干扰等。

电动机及其起动控制装置、联锁装置的运行、维护、检修、修理、故障处理技术，这是衡量电气工程师水平高低最为实际的技术技能。

直流电机的试验项目及要求：直流电机的试验项目，应包括下列内容：

测量励磁绕组和电枢的绝缘电阻；测量励磁绕组的直流电阻；测量电枢整流片间的直流电阻；励磁绕组和电枢的交流耐压试验；测量励磁可变电阻器的直流电阻；测量励磁回路连同所有连接设备的绝缘电阻；励磁回路连同所有连接设备的交流耐压试验；检查电机绕组的极性及其连接的正确性。

注：6000kW 以上同步发电机及调相机的励磁机，应按本条全部项目进行试验。

测量励磁绕组和电枢的绝缘电阻值，不应低于 $0.5M\Omega$。

测量励磁绕组的直流电阻值，与制造厂数值比较，其差值不应大于 2%。

测量电枢整流片间的直流电阻，应符合下列规定：对于叠绕组，可在整流片间测量；对于波绕组，测量时两整流片间的距离等于换向器节距；对于蛙式绕组，要根据其接线的实际情况来测量其叠绕组和波绕组的片间直流电阻。相互间的差值不应超过最小值的10%，由于均压线或绕组结构而产生的有规律的变化时，可对各相应的片间进行比较判断。

励磁绕组对外壳和电枢绕组对轴的交流耐压试验电压，应为额定电压的1.5倍加750V，并不应小于1200V。

测量励磁可变电阻器的直流电阻值，与产品出厂数值比较，其差值不应超过10%。调节过程中应接触良好，无开路现象，电阻值变化应有规律性。

测量励磁回路连同所有连接设备的绝缘电阻值不应低于0.5MΩ。

注：不包括励磁调节装置回路的绝缘电阻测量。

励磁回路连同所有连接设备的交流耐压试验电压值，应为1000V。不包括励磁调节装置回路的交流耐压试验。

检查电机绕组的极性及其连接应正确。

调整电机电刷的中性位置应正确，满足良好换向要求。

测录直流发电机的空载特性和以转子绕组为负载的励磁机负载特性曲线，与产品的出厂试验资料比较，应无明显差别。励磁机负载特性宜在同步发电机空载和短路试验时同时测录。

交流电动机的试验项目及要求：

交流电动机的试验项目，应包括下列内容：

测量绕组的绝缘电阻和吸收比；测量绕组的直流电阻；定子绕组的直流耐压试验和泄漏电流测量；定子绕组的交流耐压试验；绕线转子电动机转子绕组的交流耐压试验；同步电动机转子绕组的交流耐压试验；测量可变电阻器、起动电阻器、灭磁电阻器的绝缘电阻。

四、电力变压器及控制保护

电力变压器是电气工程中的电源装置，是重要的电气设备。由于用途的不同，其结构也不尽相同，电压等级也不同，容量从10kVA到几MVA。最常用的变压器电压等级为10/0.4kV、35/10kV、35/0.4kV、110/35(10) kV，是工厂、企业、公共线路中常见的电源变压器。

电力变压器是静止设备，只向系统提供电源，其控制、保护装置较为复杂，特别是35kV及以上的电力变压器更为复杂。电力变压器的控制一般由断路器控制，设置的保护主要有非电量保护（主要指气体、油温）、差动保护、后备保护（主要指过电流、负序电流、阻抗保护）、高压侧零序电流保护、过负荷保护、短路保护等。这些保护装置与断路器控制系统构成了复杂的二次接线并与微机接口，这部分内容是电力变压器及变配电所的核心技术。对于 10/0.4kV 的变压器控制和保护较为简单，控制一般由跌落式熔断器或柜式断路器构成，保护一般只设短路保护、有的也增设过载保护。

电力变压器及控制保护要掌握以下内容：

变压器的结构及其内部线圈的接法。

变压器一次控制装置及其二次接线，主要有跌落式熔断器、断路器（少油、真空、磁吹等形式）、负荷开关、高压接触器、接地开关、隔离开关等，及与其配套的高压柜等。

变压器二次控制装置及二次接线，主要有断路器、熔断器、刀开关、换转开关、接触器及与其配套的低压柜等。

继电保护装置及其二次接线，主要有差动保护装置、电流保护装置、电压保护装置、方向保护装置、气体保护装置、微机型继电保护及自动化装置等。

变压器及其控制保护装置的选择、运行、维护、检修、修理、故障排除等。

变压器的测试和试验并判定其质量的优劣。

五、常用电量计量仪表及接线

电量计量仪表主要有电流表、电压表、电能表、功率表、功率因数表和频率表。其中，电流表、电压表、电能表、功率因数表有交流、直流之分。电能表则分有功、无功两种，有单相、三相之分，结构上又有两元件、三元件之分。

电压表、电流表、电能表、功率因数表、频率表、功率表直接接入电路中较为简单，当高电压、大电流时必须经过互感器接入，接入时较为复杂。电能表的新型号表接线更为复杂。

电量仪表主要是由电流线圈和电压线圈构成，其接线规则是相同的，这就是电流线圈（导线较粗、匝数较少）必须串联在电路中，电压线圈（导线较细、匝数较多）必须并联在电路中。使用互感器时，电流互感器的一次是串联在电路中，二次直接与表的电流线圈连接；电压互感器的一次是并联在电路中，二次直接与表的电压线圈连接。

掌握电表的接线目的主要是监督操作人员是否接线正确，并及时纠正错误接线，避免发生事故或电表显示电量不正常。

六、常用电气设备、元器件、材料

常用电气设备包括变压器、电动机及其开关和保护设备，开关和保护设备又分高压、低压及保护继电器与继电保护装置。

元器件主要包括电子元器件和电力电子元器件，如，半导体器件、传感元件、运算放大及信号器件、转换元件、电源、驱动保护装置及变频器等。

材料主要包括绝缘材料、半导体材料、磁性材料、光电功能材料、超导和导体材料、电工合金材料、导线电缆、通信电缆及光缆、绝缘子及安装用的各种金属工件（角钢支架、横担、螺栓、螺母等）和架空线路金具、混凝土电杆、铁塔等。

第二节　通用技术技能

一、通用技术技能的内容

通用技术技能主要是掌握以下工程项目的设计、读图、安装、调试、检测、修理及故障处理等。

照明设备及单相电气设备、线路；低压动力设备及低压配电室、线路（其中最主要的是三相异步电动机及其起动控制设备）；低压备用发电机组；高低压架空线路及电缆线路；10kV、35kV 变配电装置及变电所（其中最主要的是电力变压器及其控制保护装置）；防雷接地技术及装置；自动化仪表及自动装置；弱电系统（专指火灾报警、通信广播、有线电视、保安防盗、智能建筑、网络系统）；微电系统（专指由CPU 控制的系统或装置）；特殊电气及自动化装置等。

二、电气工程设计

电气工作人员应对电气工程的设计掌握以下内容：

电气工程设计程序技术规则；工业车间及生产工艺系统的动力、照明、生产工艺及电动机控制过程的设计；自动化仪表应用工程、过程控制的自动化仪表工程设计；35kV 及以下变配电所的设计；35kV 及以下架空线路的设计；建筑工程电气设计，包括动力、照明、控制、空调电气、电梯等；弱电系统的设计，包括火灾报警、通信广播、防盗保安、智能建筑弱电系统；编制工程概算；主要设备、元器件及材料；工程现场服务、解决难题。

三、电气工程设计程序与技术规则

电气工程设计是一项复杂的系统工程，特别是工程项目较大、电压等级较高、控制系统复杂、强电和弱电交融、变压器及电动机容量较大、生产工艺复杂等原因或者是采用的新设备、新材料、新技术、新工艺较多时，更凸显其复杂和难度。

为了保证电气工程设计的质量和造价、保证环保节能、保证系统的功能和安全以及建成投入使用后的安全运行，从事电气工程设计的单位／个人必须遵守电气工程设计程序技术规则。

电气工程设计程序技术规则分三大内容。

（一）设计工作技术管理

（1）电气工程设计必须符合现行国家标准规范的要求并按已批准的工程立项文件（或建设单位的委托合同）及投资预算／概算文件进行。

（2）承接电气工程的设计单位必须是取得国家建设主管部门或省级建设主管部门核发的相应资质的单位；电力工程设计还必须取得国家电力主管部门和建设主管部门核发的相应资质许可证。无证设计、越级设计是违法行为。

（3）电气工程设计、电力工程设计选用的所有产品（设备、材料、辅件等）的生产商必须是取得主管部门核发的生产制造许可证的单位，其产品应有形式试验报告或出厂检验试验报告、合格证、安装使用说明书，无证生产是违法行为。设计单位推荐使用的产品不得以任何形式强加于建设单位和安装单位。

（4）设计单位对其选用的产品必须注明规格、型号，若有代用产品的应写明代用产品的规格，型号。

（5）承接电气工程设计的单位中标或接到建设单位的委托书后应做好以下工作：

①组织相应的技术人员、设计人员审核或会审标书或委托书，提出意见和建议，并由总设计师汇总，以便确定设计方案。

②确定结构、土建、给排水、采暖通风、空调、电力、电气、自动化仪表、弱电、消防、装饰等专业的设计主要负责人，并由其组织设计小组，同时进行人员分工。人员的使用要注重其能力和工作态度，职业道德等。

③各设计小组负责人通过座谈，相互沟通，对各专业设计交叉部分进行确认，并确定设计思路，达成共识，提交总设计师。

④由总设计师确定设计方案，并下发各专业设计小组。各组应及时反馈设计信息，变更较大的必须通知其他相应小组，并由总设计师批准。

⑤凡是涉及土建工程的电气工程，电力工程其结构、土建、装饰设计小组应先出图，确保进度。

⑥由总设计师组织设计交底，向建设单位，主管部门详细交代设计思路和设计方案，征得意见和建议，最后达成一致性的意见。

⑦建立项目设计质量管理体系，确定监督程序和方法，确保设计质量。

⑧编制项目设计进度计划，确保建设单位设计期限要求。进度计划要在保证设

计质量的前提下编制。

⑨对设计中使用的设备进行测试或调整，确保设计顺利进行，并配备备份。

⑩召开项目设计组织协调及动员大会，责任要到人、进度要明确、质量必须保证，同时要求后勤部门要做好服务及供应工作。

（二）现场勘察

（1）电气工程现场勘察。电气工程现场勘察主要是勘察电源的电压等级、进户条件、进户距离等，并根据其结果确定是否设置变压器、架空引入／电缆引入以及防雷保护等。

另外，还有通信线路的进户条件、进户距离等，并根据其结果确定是否设置进户接线箱、架空引入／电缆引入及其防雷保护等。

（2）电力工程现场勘察。电力工程现场勘察主要是勘察电源的电压等级及容量、送电的距离及容量、送电路径的地理、气候、环境及自然保护的状况等，并根据其结果确定变电所的位置及设置、变压器的台数及容量、输电线路的线径及杆型、防雷保护等。

（三）项目设计过程控制及管理

（1）设计人员在项目设计的全过程中，必须遵照国家标准设计规程和项目设计方案的要求进行设计，对设计方案有更改时，必须经过总设计师批准。

（2）电气工程设计可按工程量大小，设计期限长短、技术人员多少等因素进行分组设计，以保证设计质量和进度计划。

（3）各组每天统计进度；每周举行进度调整会，相应增加人员或加班，确保周计划完成；每月举行调度会，汇总进度情况，做出相应调整。

（4）健全图样会审、会签制度。专业小组负责人应对质量、进度负责，做好自查。图样会审应公开公正，会签应认真负责。

（四）项目设计的实施及管理

1. 电气工程

熟悉设计方案，掌握各专业设计交叉部位的设计规定。熟悉土建和结构设计图样，掌握建筑物墙体地板、开间设置、几何尺寸、梁柱基础、层数层高、楼梯电梯、窗口门口及变配电间及竖井位置等设置。按照土建工程和设备安装工程的设计图样和使用条件确定每台用电器(电动机、照明装置、事故照明装置、电热装置、动力装置、弱电装置及其他用电器)的容量、相数、位置、标高、安装方式，并将其标注在土建工程平面图上。以房间、住户单元、楼层、车间、公共场所为单位，确定照明配电箱、起动控制装置、开关设备装置、配电柜、动力箱、各类插座及照明开关元件等的结构形式、相数、回路个数、安装位置、安装方式、标高，并将其标注在图上。确定电源的引入方式、相数、引入位置、第一接线点，并将其标注在图上。按照各类用电器的容量及控制方式确定各个回路、分支回路、总回路和电源引入回路导线、电缆、母线的规格、型号、敷设方式、敷设路径、引上及引下的位置及方式，并将其标注在图上。计算每个房间、住户单元、楼层、车间、公共场所的用电容量，确定照明配电箱、起动控制装置、开关设备装置、配电柜、动力箱、各类插座及照明开关元件的容量、最大开断能力、规格型号，并将其标注在图上。计算同类用电负荷的总容量，进而计算总用电负荷的总容量，确定电源的电压等级、相数、变压器/进线开关柜（箱）的容量、台数及继电保护方式。确定变压器室的平面布置、配电间的平面布置、引出引入方式及位置，确定接地方式。

2. 弱电工程

按照土建工程和设备安装工程提供的图样和设计方案的要求确定弱电元器件（探测器、传感器、执行器、弱电插座、电源插座、音响设备安装支架、验卡器等）规格型号、位置、标高、安装方式等，并将其标注在以房间、住户单元、楼层楼道、车间、公共场所为单位的土建工程提供的建筑物平面图上。按上述单位及元器件布置确定弱电控制箱、控制器的位置、标高、安装方式，并将其标注在平面图上。按照各类弱电元器件及装置的布置，确定各个回路、分支回路、总回路导线/电缆的规格型号、敷设方式、敷设路径、引上及引下的位置及方式，并将其标注在平面图上。统计每个房间、住户单元、楼层楼道、车间、公共场所的弱电元器件，确定其控制箱、控制器的容量、规格、型号，并将其标注在平面图上。确定控制室的平面布置、线缆引入引出方式及位置，确定接地方式。画出各个弱电系统的系统分布图、标注各种数据、设计选用系数、调整试验测试参数等。写出设计说明、安装调试要求、主要材料、元器件设备型号、规格数量一览表、电缆清册，图样目录。绘制初步设计草图，为图样会审、会签、汇总提供成套图样，并按会审、会签、汇总提出的意见和建议修改初步设计，最后绘制成套设计图样。

3. 电力线路工程

按照线路勘察测量结果确定线路路径、起始及终点位置、耐张段、百米桩、转角等，并将其标注在地形地貌的平面图上，该图即为线路路径图。路径图应标注路径的道路、河流、山地、村镇、换梁及交叉、跨越物等。按照档距、气候条件、输送电流容量、耐张段距离等确定导线的规格、型号，画出导线机械特性曲线图。按照档距、气候条件、电流容量、耐张段距离、导线规格型号、断面图参数确定直线杆（塔）、耐张杆（塔）、转角杆（塔）的杆（塔）型，并画出杆（塔）结构图。按照上述条件确定杆塔的基础结构，并画出基础结构图，列出材料一览表。绘制拉线基础组装图、导线悬挂组装图、避雷线悬挂组图、避雷线接地组装图、抱箍及部件加工图、横担加工图等。写出设计说明、安装要求、主要材料、设备规格型号及数量一览表。绘制初步设计草图，为图样会审、会签、汇总提供成套图样，并按会审、会签、汇总提出的意见和建议修改初步设计，最后绘制成套设计图样。

4. 变电配电工程

按照电力工程现场勘察的结果及建设单位提供的条件和资料，初步确定变电配电所的位置、设置、变压器容量与台数、电压等级、进户及引出位置及方式等，并按此向土建结构设计小组提供平面布置草图、相关数据、变压器、各类开关及开关柜、屏的几何尺寸及重量等。其中，变配电所的布置可按地理环境实况及土地使用条件采用室外、室内、多层等不同布置方式。绘制变电所主结线图。绘制变电所平面布置图（室内、室外、各层）。确定各类设备元器件材料及母线的规格、型号、安装方式、调试要求及参数。确定变电所二次回路及继电保护方式（传统继电器、微机保护装置），绘制二次回路各图样，包括接线。绘制防雷接地平面图，编制接地防雷要求。绘制照明回路图及维修间电气图。编制设计说明、安装要求、绘制设备安装图、加工制作图、电缆清册、设备元器件材料一览表。编制设计依据，调整试验参数等。绘制初步设计草图，为图样会审、会签、汇总提供成套图样，并按其提出的意见和建议修改初步设计，最后绘制成套图样。

第三节　电气系统安全运行技术

电气系统安全运行技术是电气工程及自动化工程的中心技术，电气系统的不安全将会给系统带来不可估量的损失和危害。保证电气系统的安全是电气工程中最重要的职责。

一、保证电力系统及电气设备安全运行的条件

电气工程设计技术的先进性及合理性是保证电力系统及电气设备安全运行的首要条件，其中方案的确定、负荷及短路电流计算、设备元器件材料选择计算、继电保护装置的整定计算、保安系统的计算、防雷接地系统的计算及设计等均应采用先进技术并具有充分的合理性。

　　设备、元器件、材料的质量及可靠性是保证电力系统及电气设备安全运行的重要条件之一，设备、元器件、材料的购置应根据负荷级别及其在系统中的重要程度选购，一级负荷及二、三级负荷中的重要部位，关键部件应选用优质品或一级品，二、三级负荷的其他部件至少应选用合格品，任何部件及部位严禁使用不合格品。严禁伪劣产品进入电气工程，是保证安全运行的重要手段。

　　安装调试单位的资质及其作业人员的技术水平和职业道德是保证电力系统及电气设备安全运行的重要条件之一，安装调试应按国家技术监督局和建设部联合发布的国家标准"电气装置安装工程施工及验收规范"进行并验收合格，其中一级负荷及二、三级负荷中的关键部位，重要部件应由建设单位、设计单位、安装单位、质量监督部门、技术监督部门及其上级主管部门的专家联合验收合格；涉及供电、邮电、广播电视、计算机网络、劳动安全、公安消防等部门的工程，必须由其及上级主管部门的有关专家参加联合验收。验收应对其工程总体评价并送电试车或试运行。其他负荷级别的工程，根据工程大小，由设计单位、建设单位、安装单位及质量监督部门验收合格。电气工程应委托监理，小型工程可托派有实际经验的人作为驻工地代表，监督安装的全过程，这是保证安装质量的最可靠有效的办法。

　　运行维护技术措施的科学性及普遍性是保证电力系统及电气设备安全运行的必要条件之一，是保证安全运行的关键手段。运行维护技术措施主要是要落实在"勤""严""管"三个字上。勤是指勤查、勤看、勤修，以便及时发现问题及隐患，并及时处理，使其消灭在萌芽中；严是指严格执行操作规程、试验标准，并有严格的管理制度；管是指有一个强大的权威性的组织管理机构和协作网，以便组织有关人员做好运行维护工作。

　　作业人员的技术水平（包括安全技术）、敬业精神、职业道德及管理组织措施是保证电力系统及电气设备安全运行的必要条件之一，是保证安全运行的关键因素。周密严格的管理组织措施是作业人员及安全工作的总则，对作业人员应有严格的考核制度及办法，并有严明的奖惩条例，作业人员个个钻研技术，人人敬业爱业，即能保证安全运行，万无一失。

　　全民电气知识的普及和安全技术的普及是保证电力系统及电气设备的安全运行的社会基础。在现代社会里，电的应用越来越广泛，几乎人人都要用电或享受电带来的效益，因此，普及用电知识和安全用电技术，使人人都掌握电气常识就更为重要。只有人人都具备了一定的电气知识，并掌握一定的安全用电常识，电力系统及电气设备的运行也就越安全，同时人人能发现事故隐患，及时报告，及时处理，电气系统就能安全稳定地运行。

　　发电系统和供电系统的安全性、可靠性及供电质量是保证电力系统及电气设备安全运行的基础，同时发电供电系统自身的安全运行也有上述六点要求，这样发电供电系统就尤为重要了。发电供电系统的安全性及可靠性是由设计、安装、设备材料、运行维护决定的，同时也决定着电压、频率、波形，这对用电单位是至关重要的，也就是说，只有发电系统安全了、可靠了，电压质量保证了，才能使用电单位正常用电。供电线路的机械强度、导电能力以及防雷等对用电单位也是至关重要的，也是供电部门必须保证的。

综上所述，电气系统的安全运行因素是多方面的，并且是缺一不可的，同时各方面的联系也是密不可分的，只有这些条件都具备的时候，也就是电气系统安全运行的时候。

二、保证电气系统安全运行采取的维护技术措施的要点

运行维护技术措施的要点就是"勤""严""管"三个字。

勤，就是对电气线路及电气设备的每一部分、每一参数勤检、勤测、勤校、勤查、勤扫、勤修。这里的勤是指按周期，只是各类设备周期不同而已。

除按周期进行清扫、检查、维护和修理外，还必须利用线路停电机会彻底清扫、检查、紧固及维护修理。

严，就是在运行维护中及各类作业中，严格执行操作规程、试验标准、作业标准，并有严格的管理制度，现有各种规程、标准、制度100多种。

管，是指用电管理机构及组织措施，这个机构应该是有权威性的，一般由电气专家和行政负责人组成，能解决处理有关设计、安装调试、运行维护及安全方面的难题，同时从上到下直至每个用电者应有一个强大的安全协作网，构成全社会管电用电的安全系统，这是保证安全运行的社会基础。

三、电气系统安全运行技术主要内容

高压变配电装置。主要包括安全运行基本要求、巡视检查项目内容及周期、停电清扫项目内容及周期、停电检修项目内容及周期、预防性测试项目内容及周期、变配电装置事故处理方法及注意事项等。

电力变压器。主要包括变压器安全运行基本要求，巡视检查项目内容及周期、主要监控项目内容、检修项目内容及周期标准、试验项目内容及周期、异常运行及故障缺陷处理方法，互感器、消弧线圈、变压器运行注意事项等。

高压电气设备、电容器、电抗器运行注意事项及其检查、清扫、检修、试验的项目内容及周期等。

低压配电装置及变流器、变频器。运行注意事项及其巡检、清扫、检修、试验

项目内容及周期等。

电动机。主要包括安全运行及起动装置的基本要求条件，巡检、检修、试验项目内容及周期，异常运行及故障缺陷处理方法、主要测试项目及方法，起动装置、电动机正确选择方法等。

工作条件及生产使用环境对电气设备型号、容量、防护形式，防护等级的要求等。继电保护二次回路、自动装置、自动控制系统安全运行基本条件要求，巡视检查、校验调整项目内容及周期，异常运行及事故处理方法，安全运行注意事项等。

架空线路、电缆线路低压配电线路安全运行条件、基本要求，巡检、检修、维护的项目内容及周期，不同季节对线路的安全工作要求等。

特殊环境（指易燃、易爆、易产生静电、易化学腐蚀、潮湿、多粉尘、高频电磁场、蒸气以及建筑工地、矿山井下等与常规环境有明显不同的环境）电气设备及线路的安全运行技术及管理等。

机械设备、电梯、家用电器及线路、弱电系统、自动化仪表及其他用电装置安全运行技术及管理等。

第四节　电气工程安全技术

一、电气安全组织管理措施和技术措施

组织管理措施又分管理措施、组织措施和急救措施3种。其中管理措施主要有安全机构及人员设置，制订安全措施计划，进行安全检查、事故分析处理、安全督察、安全技术教育培训，制定规章制度、安全标志以及电工管理、资料档案管理等。

组织措施主要是针对电气作业、电工值班、巡回检查等进行组织实施而制定的制度。急救措施主要是针对电气伤害进行抢救而设置的医疗机构、救护人员以及交通工具等，并经常进行紧急救护的演习和训练。

技术措施包括直接触电防护措施、间接触电防护措施以及与其配套的电气作业安全措施、电气安全装置、电气安全操作规程、电气作业安全用具、电气火灾消防技术等。

组织管理措施和技术措施是密切相关、统一而不可分割的。电气事故的原因很多，有时也很复杂，如设备质量低劣、安装调试不符合标准规范要求、绝缘破坏而漏电、作业人员误操作或违章作业、安全技术措施不完善、制度不严密、管理混乱等都会造成事故发生，这里面有组织管理的因素，也有技术的因素。经验证明，虽

然有完善先进的技术措施，但没有或欠缺组织管理措施，也将发生事故；反过来，只有组织管理措施，而没有或缺少技术措施，事故也是要发生的。没有组织管理措施，技术措施将实施不了，且得不到可靠的保证；没有技术措施，组织管理措施只是一纸空文，解决不了实际问题。只有两者统一起来，电气安全才能得到保障。因此，在电气安全工作中，一手要抓技术，使技术手段完备；一手要抓组织管理，使其周密完善，只有这样，才能保证电气系统、设备和人身的安全。

二、电气安全管理工作的中心内容

(一) 安全检查

检查内容主要有：电气设备、线路、电器的绝缘电阻，可动部位的线间距离，接地保护线的可靠完好，接地电阻符合要求；充油设备是否滴油、漏油；高压绝缘子有无放电现象、放电痕迹；导线或母线的连接部位有无腐蚀或松动现象；各种指示灯、信号装置指示是否正确；继电保护装置的整定值是否更动；电气设备、电气装置、电器及元器件外观是否完好；临时用电线路及装置的安装使用是否符合标准要求；安全电压的电源电压值、联锁装置是否正确；安全用具是否完好且在试验周期之内，保管是否正确；特殊用电场所的用电是否符合要求；安全标志是否完好齐全且安装正确；避雷器的动作指示器、放电记录器是否动作；携带式检测仪表是否完好且在检定周期之内，保管及使用是否正确；电气安全操作规程的贯彻与执行情况；现场作业人员的安全防护措施及自我保护意识和安全技术掌握状况；急救中心及其设施，触电急救方法普及和掌握情况；电气火灾消防用具的完好及使用保管状况；携带式、移动式电气设备的使用方法及保管状况；变电室的门窗及玻璃是否完好，电缆沟内有否动物活动的痕迹，屋顶有无漏水，电缆护套有无破损；架空线路的杆塔有无歪斜、有无鸟巢，导线上有无悬挂异物，弧垂是否正常，拉线是否松动，地锚是否牢固，绝缘子和导线上有无污垢，树高能否造成短路；电气设施的使用环境与设备的要求是否相符，如潮湿程度、电化腐蚀等。此外，要检查电气作业制度的执行情况、违章记录、事故处理记录等。

电气安全生产管理方面有无漏洞，如电工无证上岗、施工图未经技术及督察部门审查、各种记录不规范等。

安全生产规章制度是否健全。

各级负责人及安全管理人员对电气安全技术、知识掌握的状况以及是否将电气安全放在生产的首位，有无安全交底及安全技术措施等。

检查人员的组成。一般由电气工程技术人员、安全管理人员、有实践经验且技术较高的工人组成。同时根据检查的规模及范围，检查人员中可有供电部门、劳动部门、消防部门、上级主管部门以及本单位设备动力科（处）、安全科（处）主管安全工作的领导者参加。

检查周期通常应一月一小查，半年一大查，大查一般安排在春季（雨季到来之前）及秋季（烤火期之前）。

小查时，组成人员应少一些，检查的项目应有重点；大查时，组成人员须多一些，检查的项目要全，检查要细。检查中凡不符合要求的要限期修复，并由检查人员复查合格。

（二）制订安全技术措施计划

安全技术措施计划是与本单位技术改造、工程扩建、大修计划等同步进行的。要根据本单位电气装置运行的实际情况以及安全检查提出的问题，并结合电网反事故措施和安全运行经验，与技改部门、安全部门以及设计、安装、大修单位等协同编制年度的安全技术措施计划，如线路改造或换线、变压器更换或增容、开关柜改造等。安全措施计划应与单位生产计划同步下达，并保证资金的落实。安全措施经费通常占年技改资金的20%左右，在提出安全措施计划的同时，应将设备、材料列出，并将工期确定。

（三）电气安全教育培训

这是一项长期性的工作，是预防为主的重要措施，对于刚进厂的学徒工、大中专及技校毕业生、改变工种和调换岗位的工人、实习人员、临时参加现场劳动的人员以及接触用电设备的各类人员都要进行三级（厂、车间、班组）电气安全教育，其形式可通过举办专业培训班、广播、电视、图片等开展宣传教育活动。

对于电气人员，一方面要提高电气技术；另一方面要提高安全技术。可以开展技术比赛、安全知识竞赛、答辩、反事故演习、假设事故处理、现场急救演示等各种形式来提高其电气技术和安全技术。

（四）建立资料档案

所谓资料档案就是指电气工作中使用的各种标准规程及规范、各种图样、技术资料、各种记录等。这些资料应存档，并按档案管理的要求，进行分类保管，随时可以查阅、复印，以保证电气系统的安全运行。

标准规范规程主要有各类电气工程设计规范、电气装置安装工程施工及验收规范、全国供用电规则，电气事故处理规程、电气安全工程规程、电气安全操作规程、变压器运行规程、电气设备运行和检修规程、电业安全工作规程等。

各种图样主要有供电系统一次接线图、继电保护和自动装置原理图和安装接线图、中央信号图、变配电装置平面布置图、防雷接地系统平面图、电缆敷设平面图、架空线路平面图、动力平面图、控制原理接线图、照明平面图、特殊场所电气装置平面图、厂区平面图、土建图等。

技术资料主要有变压器、发电机组、开关及断路器、继电保护及自动装置、大中型电机及起动装置、主要仪器仪表、各类开关柜、各类电气设备的厂家原始资料，如说明书、图样、安装、检修、调试资料及记录等。

各种记录主要有运行日志、电气设备缺陷记录、电气设备检修记录、继电保护整定记录、开关跳闸记录、调度会议记录、运行分析记录、事故处理记录、安装调试记录、培训记录、电话记录、巡视记录、安全检查记录等。

上述资料各用电单位可根据具体情况收集整理存档，通常每一台电气设备或元器件应有其单独的资料档案卷宗备查。

事故处理事故包括人身触电伤亡事故和电气设备（包括线路）事故两大类。对于人身触电伤亡事故必须遵循先进行急救并送至医院的原则；对于电气设备、线路事故必须遵循先进行灭火，然后更换设备或修复直至恢复送电的原则。事故现场处理完毕后，应遵照"找不出事故原因不放过，本人和群众受不到教育不放过，没有制定出防范措施不放过"的原则，组织相应级别的调查组，对事故进行认真的调查、分析和处理，以达到教育群众、认真吸取教训的目的，并采取相应的防范措施，以使今后不再发生。同时写出事故报告和处理结果，根据事故的大小和范围发放或张贴，以示警告。调查组一般由负责安全的安全员、技术人员及经验丰富的工人组成，中型及以上的事故必须由单位主管安全的负责人主持小组工作。经验证明，无论事故大小或造成伤亡与否，只要遵循上述的原则，均能收到很大的效益，减少或杜绝今后事故的发生。

事故的调查必须实事求是，有些人为了推卸责任而弄虚作假，给事故处理带来了复杂化，起不到上述的作用，这是事故处理中必须注意的。应该把事故处理提高到法制的轨道上去，才有利于电气安全工作的开展。在处理事故中还应注意以下几点：

必须在单位各级负责人的思想认识上找事故原因，是否真正做到了"安全第一，预防为主"。

必须在安全生产管理上找事故原因，堵住管理上的漏洞。

必须在安全规章制度上找事故原因，进而修订有关制度。

必须增强全员的安全意识和提高技术水平，做到"安全第一，人人有责"。

三、保证电气安全的技术措施

直接触电防护措施是指防止人体各个部位触及带电体的技术措施，主要包括绝缘、屏护、安全间距、安全电压、限制触电电流、电气联锁、漏电保护器等。其中限制触电电流是指人体直接触电时，通过电路或装置，使流经人体的电流限制在安全电流值的范围以内，这样既保证人体的安全，又使通过人体的短路电流大大减小。

间接触电防护措施是指防止人体各个部位触及正常情况下不带电而在故障情况下才变为带电的电器金属部分的技术措施，主要包括保护接地或保护接零、绝缘监察、采用Ⅱ类绝缘电气设备、电气隔离、等电位连接、不导电环境，其中前三项是最常用的方法。

电气作业安全措施是指人们在各类电气作业时保证安全的技术措施，主要有电气值班安全措施、电气设备及线路巡视安全措施、倒闸操作安全措施、停电作业安全措施、带电作业安全措施、电气检修安全措施、电气设备及线路安装安全措施等。

电气安全装置主要包括熔断器、继电器、断路器、漏电开关、防止误操作的联锁装置、报警装置、信号装置等。

电气安全操作规程的种类很多，主要包括高压电气设备及线路的操作规程、低压电气设备及线路的操作规程、家用电器操作规程、特殊场所电气设备及线路操作规程、弱电系统电气设备及线路操作规程、电气装置安装工程施工及验收规范等。

电气安全用具主要包括起绝缘作用的绝缘安全用具，起验电或测量作用的验电器或电流表、电压表，防止坠落的登高作业安全用具，保证检修安全的接地线、遮栏、标志牌和防止烧伤的护目镜等。

电气火灾消防技术是指电气设备着火后必须采用的正确灭火方法、器具、程序及要求等。

电气系统的技术改造、技术创新、引进先进科学的保护装置和电气设备是保证电气安全的基本技术措施。电气系统的设计、安装应采用先进技术和先进设备，从源头解决电气安全问题。

第五节　负载估算及设备、元器件、材料的选择

负载计算及设备、元器件、材料的选择较为复杂，而在现场由于紧急和特殊条件的限制往往采用估算的方法以解燃眉之急，而后再用正常的计算方法去核实，估

算方法是现场电气工作人员必须具备的技能之一。

一、负载估算方法

低压 220V 系统一般条件下每 1000W 负荷按 5A 计算；支路负载电流相加后乘以 0.6 即为干路的负载；干路负载电流相加后乘以 0.5 即为低压系统的总负载。

低压 380V 三相动力系统或其他三相系统一般条件下每 1000W 负载按 2A 计算；支路负载相加后乘以 0.5 ~ 0.8 即为干路的负载；干路负载电流相加后乘以 0.4 ~ 0.6 即为低压系统的总负载。其中 0.5 ~ 0.8 和 0.4 ~ 0.6 一般按以下原则进行选取：

轻载起动较多的取较小的值，重载起动较多的取较大的值；

直接起动较多的取较大的值，间接起动较多的取较小的值；

变频起动较多的取中间值。

高压系统相比低压系统的负载电流要小得多，10kV 系统（指三相平衡系）每 1kW 负载电流按 0.07 ~ 0.08A 计算，6kV 系统（指三相平衡系统）每 1kW 负荷电流按 0.12 ~ 0.14A 计算。在选择设备、材料、元器件时，高压和低压考虑的重点不同，在高压系统往往考虑的最多的是绝缘，而低压则是电流的大小。

二、设备、元器件、材料的选择

现场选择设备、元器件、材料时总的原则，一是电压等级与原来相同，二是其防护形式、防护等级与现场环境特征相符，三是其容量（载流量）应大于或等于原设备、元器件、材料的容量，四是注意节约的原则，五是保护装置应与其要求相符。

（一）变压器的选择

变压器的选择同时要考虑变压器容量允许全电压起动电动机的最大功率，一般条件下全电压起动电动机的最大功率应不大于变压器容量的 20% ~ 25%。

（二）高压电器的选择

高压电器的容量（额定电流）应大于所在回路或通过设备的计算电流，计算电路可按前文的负载估算方法进行估算。

（三）低压电器的选择

低压电器的选择主要是过载系数 K 的选择，这样既能在正常工作条件下承载负载电流，又能躲过起动时的冲击电流，也能在非正常工作条件下切断事故电流而自动跳闸，其中接触器必须与熔断器或断路器配合使用。

一般条件下 K 可按下述方法选择。

1. 熔体额定电流的选择

（1）熔体额定电流必须小于熔断器的额定电流。

（2）单台设备直接起动的电动机 K 为电动机额定电流的 2～3.5 倍，可按轻载、中载、重载顺序选择。

（3）多台设备直接起动且为不同时的起动时，总熔体按容量最大一台的 2～3 倍额定电流再加上其他设备的额定电流。若几台同时起动且其总容量超过该线路中最大的一台时，总熔体额定电流应再加上这几台设备额定电流的和后再按 2～3 倍选择。

（4）笼型电动机起动器熔体按电动机额定电流的 1.5～3 倍选择，并按轻载、重载和起动方式不同选择，轻载取较小值；绕线转子电动机按 1.25～2 倍选择。

在照明电路中，熔体额定电流一般取计算电流的 1～1.1 倍，高压汞灯按 1.3～1.7 倍，高压钠灯按 1.5 倍选取。

2. 低压开关设备元件的选择

低压断路器、接触器开关设备元器件的额定电流应大于回路的额定电流，其系数 K 断路器取 1.5～2.5 倍，接触器取 1.5～2.5 倍，刀开关取 1.1～1.5 倍。其中轻载起动、无较大动力设备的线路、照明电路及无感性负载的电路取下限，而重载起动、有较大动力设备、感性负载取上限。

3. 热继电器的选择

热继电器的额定电流一般为 1.5 倍被保护电器额定电流；整定值一般为 0.95～1.1 倍的电器额定电流。Y 联结电动机不宜选用带断相保护的热继电器，热继电器一般不宜选用额定电流大于 60A 的，若大于 60A 则应选用 5A 的并配电流互感器使用。

4. 电动机起动器的选择

起动器的选择应按负载性质、起动方式、起动时负载的大小来综合考虑。一般条件下，各类起动器的额定功率应大于电动机一个等级。

（1）10kW 以下电动机可用磁力起动器直接起动，55kW 以下的电动机当电源容量允许时也可在轻载时直接起动。

（2）10kW 以上电动机轻载起动可选用 Y-△起动器减压起动，仅适用△联结电动机。

（3）10kW 以上电动机重载起动应选用自耦减压起动器、串联阻抗减压起动器、变频起动器、软起动器，不宜采用 Y-△起动器。

（4）绕线转子电动机一般用凸轮控制器与转子串联电阻起动，也可用频敏起动控制柜、串联阻抗起动柜起动。

5. 民用电器、照明装置一般应按估算电流选择

选用带漏电的断路器、插座，一般为 5 ~ 10A。插座宜选用两用（双孔、三孔均有）插座。

6. 电工仪表的选择悖电工仪表的选择

主要考虑电压等级、量程、公差等级、与互感器配合使用等。

（1）电压表选用时，低压一律采用直读式，量程应大于额定值的 1.5 倍左右，高压应配用电压互感器，表一律使用 100V 额定值的。

（2）电流表选用时，20A 及以下的可选用直读式的，量程为最大值的 1.5 倍左右；大于 20A 时应配用电流互感器，表一律使用 5A 额定值的，电流互感器的量程应大于最大值的 1.5 倍左右，绝缘等级应与系统额定电压相符。

（3）电能表应按供电线制选用，低压额定负载 50A 以下可选用直读式，其额定电流应大于负载电流。50A 以上时应配用电流互感器，表一律为 5A 额定值的，电流互感器量程应大于最大值的 1.5 左右。

高压系统一律选用 5A 的，并配用互感器，电压互感器一次电压与供电电压相符，二次电压为 100V；电流互感器同上。

第六节　控制系统的设计及实施

控制系统是电气工程及自动化的核心部分，控制技术、控制系统的设计及实施在电气工程及自动化中占有重要的位置，是核心技术。电气工程技术人员应具备常用的控制系统设计技术及实施技术。主要包括变配电系统继电保护控制技术、电动机控制技术、生产工艺系统控制技术、自动化仪表应用及其自动控制技术等。

控制系统可分为人工手动控制和自动控制两种；从元器件上区分有继电器 - 接触器控制、可编程序控制器控制、单片机控制；用到的元器件有低压电器、接触器和继电器、智能电器、传感器、控制器、计数器、编码器、步进电动机、各种模块等。

一、继电器 - 接触器控制

继电器 - 接触器控制是一种常用的电动机控制、变配电系统继电保护控制技术，一般情况下应用在不需无级调速的电动机控制上以及容量不大的变配电系统。继电器 - 接触器控制应当主要掌握以下内容。

（一）电动机控制常用继电器的类别及用途

（1）用于电动机控制系统的继电器主要有热继电器、电流继电器、错相继电器、温度继电器、速度继电器、时间继电器、中间继电器等。

（2）热继电器一般用于小型电动机的过电流保护，当电动机过载电流使热元件发热，其变形后使继电器动作，其常闭触点打开控制电源电路使电动机停转。

（3）电流继电器常用于大中型电动机过电流保护，并与时间继电器配合使用，当过电流时间超过允许值时，时间继电器动作而打开控制回路电源。

（4）错相继电器常用于不允许反转的设备上，如电梯、风机、水泵等。

（5）温度继电器常与埋设于定子绕组中的微型热传感器配合使用，当定子过电流而发热到大于允许温度时，温度继电器动作切断控制回路。

（6）速度继电器为机械式继电器，一般安装于电动机的轴头上，当电动机超速时其接点便切断控制回路电源，常用于电梯、起重机控制回路里。

（7）时间继电器与电流继电器、接触器配合，以确定过电流时间和接触器切换时间。

（二）继电器、接触器辅助触点的使用

（1）得电吸合的继电器其常闭触点打开的时间略早于常开触点闭合的时间；时间继电器的延时触点常开和常闭动作无时差。

（2）接触器的辅助触点其常闭触点打开的时间略早于常开触点闭合的时间。

（3）继电器常开触点、接触器辅助常开触点串联使用时，只有所有常开触点都闭合时，回路才有电使线圈得电；而当有一个常开触点打开时，回路断电。

（4）继电器常开触点、接触器辅助常开触点并联使用时，有一常开触点闭合，回路使有电线圈得电；而所有常开触点打开后回路才能断电。

（5）继电器常闭触点、接触器辅助常闭触点串联使用时，有一常闭触点打开，回路断电；而所有常闭触点闭合，回路才得电。

（6）继电器常闭触点、接触器辅助常闭触点并联使用时，只有常闭触点全部打开时回路才断电；而有一常闭触点闭合回路便得电。

（7）当常闭触点和常开触点串联使用时必须为不是同一元件的触点，回路得电必须使常闭触点闭合，而常开触点全部闭合；回路失电必须有一常开打开或常闭打开。

（8）当常闭和常开触点并联使用时必须为不是同一元件的触点，回路得电必须常闭触点闭合或常开触点有一闭合；回路失电必须常开触点全部断开且常闭触点同

電气自动化施工与技术应用 < < <

时打开。

（9）时间继电器一般均有延时触点，但有的时间继电器同时还有瞬时打开或闭合的触点，使用时应注意；而有的继电器除瞬时动作的常闭常开触点，有的同时还有延时触点，使用时应注意。

（10）双联按钮其动作时常闭打开先于常开闭合，常开闭合滞后常闭打开。

（11）中间继电器主要用于其他继电器触点不足而由其代替补充。

二、可编程序控制器控制

可编程序控制器（PLC）控制是随着电子技术、微机技术的发展而产生的一种新型控制技术，以微处理器为核心，集自动化、计算机、通信于一体的新一代工业自动化控制技术。PLC采用可编程序的存储器、存储逻辑运算、顺序控制、定时、计数和数学运算等操作指令，它是通过数字或模拟信号的输入和输出，控制各种生产机械及生产过程，执行元件一般有接触器，变频器及其他动力装置等。PLC控制主要掌握以下内容。

中央处理单元CPU的类别，如通用微处理器（8086、80286、80386）、单片机芯片（8031、8096、M6801）、双极型位片式微处理器（AMD-2900系列）。

存储器的类别，如CMOSRAM、EPROM和E^2PROM，其中系统存储器为厂商编写的系统程序，用户不需要更动；用户存储器一般采用CMOSRAM，可随机存取数据，但应随时注意锂电池的电容量及有效期；用户的操作数每每对应一个地址，用以表示该操作数的位置，而输入输出的地址是与连接到相应接口的输入或输出设备有关的。

输入输出接口。PLC的输入信号要经过输入接口，但必须要将其转换成能够接收和处理的标准数字信号，如开关量信号、传感器的模拟量信号，主要有压力、温度、流量、电压、电流、液位、机械量等信号。

输出接口是要把CPU处理过的数字信号转换成现场执行器能够接收的控制信号，执行器包括电磁阀、电动阀、信号显示、电动执行器等，输出模块具有功率放大、电隔离、滤波、电平转换、信号锁存作用。

输入接口按电流性质设置有交流光隔离器和交直流式光隔离器；输出接口有继电器、晶体管和晶闸管三种形式，要注意输出电流的大小与负载性质、环境温度有关。

输入输出接口的扩展。CPU的输入输出点数可按实际点数的需要采用与其专用配套的扩展IO模块进行扩展。模块有开关量IO模块、模拟量I/O模块以及专供热电阻、热电偶、步进控制、伺服控制等专用功能的特型模块。同时可按控制系统

· 308 ·

的需要选用不同功能的扩展模块对 PLC 进行硬件重组，也可对 PLC 进行升级改版，主要是替换或增加相应的扩展模块并修改相应的控制软件，以达到控制系统的要求功能及控制精度。

外围设备。外围设备主要有编程器、外部存储器，图形监控系统、打印机、计算机等。其中编程器主要用来输入程序、监视系统运行情况、完成某些特定功能等。编程器一般专机专用。

程序编制方法。主要有梯形图程序设计、指令表程序设计，功能块图程序设计、结构文本程序设计、顺序功能图程序设计，其中梯形图、顺序功能图应用较广也易掌握。

可编程序控制器随着电子技术、微机技术的发展也在不断改进以提高性能和功能，适应技术进度的需要，作为电气工程师应密切注意其动向，当新产品出现时应加以关注，并进行模拟应用，才不会落后于技术的发展。

三、单片机控制

单片机是将 CPU、存储器、串行接口、并行接口、定时器、计数器等计算机的各个组成部分运用大规模集成电路技术将其集成于一个芯片之内，在自控系统、智能仪表、实时分布控制、机床自动化、变配电装置继电保护等方面有着极为广泛的应用。MCS-51 单片机控制主要掌握以下内容。

掌握单片机的编程。编程通常使用高级语或汇编语言，而在现场控制中则常用汇编语言。汇编语言中助记符采用指令的英文缩写，使用时便于记忆和分类。常用助记符及部分指令功能应熟记，便于现场操作。

最小系统的应用。最小系统可由 8031 单片机、74LS373、EPROM2764 各一片组成，由复位键、晶振等元件配合，组装后接通电源即可。74LS373、EPROM2764 为存储器。

定时 / 计数器。该元件可用于定时控制，亦可用于外部信号计数，也可作为串行接口波特率发生器，均可编程。其工作方式由 CPU 软件设置，设置后定时 / 计数器即可按设定的工作方式单独运行，并不影响 CPU 的其他操作，当计满溢出时才能中断 CPU 的当前操作，并有信号发出。

中断系统。中断是微机技术常用的一种数据传输方式，即暂时停止正在执行的主程序，而转为执行外部设备请求中断的服务程序，当请求中断执行完毕后再返回暂时停止的主程序而继续运行。单片机一般有多个中断源，可提供两个中断请求服务，使用上非常灵活。

单片机的扩展功能。MCS-51 系列单片机可扩展程序存储器、数据存储器及输出输入接口。扩展时在 MCS-51 上接入外部程序存储器或外部数据存储器，扩展时外部存储器须与主机配套。IO 端口的扩展一般使用 8255A 可编程 IO 端口，8255A 亦可与外围设备连接，如打印机、显示器等。

接口技术。主要是单片机与原始数据或信号的接口，常用的输入输出设备主要有显示器、键盘、A/D（模 / 数）、D/A（数 / 模）转换器等。其中 A/D 转换器和 D/A 转换器尤为重要。在控制系统中，首先是要把生产工艺过程的参数进行测量，如温度、压力、流量、液位、机械量（如速度、行程、几何尺寸等）、电流、电压、频率等然后将其通过 A/D 转换器转换成二进制数字信号再引入单片机中进行处理。处理后的结果要通过 D/A 转换器转换成模拟量再去控制或调整相应的外部各种生产工艺过程中的设备，这样即可形成一个自动控制系统，包括供配电的继电保护及控制系统。其中，D/A、A/D 及其配套的传感器、变送器和数据采集系统，控制系统是自动控制系统的关键技术。

目前，单片机的控制应用极为广泛，如大型锅炉、电梯、泵站、供配电、机械加工、机械手、机器人、空调、智能建筑、自动化仪表、起重机械、小型发电、化工生产、石化、造纸、冶金、食品、包装机械印刷、数控机械、汽车制造等行业，是电气工程师必须掌握的技术。当然在控制系统中还有很多与其配套的技术，如伺服驱动系统、数控系统、柔性制造系统、识别系统、传感器技术、测量技术、信息技术等。这就要求电气工程师必须不断学习，不断掌握新技术和相关技术，才能紧跟技术发展的步伐。

四、常用自动控制组件及装置

计数器，主要用于数量控制及显示、长度控制及显示、位置控制及显示等，选用时要注意参数、注意与配套元件信号的统一性。

计时器，主要用于时间控制，选用同上。

温度控制器。主要用于温度控制及显示，选用时要注意参数的匹配以及一次元件的选用形式（热电偶、热电阻）。

功率控制器，主要用于功率控制及显示，选用时注意参数的匹配。

面板仪表，主要用于电压、电流、功率、功率因数、转速、速度等的测量和显示。

转速表、速率表、脉冲表，主要用于转速、速率、脉冲的测量和显示。

显示单元，主要用于 PLC 显示、计算器显示及其他显示。

传感器控制器，主要用于一些机械量的控制和检测，配有检测用的传感器。

接近传感器，主要用于机械量的检测和控制，配有相应电缆，如微动开关，只要有物体靠近便动作并发出信号。选择时应注意参数。

光电传感器，包括光电传感器、光纤传感器、自动门传感器、区域传感器等，选用时注意参数的选择。

压力传感器，主要用于压力（包括负压）的检测，分负压型、正压型和正负压复合型，选择时注意参数的选择。

旋转编码器，主要用于转动装置上检测停止位置、转动角度、测定薄片物体长度等机械量的测量，选择时除参数外，应注意配套装置。

步进电动机与驱动器，主要用于低速旋转和微量调节的超精度控制，步进电动机的旋转是以步进角度为单位的，选用时应注意参数的选择及与其配套的装置。

称重控制器，主要用于测量和控制工艺过程中物体、物料重量，注意参数选择。

显示控制器，主要用于显示和控制之中，与模拟量输出的各种传感器、变送器配合，完成温度、压力、流量、物位、成分分析、位移、力、速度、加速度等机械量的测量、变换、显示、传送、记录和控制等功能，其接收电压、电流、热电阻、热电偶等信号。

流量积算仪，主要用于气体、流体流量的测量、变换、传送、记录、积算和控制，一般与流量传感器、变送器配合使用。主要类别有模拟量输入流量积算仪、温度压力补偿流量积算仪，定量控制仪等，选用时要注意参数及配套装置。

可编程给定器、定时器、计时器，主要用于自控系统的给定、定时、计时等控制，选用时注意参数的选择。

报警器，主要用于自控系统的报警系统，如巡回检测报警器、闪光报警器。

监控系统，主要包括设备机房、变配电所及装置、各类仓库、空气质量等监控等系统。主要由数据采集器、传感器组成，利用通信网络实现数据采集、显示、控制报警、分析管理等功能。

数据采集系统，主要有：

KLP3100 油井油口在线生产数据远程测控系统，主要设备有 KL-R5010 数据采集设备、各类传感器等。

KLP3200 水文、气象、地震监测系统，主要设备有 KL-R5210 数据采集设备、各类传感器等。KLP3300 危险气体输送管道泄漏监控系统，主要设备有分类传感器、配有隔爆型、本安型防爆传感器、变送器等。

KLP4100 罐群油水界面检测系统，主要设备有多段微电容串联组合检测探极、在线自校正式双界面液位变送器及两路 4～20mA 或 RS-485 串行数据变送器输出。

KLP4200 车辆监测分析系统，主要设备采集器及各类传感器。

KLP4300 汽车齿轮变速器加载实验检验系统，主要设备有转矩检测传感器、XST 高精度仪表、噪声计、主控器等。

市政专用监控系统，主要有 KLP5100 市政水电气专用监控系统，KLP5200 供水变压变量专用监控系统，KLP5300 防水处理专用监控系统。

KL-2000 监控仪，主要监控环境、通信、空调、报警、船舶等场所。

信号调整模块。配有温湿度、浸水、烟雾、被动远红外传感器，用于上述机房、库房、银行、邮局等室内环境状态监控。

无线传输 I/O 模块。配有调试串口、历史数据存储、动态数据存储等，用于数据采集现场离散性高、铺设通信线路困难的区域，如，矿山、采掘、水文、地质、交通运输等行业。

以太网 8 路模拟量输入模块。KLM-6000 模块基于以太网数据采集，可在模块中提供数据采集和网络连接，采用以太网标准，可将其添加到网络中去。有 8 路模块输入，可同时监控八个 4～20mA 模拟量传感器。

用于控制系统实现自动化的设计方法及常用自动化设备、装置很多，可以说是应有尽有。关键是怎样运用它，尤其是使用或运行后的维护保养检修试验更为重要，在选型时要注意其接口的通用性。

结束语

　　电气自动化施工技术是新时代科学技术的产物，拥有良好的经济性、智能性及环保性等特性。电气自动化技术的出现为电力工程实现更好的发展贡献了非常大的力量。此技术运用在电力系统中，可让该系统实现自动化控制与管理，同时还能实现远程监管与调控。另外，如若电力系统在工作中出现问题，该技术会在短时间内获取系统的故障信息，并依照故障问题自动做出调整。关于这种技术的使用需要依照实际施工需求来定，只有制订完善且有着较高适应性的技术方案，才能确保各施工整体的经济效益与安全效益得到提升。

参考文献

[1] 李长云，王志兵．智能感知技术及在电气工程中的应用 [M]．成都：电子科技大学出版社，2017.05.

[2] 侯正昌，梅奕．建筑电气与弱电工程制图 [M]．西安：西安电子科技大学出版社，2017.02.

[3] 吴志良．船舶电气系统可靠性工程及应用 [M]．大连：大连海事大学出版社，2017.09.

[4] 牟道槐．发电厂变电站电气部分第 4 版 [M]．重庆：重庆大学出版社，2017.03.

[5] 梁文涛，聂玲，刘兴华．电气设备装调综合训练教程 [M]．重庆：重庆大学出版社，2017.01.

[6] 刘小保．电气工程与电力系统自动控制 [M]．延吉：延边大学出版社，2018.06.

[7] 杨有启，钮英建．电气安全工程 [M]．北京：首都经济贸易大学出版社，2018.03.

[8] 许明清．电气工程及其自动化实验教程 [M]．北京：北京理工大学出版社，2019.10.

[9] 李文娟．电气工程及其自动化专业英语 [M]．武汉：华中科技大学出版社，2019.09.

[10] 邵文冕．电气工程训练 [M]．北京：机械工业出版社，2019.09.

[11] 王丽君．电气工程 CAD 与绘图实例 [M]．西安：西安电子科技大学出版社，2019.01.

[12] 杜俊贤，王连桂．电气工程制图项目化教程 [M]．北京：北京理工大学出版社，2019.11.

[13] 李继芳．电气自动化技术实践与训练教程 [M]．厦门：厦门大学出版社，2019.07.

[14] 乔琳．人工智能在电气自动化行业中的应用 [M]．中国原子能出版社，2019.10.

[15] 董桂．城市综合管廊电气自动化系统技术及应用 [M]．北京：冶金工业出版社，2019.07.

[16] 张煜．电气工程部件测绘 [M]．北京：北京交通大学出版社，2020.09.

[17] 何良宇．建筑电气工程与电力系统及自动化技术研究 [M]．北京：文化发展出版社，2020.07.

[18] 王刚，乔冠，杨艳婷 . 建筑智能化技术与建筑电气工程 [M]. 长春：吉林科学技术出版社，2020.09.

[19] 魏曙光，程晓燕，郭理彬 . 人工智能在电气工程自动化中的应用探索 [M]. 重庆：重庆大学出版社，2020.09.

[20] 李付有，李勃良，王建强 . 电气自动化技术及其应用研究 [M]. 长春：吉林大学出版社，2020.05.

[21] 姚薇，钱玲玲 . 电气自动化技术专业英语第 2 版 [M]. 北京：中国铁道出版社，2020.08.

[22] 蔡杏山 . 电气自动化工程师自学宝典精通篇 [M]. 北京：机械工业出版社，2020.10.

[23] 方正 . 电气工程概论 [M]. 厦门：厦门大学出版社，2021.09.

[24] 李孝全，边岗莹，杨新宇 . 电气工程基础 [M]. 西安：西安电子科学技术大学出版社，2021.09.

[25] 张旭芬 . 电气工程及其自动化的分析与研究 [M]. 长春：吉林人民出版社，2021.10.

[26] 周江宏，刘宝军，陈伟滨 . 电气工程与机械安全技术研究 [M]. 北京：文化发展出版社，2021.05.

[27] 郭廷舜，滕刚，王胜华 . 电气自动化工程与电力技术 [M]. 汕头：汕头大学出版社，2021.01.

[28] 王玉梅 . 水利水电工程管理与电气自动化研究 [M]. 长春：吉林科学技术出版社，2021.08.

[29] 张旭芬 . 电气工程及其自动化的分析与研究 [M]. 长春：吉林人民出版社，2021.10.

[30] 李岩，张瑜，徐彬 . 电气自动化管理与电网工程 [M]. 汕头：汕头大学出版社，2022.01.

[31] 刘春瑞，司大滨，王建强 . 电气自动化控制技术与管理研究 [M]. 长春：吉林科学技术出版社，2022.04.

[32] 韩常仲，蔡锦韩，王荣娟主编 . 电气控制系统与电力自动化技术应用 [M]. 汕头：汕头大学出版社，2022.01.